职业教育计算机与数码产品维修专业系列教材

硬盘维修与数据恢复

主　编　陈晓峰　孙昕炜
副主编　刘　挺　叶建辉　曹新彩　王　岳
参　编　徐　果　冯　韦　刘炎火　施　力
　　　　赵　朋　巫　朋　孙　斌　王太岗
　　　　朱玉超　叶　铜　张继辉　李凤丽
　　　　毕新宇　陈少云　张　奥

机 械 工 业 出 版 社

本书依托中盈创信（北京）科技有限公司多年数据恢复技术研发、数据恢复产品设计、职业教育数据恢复教学等经验编写的一部适用于职业院校学生及初、中级数据恢复技术人员学习的教材，也是学生参加全国职业院校技能大赛数据恢复部分内容的参考书。

本书从数据恢复技术层面分为三部分。单元1～单元3为软件类数据恢复，包含硬盘的基础知识和软件类数据恢复；单元4为固件类数据恢复技术；单元5为物理类数据恢复技术。全书深入浅出地介绍了数据恢复技术的基础知识和关键技术，通过知识的准备到具体任务的实施，从知识的学习到技能的操作，全面阐述了数据丢失或损坏的现象及原因，解决问题的思路、方案及步骤。按照书中顺序一步一步地做，即可达到自己的学习目标，学习者能快速进入数据恢复技术领域，并掌握相关操作技能。

本书配有电子课件，教师可登录机械工业出版社教育服务网（www.cmpedu.com）免费注册后下载，或联系编辑（010-88379194）咨询。

图书在版编目（CIP）数据

硬盘维修与数据恢复 / 陈晓峰，孙昕炜主编．—北京：机械工业出版社，2018.5（2024.6重印）
职业教育计算机与数码产品维修专业系列教材
ISBN 978-7-111-59452-9

Ⅰ．①硬…　Ⅱ．①陈…　②孙…　Ⅲ．①硬磁盘—维修—中等专业学校—教材　②数据管理—安全技术—中等专业学校—教材　Ⅳ．① TP333.307　② TP309.3

中国版本图书馆 CIP 数据核字（2018）第 054488 号

机械工业出版社（北京市百万庄大街 22 号　邮政编码 100037）
策划编辑：梁　伟　　责任编辑：梁　伟
版式设计：鞠　杨　　封面设计：鞠　杨
责任印制：刘　媛
涿州市般润文化传播有限公司印刷

2024 年 6 月第 1 版第 9 次印刷
184mm×260mm · 14.25 印张 · 293 千字
标准书号：ISBN 978-7-111-59452-9
定价：46.00 元

电话服务　　　　　　　　　网络服务
客服电话：010-88361066　　机　工　官　网：www.cmpbook.com
　　　　　010-88379833　　机　工　官　博：weibo.com/cmp1952
　　　　　010-68326294　　金　书　网：www.golden-book.com
封底无防伪标均为盗版　　　机工教育服务网：www.cmpedu.com

PREFACE 前言

20世纪90年代以来，随着全球信息化步伐的加快，我国电子信息产业得到了迅速的发展，已成为我国国民经济的支柱型产业。进入21世纪，电子信息产业的技术更新越来越快，应用领域不断扩大，电子产品日益普及到生活的方方面面，企业政府院校等信息化建设也在深入开展，计算机及数码产品存储数据量急剧膨胀，全球已经进入大数据时代，数据量的广度和深度都在快速扩展。与此同时，数据安全问题日益突出，并引起人们的不断重视，由于设备故障、设备损坏、人为删除等各种因素，造成存储介质数据丢失的事件越来越普遍，数据恢复技术近几年已经受到各行各业的高度重视，数据恢复技术也走向成熟，社会对于数据恢复技术人才的需求也正在增长，该行业的人才正成为信息技术领域中的一支重要力量。

为了推进职业院校计算机应用专业和数码产品维修相关专业的教学改革，促进信息技术类技能型人才的培养，近年来数据恢复已经成为全国职业院校技能大赛中职组、高职组信息技术类的比赛内容，且比例在逐年加大。职业院校学生通过学习数据恢复技术，提升专业技能，扩大就业渠道，也显得尤其重要。

本书以数据恢复的技术岗位技能要求为标准，以单元项目为主线，共5个单元、11个项目、29个任务，深入浅出地介绍了数据恢复技术的基础知识和关键技术，通过知识的准备到具体任务的实施，从知识的学习到技能的操作，全面阐述了数据丢失或损坏的现象及原因，解决问题的思路、方案及步骤。按照书中顺序一步一步地做，即可达到自己的学习目标，书中内容详实，通俗易懂，实用性和可操作性强。学习者能快速进入数据恢复技术领域，并掌握相关操作技能。

本书由陈晓峰、孙昕炜任主编，刘挺、叶建辉、曹新彩和王岳任副主编，参加编写的还有徐果、冯韦、刘炎火、施力、赵朋、巫朋、孙斌、王太岗、朱玉超、叶銅、张继辉、李凤丽、毕新宇、陈少云和张奥。

由于编者水平所限，疏漏之处在所难免，恳请广大读者批评指正。

编　者

CONTENTS 目录

单元1

存储设备的结构与保护

单元情景

熊熊最近加入了一家数据恢复公司。这天，经理对他说：“熊熊，来我们公司你要先熟悉各种存储设备，深入了解它们的结构、参数，并懂得它们之间的区别，学会选购它们。”何谓存储设备？为什么要会选购它们？得赶紧向专家球球请教。

熊熊：什么是存储设备？

球球：存储设备是用于储存信息的设备，通常是将信息数字化后再利用电、磁或光学等方式的媒体加以存储。

熊熊：噢，我明白了。可是公司不是做数据恢复的吗？为什么经理要我学会选购它们？

球球：来公司，你不但要会修，还要会懂得卖，不会买怎么会卖呢？来吧，跟我一起做，这样，很快你就会掌握了。

熊熊：好！让我们开始吧！

单元概要

目前存储方式基本上分为磁存储、电存储和光存储几种。U盘及各种存储卡属于电存储方式，VCD、DVD盘等属于光存储方式，而应用最广的还是磁存储—— 硬盘。各种存储方式除了存储介质上的物理特性不同外，逻辑层面上仍然是基于文件系统结构的，所以本单元中以硬盘为主介绍常用的存储结构。

在本单元，通过学生动手拆卸硬盘、U盘等实际任务，让学生掌握存储设备的拆装和结构；通过动手引起其兴趣，进一步通过购买存储设备掌握存储设备的品牌和参数，了解存储设备的真伪判别；再通过任务，让学生掌握存储设备的使用和保护，引出数据恢复的概念。

单元学习目标

1. 掌握存储设备的结构
2. 掌握存储设备的参数
3. 学会如何选购存储设备
4. 掌握存储设备的保护方法

PROJECT 1 项目 1

它长什么样——存储设备的结构

目前主流的存储设备包括硬盘、U盘等，而硬盘又有机械硬盘、固态硬盘的区分，机械硬盘即是传统普通硬盘，是现在市场占有额最多的存储设备。掌握好硬盘、U盘的物理结构，学会如何拆装硬盘、U盘，能够更好地为后面数据恢复打下基础。

知识准备

一、硬盘基础结构

通过拆卸硬盘，可以看到硬盘由控制电路板和盘体两大部分组成，控制电路板如图1–1所示，盘体如图1–2所示。

图 1–1　机械硬盘的控制电路板

图 1-2 机械硬盘的盘体结构

二、控制电路板

控制电路板是由7针数据接口、15针电源接口、主控芯片、缓存芯片、主轴控制芯片等组成，电路板正反面结构如图1-3和图1-4所示。

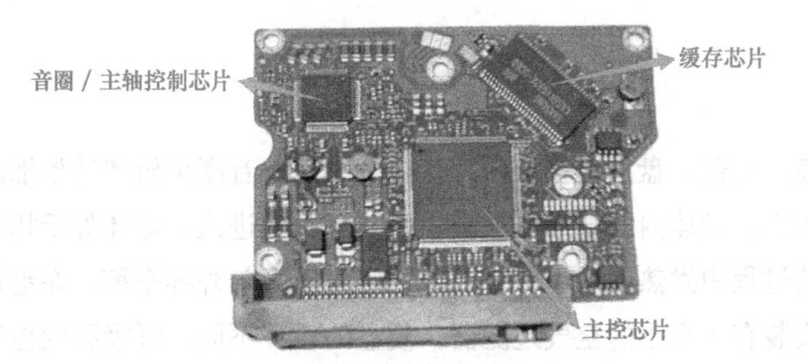

图 1-3 控制电路板正面结构

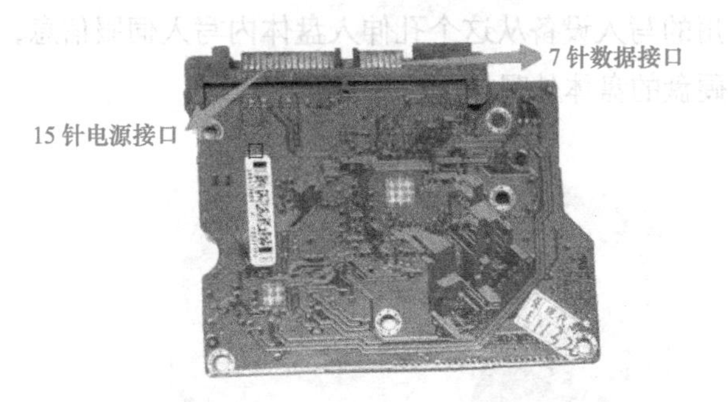

图 1-4 控制电路板背面结构

常见的接口包括IDE接口、SATA接口、SCSI接口等，IDE接口如图1-5所示，SATA接口如图1-6所示，SCSI接口如图1-7所示。

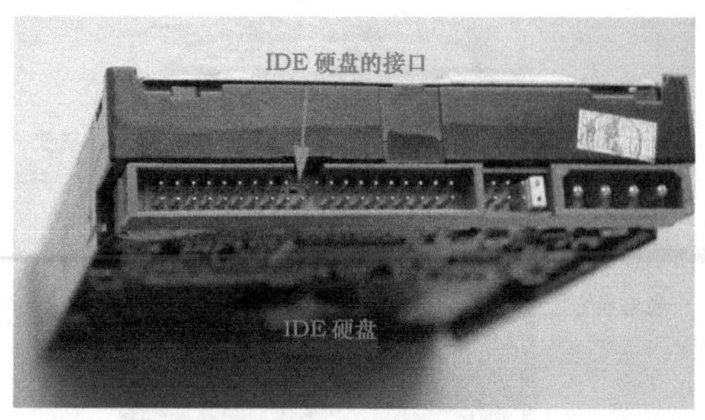

图 1-5　硬盘的 IDE 接口

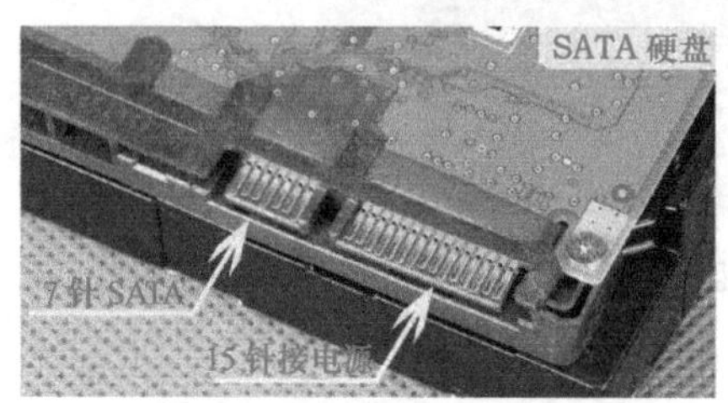

图 1-6　硬盘的 SATA 接口

图 1-7　硬盘的 SCSI 接口

缓存芯片用于暂存盘体和接口交换的数据，以解决接口速度和硬盘内部读写速度的差别。缓存的大小对硬盘的数据传输速率有一定的影响，随着硬盘的不断发展，缓存的容量也在不断增大。

三、盘体

盘体由盘腔、上盖、盘片电机、盘片、磁头组件、音圈电机和其他辅助组件组成。为保证硬盘正常工作，盘体内的洁净度很高。为防止灰尘进入，盘体处于相对密封的状态。由于硬盘工作的过程中发热，为了保证盘腔的空气压力与外界平衡，在盘体上有呼吸孔，呼吸孔的内侧安装有一个小的空气过滤器，硬盘的设计不同，呼吸孔的位置和结构也有所差别。同时由于盘体在装配完成后，要写入伺服信息，所以盘体上有伺服信息的写入口，在工厂无尘车间里将专用的写入设备从这个孔伸入盘体内写入伺服信息，写入完成后，会用铝箔将其封闭。机械硬盘的盘体外观如图1–8所示。

图 1-8　机械硬盘的盘体外观

1. 盘腔

盘腔一般由铝合金铸造后机加工而成，盘体的其他组件直接或间接安装在盘腔上面，盘腔上还有将硬盘安装到其他设备上的螺钉孔，机械硬盘的盘腔外观如图1−9所示。

图 1-9　机械硬盘的盘腔外观

2. TOP盖

TOP盖一般由铝合金或软磁金属材料加工而成，有的是单层的，有的是由多层材料粘合而成。它的主要作用是与盘腔一起构成一个相对密封的整体，基本上都是用螺钉与盘腔连接，为了保证密封，TOP盖与盘腔的结合面一般都有密封垫圈，机械硬盘的TOP盖外观如图1−10所示。

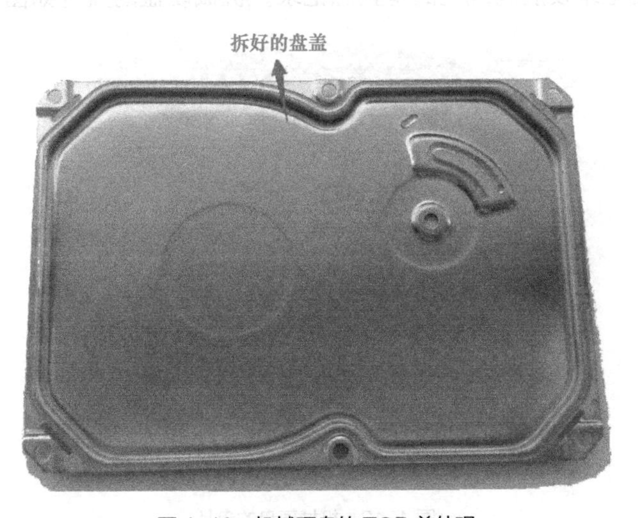

图 1-10　机械硬盘的 TOP 盖外观

3. 盘片电机

盘片电机的主要作用就是带动盘片旋转，在控制电路板上的盘片电机驱动芯片的控制下，盘片电机带动盘片以设定的速度转动，盘片电机的转速由原来低于4 000r/min，发展到现在的10 000r/min，甚至15 000r/min，盘片转速的提高直接决定着硬盘的寻道时间。当然，在提高转速的同时，硬盘的发热量、振动、噪声等也会对硬盘的稳定工作产生影响。所以一些新的技术也不断地应用到盘片电机上，由最初的滚珠轴承电机发展到现在的液态轴承电机。

盘片的电机一般为转速恒定的直流无刷电机，为三相直流供电。线圈的绕法分为三角形连接、星形无中线和星形有中线这3种，这种电机可以比较精确地控制转速，让盘片稳定地旋转，盘片电机如图1–11所示。

图 1–11　机械硬盘的盘片电机

4. 盘片

盘片是硬盘的核心组件之一，不同的硬盘可能有不同的盘片数量。所有的数据都是存储在盘片上的，盘片是在铝合金或玻璃基底上涂敷很薄的磁性材料、保护材料和润滑材料等多种不同功能的材料层加工而成。其中磁性材料的物理性能和磁层结构直接影响着数据的存储密度和所存储数据的稳定性。为了提高存储密度，防止超顺磁效应的发生，各相关机构进行了大量的研究工作，不断改进磁层的物理性能和磁层结构。磁记录层的记录方式也由以前的纵向磁记录发展到现在的垂直磁记录。机械硬盘的盘片如图1–12所示。

图 1–12　机械硬盘的盘片

5. 磁头

磁头也是硬盘的核心组件，磁头的性能对硬盘的数据存储密度和内部传输率有很大的影响。磁头的结构如图1-13所示。

图1-13 磁头的结构

磁头最早应用的是铁磁物质，1979年发明了薄膜磁头，使硬盘体积进一步减小、容量增大、读写速度提高成为了可能。20世纪80年代末，IBM公司研发了MR磁阻磁头，后来又研发了GMR巨磁阻磁头。现在的硬盘都是采用GMR磁头，它利用特殊材料的电阻值随磁场变化的原理来读取盘片上的数据。磁头在工作的过程中并不与盘片接触，而是在盘片高速旋转带动的空气动力的作用下以很低的高度在盘片上面飞行。为了提高磁头的灵敏度，磁头的飞行高度在不断降低。磁头一般与金属磁头臂、音圈电机线圈和预放电路等组成一个组件，磁头在音圈电机的带动下根据读写数据的需要做往复运动来定位数据所在的磁道。

由于磁头需要靠盘片旋转带动的空气动力来飞行，那么在硬盘不工作或盘片电机的转速还没有达到预定值时，磁头就无法飞行。而磁头的读写面和盘片都很光滑，如果它们直接接触必然导致粘连而妨碍盘片起转或导致磁头和盘片损伤。为此，磁头在不工作时需要停泊在数据区以外的区域。硬盘有两种方式来满足这个要求：

第一种方式是在盘片内侧开辟一个环形的磁头停泊区，磁头不工作时停泊在这个地方，为了防止粘连，停泊区被有意加工成带有一定粗糙度的区域，以便磁头停泊在这里时磁头和盘片之间有一定的空气。但这样必然导致硬盘启停时磁头和盘片要发生较严重的摩擦而损伤磁头，所以硬盘会有一个启停次数的指标。

第二种方式是在盘片的外面安装一个磁头停泊架，当磁头不工作时停泊在停泊架上，这样正常情况下磁头永远也不会和盘片表面接触，也就不存在启停次数的问题。

6. 音圈电机

音圈电机由一到两个高磁场强度的磁体及外围的磁钢组成的封闭磁场和音圈电机线圈组成，在磁头驱动电路的控制下控制磁头的运动，依读写数据的要求带动磁头在盘片上方作往复运动使磁头定位在需要的数据磁道上。音圈电机的外观如图1-14所示。线圈中流过的电流控制磁头的运动方向：当磁头需要移动位置时线圈中通过很大电流，磁头发生偏转；当磁头接近指定位置时，线圈中的电流减弱甚至反向流动，磁头开始减速。通过类似的方式，磁头一级一级地靠近指定位置，直到正确定位。而在静止状态下，磁头也在不停地修正自己的位置，以免定位错误。

图 1-14　音圈电机的外观

为了防止硬盘不工作时发生意外，不同的硬盘还设计了不同的磁头锁定机构，当硬盘不工作或盘片没有达到预定转速时，磁头锁定机构将磁头锁定在停泊位置，晃动硬盘时硬盘里有响声，就是由磁头锁定机构发出的。

为了防止磁头工作时出现意外而导致磁头撞击盘片电机的主轴或移动到盘片/停泊架以外，还设计有磁头限位装置。

四、固态硬盘基本结构

固态硬盘是由阵列固态电子存储芯片制成的硬盘，由控制单元和存储单元（FLASH芯片、DRAM芯片）以及缓存单元组成。区别于机械硬盘由磁盘、磁头等机械部件构成，整个固态硬盘结构无机械装置，全部是由电子芯片及电路板组成。拆卸后的固态硬盘如图1–15所示。

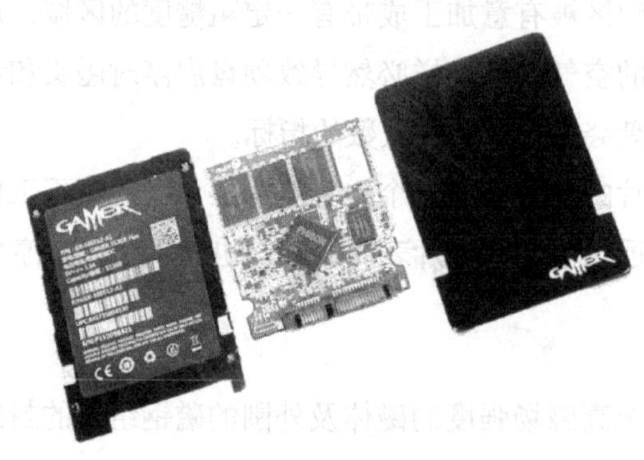

图 1-15　固态硬盘全貌

接下来看一看固态硬盘的3大件：主控芯片、闪存颗粒、缓存单元，3大件如图1–16所示。

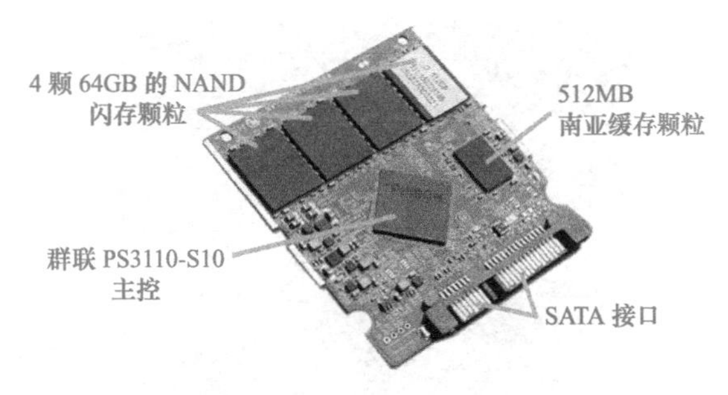

图 1-16 固态硬盘的主控芯片、闪存颗粒、缓存单元

1. 主控芯片

正如同CPU之于PC一样，主控芯片（见图1-17）其实也和CPU一样，是整个固态硬盘的核心器件，其作用一是合理调配数据在各个闪存芯片上的负荷，二是承担了整个数据中转，连接闪存芯片和外部SATA接口。

图 1-17 主控芯片

不同的主控之间能力相差非常大，在数据处理能力、算法上，对闪存芯片的读取写入控制上会有非常大的不同，会直接导致固态硬盘产品在性能上产生很大的差距。

当前主流的主控芯片厂商有Marvell、SandForce、Siliconmotion、Phison、Jmicron等。而这几大主控厂商，又都有着自己的相应特点，应用于不同层级的固态产品。

以台系厂商Siliconmotion为例，此款主控芯片主要特点在于能够为固态硬盘厂商提供包括软件和硬件在内的一体化主控方案，包括主控芯片、电路板以及存储单元，能够极大地提升产品的更新速度和使用寿命，并且不存在兼容等问题。

2. 缓存芯片

缓存芯片（见图1-18）是固态硬盘三大件中，最容易被人忽视的一块，也是厂商最不愿意投入的一块。和主控芯片、闪存颗粒相比，缓存芯片的作用确实没有那么明显，在用户群体的认知度也没有那么深入。实际上，缓存芯片的存在意义还是有的，特别是在进行常用文件的随机性读写以及碎片文件的快速读写上。由于固态硬盘内部的磨损机制，就导致固态硬盘在读写小文件和常用文件时，会不断进行将整块数据写入缓存，这个过程需要大量缓存维系。特别是在进行大数量级的碎片文件的读写进程，高缓存的作用更是明显。这也解释了为什么没有缓存芯片的固态硬盘在用了一段时间后，开始掉速。

图 1-18 缓存芯片

3. 闪存颗粒单元

图 1-19 闪存颗粒芯片

作为硬盘，存储单元绝对是核心器件。在固态硬盘里面，闪存颗粒（见图1-19）则替代了机械磁盘成为了存储单元。

闪存（Flash Memory）本质上是一种长寿命的非易失性（在断电情况下仍能保持所存储的数据信息）的存储器，数据删除不是以单个的字节为单位而是以固定的区块为单位。

在固态硬盘中，NAND闪存因其具有非易失性存储的特性，即断电后仍能保存数据，被大范围运用。根据NAND闪存中电子单元密度的差异，又可以分为SLC（单层次存储单元）、MLC（双层存储单元）以及TLC（三层存储单元），此3种存储单元在寿命以及造价上有着明显的区别。SLC（单层式存储）单层电子结构，写入数据时电压变化区间小，寿命长，读写次数在10万次以上，造价高，多用于企业级高端产品。MLC（多层式存储），使用高低电压的不同而构建的双层电子结构，寿命长，造价可接受，多用于民用高端产品，读写次数在5 000次左右。TLC（三层式存储）是MLC闪存延伸，TLC达到3bit/cell。存储密度最高，容量是MLC的1.5倍。造价成本最低，使命寿命低，读写次数在1 000～2 000次左右，是当下主流厂商首选闪存颗粒。

当前，固态硬盘市场中，主流的闪存颗粒厂商主要有Toshiba、Samsung、Intel、Micron、Skhynix、Sandisk等。由于闪存颗粒是固态硬盘中的核心器件，也是主要的存储单元，因而它的制造成本占据了整个产品的70%以上的比重，极端一点说，选择固态硬盘实际上就是在选择闪存颗粒。

三、U盘的基本结构

U盘的结构基本上由5部分组成：USB端口、主控芯片、FLASH（闪存）芯片、PCB底板、外壳封装，如图1-20所示。其中，主控芯片可由部分公司自行研发，而价格最贵的部分是FLASH（闪存）芯片，可占到U盘总价的6/7左右，且一般使用的都是品牌厂商的闪存芯片，目前市场上闪存芯片品牌繁多，如Samsung、Skhynix、Toshiba和Intel等，不同品牌的闪存芯片的价格都不一样，其中Samsung的价格最高。

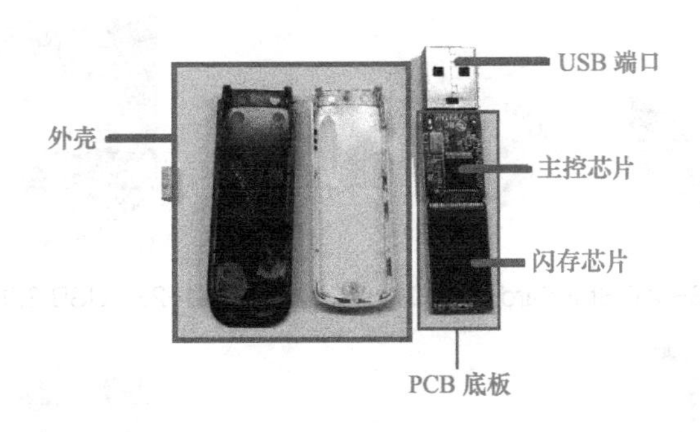

图 1-20 U 盘的结构

1. 主控芯片

主控制芯片是U盘的核心，负责各部件的协调管理和下达各项动作指令，并使计算机将U盘识别为“可移动磁盘”，是U盘的“大脑”。

2. 闪存芯片

内存芯片与计算机中内存条的原理基本相同，是保存数据的载体，其特点是断电后数据不会丢失，能长期保存。

3. PCB底板

PCB底板负责提供相应处理数据平台，并将各部件连接在一起。

4. USB端口

USB端口负责连接计算机，是数据输入或输出的通道。

USB端口根据其所适用的规格版本分为以下几种，见表1-1。

表 1-1 各版本 USB 端口概况

USB版本	理论最大传输速率	速率称号
USB 1.0	1.5Mbit/s（192KB/s）	低速（Low-Speed）
USB 1.1	12Mbit/s（1.5MB/s）	全速（Full-Speed）
USB 2.0	480Mbit/s（60MB/s）	高速（High-Speed）
USB 3.0	5Gbit/s（500MB/s）	超高速（Super-Speed）
USB 3.1 Gen 2	10Gbit/s（1 280MB/s）	超高速+（Super-speed+）

USB端口根据接口的不同分为A型公口、B型5Pin、B型4Pin、4Pin、B型8Pin、8PinRound、2×4以及火线接口。

日常生活中常见的接口有USB 2.0 Standard-A端口（见图1-21）、USB 2.0 Micro-B 5 Pin端口（见图1-22）、USB 3.1 Standard-A端口（见图1-23）和USB 3.1 Type-C端口（见图1-24）。

图 1-21 USB 2.0 Standard-A 端口

图 1-22 USB 2.0 Micro-B 5 Pin 端口

图 1-23 USB 3.1 Standard-A 端口

图 1-24 USB 3.1 Type-C 端口

任务1 拆卸机械硬盘

任务描述

熊熊：我们先做什么？

球球：先拆硬盘，只有学会怎么拆，才会了解硬盘的结构，了解硬盘的结构了，才会懂得怎么修，来吧。

任务分析

要完成本任务，需要准备一些设备、工具及材料等，包括一块机械硬盘、拆卸硬盘的工具以及无尘的开盘操作环境。本任务以希捷的ST500DM002机械硬盘为例演示机械硬盘的拆卸过程，硬盘的正面如图1–25a所示、背面如图1–25b所示。至于开盘工具，首先是工具齐全的工具箱，其次是防静电的手套，工具箱如图1–26所示。使用硬盘时要抓住硬盘的两侧，轻拿轻放，避免震动和外力撞击硬盘，禁止在硬盘运行时移动硬盘。

a）

b）

图 1-25 机械硬盘

a）机械硬盘的正面 b）机械硬盘的背面

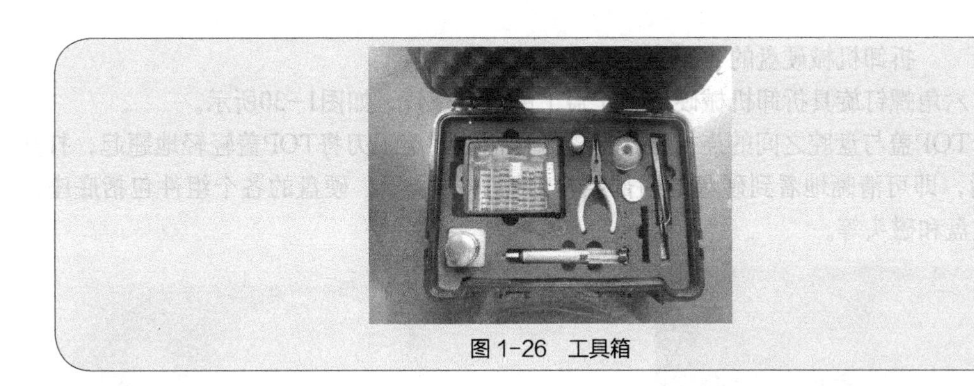
图1-26 工具箱

任务实施

以上3个开盘条件准备妥当之后，接下来就可以进行拆卸机械硬盘，具体的开盘步骤如下：

步骤一：拆卸硬盘上的电路板。

拆卸硬盘的PCB电路板之前，首先双手要带上防静电手套，以防手上的静电损坏硬盘上的电子元器件。接着用左手固定住硬盘，右手使用六角螺钉旋具，旋开电路板上6个固定用的螺钉（见图1−27），取下螺钉后即可卸下电路板，取下电路板后的机械硬盘正面如图1−28所示。

图1-27 拆卸电路板

图1-28 卸下电路板的机械硬盘正面

步骤二：揭开硬盘上的保修标签。

由于保修标签关系到硬盘后期的保修问题，所以要用美工刀小心地揭开硬盘上的保修标签，如图1−29所示。

图1-29 拆除保修标签

步骤三：拆卸机械硬盘的TOP盖。

使用六角螺钉旋具拆卸机械硬盘TOP盖上的所有螺钉，如图1–30所示。

由于TOP盖与盘腔之间的连接很紧密，因此需使用美工刀将TOP盖轻轻地翘起，打开TOP盖后，即可清晰地看到硬盘的内部结构如图1–31所示，硬盘的各个组件包括底座、电机、磁盘和磁头等。

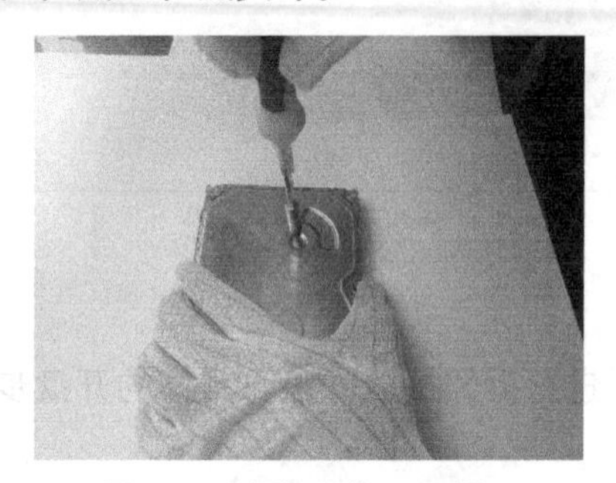

图 1-30　拆卸硬盘 TOP 盖

图 1-31　机械硬盘的内部结构

步骤四：拆卸永磁铁。

拆除永磁铁时一定要用左手牢牢固定盘腔，右手紧握尖嘴钳将永磁铁取下，如图1–32所示。

图 1-32　拆除永磁铁

温馨提示

由于永磁铁的吸力非常大，所以拆除时一定要小心，以免拆除过程中损坏硬盘的其他元器件。

步骤五：拆除磁头与电路板的连接线。

连接线的拆除一定要小心谨慎，一旦失误会造成严重的后果。拆除操作如图1–33所示。

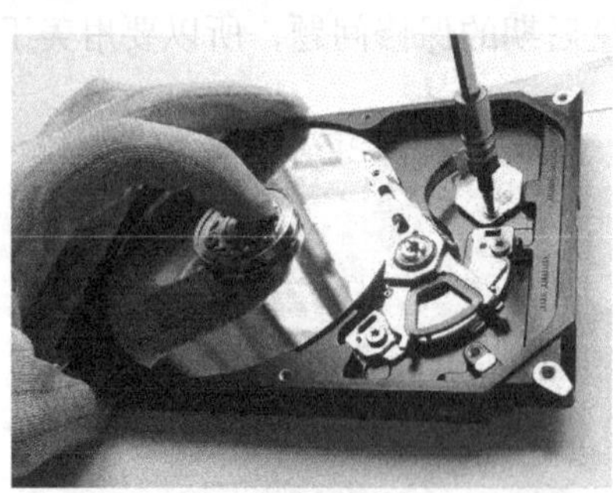

图 1-33　拆除磁头与主板的连接线

温馨提示

连接线拆除操作失误导致连接线断裂将会使磁头无法运作，或者操作不当导致异物掉落在盘片上可能造成盘片损坏等。

步骤六：拆除磁头。

拆除磁头，首先是拆除磁头上的固定螺钉，为了避免磁头碰到任何东西，请用左手固定硬盘底座，右手使用一字螺钉旋具小心取出固定用的螺钉，如图1–34所示。

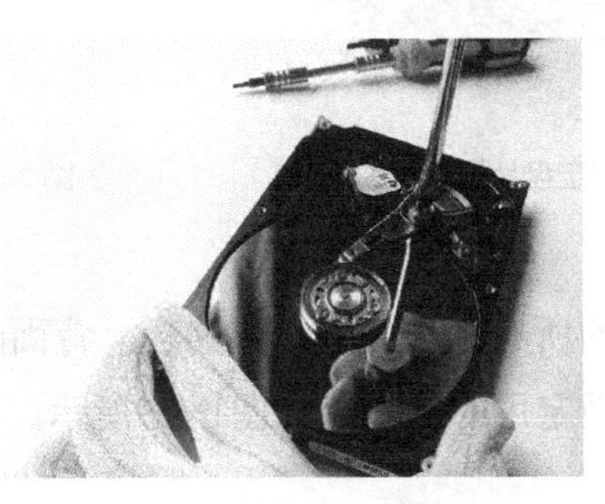

图 1–34　拆除磁头上的固定螺钉

温馨提示

磁头非常脆弱，簧片稍微受力就会变形，一旦变形就意味着该磁头要报废。因此，在拆除磁头时，一定要注意磁头不能触碰任何东西。

在移除磁头时，先要把磁头从盘片上的停靠区移出来，操作方法如图1–35所示。

拆除出来的磁头及磁头臂如图1–36所示。

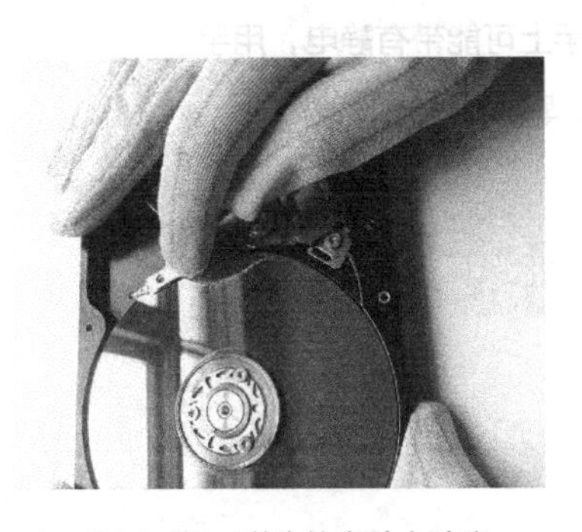

图 1–35　磁头从盘片上移出

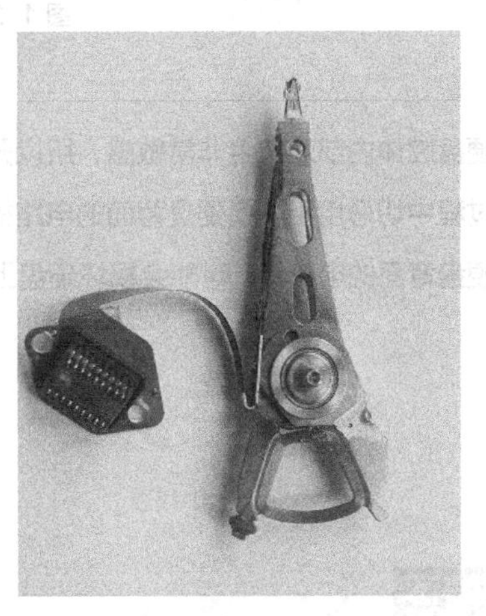

图 1–36　机械硬盘的磁头及磁头臂

步骤七：拆除盘片。

拆除盘片，首先要拆卸盘片上的固定螺钉，如图1–37所示。

卸下固定螺钉后，用镊子轻轻拿起固定盘片的上盖，切记双手不可以触碰盘片，操作方法如图1–38所示。

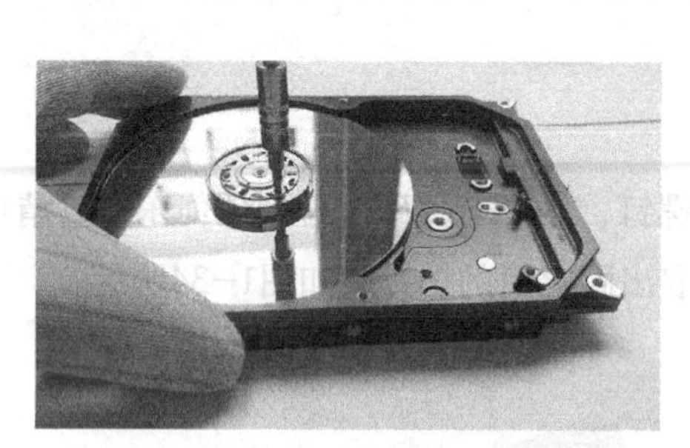

图 1-37　拆除固定盘片的螺钉

图 1-38　拆除固定盘片的上盖

步骤八：完成硬盘拆卸。

拆卸完成后，机械硬盘的所有零部件包括电路板、背面的TOP盖、底座、永磁铁、磁头组件、法栏盘、盘片以及固定用的螺钉，如图1-39所示。

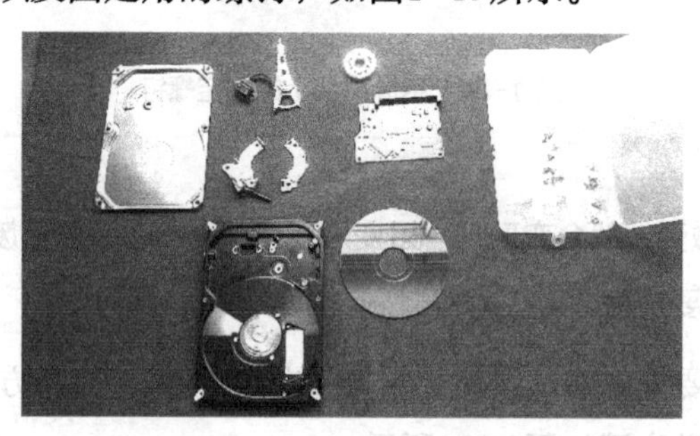

图 1-39　机械硬盘的零部件

温馨提示

由于硬盘腔体内部对灰尘非常敏感，所以开盘操作必须在无尘工作间进行，而且开盘过程中切忌用手触摸硬盘背面的电路板，因为人的手上可能带有静电，用手触摸硬盘背面的电路板，可能会损坏硬盘上的电子元件，导致硬盘出现故障。

任务2　拆卸固态硬盘

任务描述

熊熊：球球，你看，这是昨天在电器城买的一个大容量的固态硬盘，现在存储资料真是方便!

球球：体积这么小，容量这么大，真想拆开研究一下!

熊熊：是呀，我也想拆开看一看。球球，我们前两天拆装过机械硬盘？今天我们也来拆固态硬盘，一探究竟!

任务分析

要完成本任务，需要准备一些设备、工具及材料等，包括一块固态硬盘、拆卸硬盘的工具以及无尘的开盘操作环境。本任务以金百达KP330 60GB固态硬盘为例演示固态硬盘的拆卸过程，其正面如图1-40所示，背面如图1-41所示。开盘工具，首先是工具齐全的工具箱，其次是防静电的手套，工具箱参照图1-26。移动硬盘时要抓住硬盘的两侧，轻拿轻放，避免震动和外力撞击硬盘，禁止在硬盘运行时移动硬盘。由于硬盘腔体内部对灰尘非常敏感，所以开盘操作必须在无尘工作间进行，而且开盘过程中禁止用手触摸硬盘背面的电路板，因为人的手上可能带有静电，用手触摸硬盘背面的电路板，可能会损坏硬盘上的电子元件，导致硬盘出现故障。

图1-40 固态硬盘正面

图1-41 固态硬盘背面

任务实施

固态硬盘的3个开盘条件准备妥当之后，接下来就可以进行拆卸固态硬盘。具体的开盘步骤如下：

步骤一：双手套上防静电手套。

拆卸硬盘的PCB电路板之前，首先双手要带上防静电手套，以防手上的静电损坏硬盘上的电子元器件。

步骤二：揭开固态硬盘外壳上的质保标签。

由于保修标签关系到固态硬盘后期的保修问题，所以要用美工刀小心地揭开固态硬盘上的保修标签，如图1-42所示。

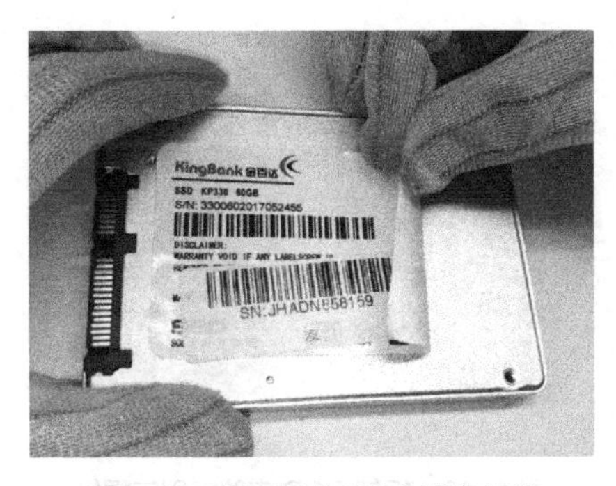

图1-42 揭开固态硬盘的质保标签

步骤三：拆卸固态硬盘的外壳。

固态硬盘的外壳大都采用卡扣方式封装，不易拆卸，要用撬屏刀小心地撬开硬盘外壳的卡扣（见图1–43），然后用手轻轻地将固态硬盘的两个外壳分离开来（见图1–44），外壳分开后的固态硬盘内部结构如图1–45所示。

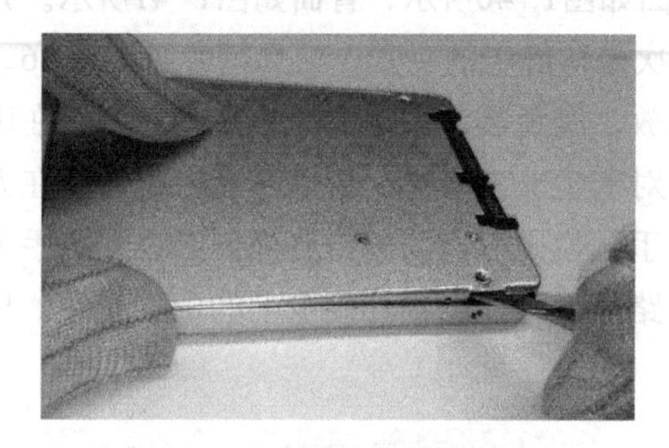

图 1-43　拆卸固态硬盘的外壳

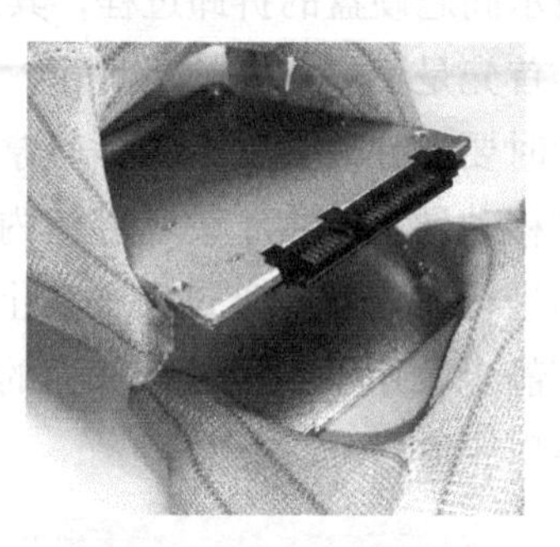

图 1-44　分离固态硬盘的外壳

图 1-45　硬盘内部结构

温馨提示

使用撬屏刀拆卸固态硬盘的外壳时，一定要注意使用力度不易过大，力度太大容易使固态硬盘的接口与PCB电路板脱焊甚至断裂。

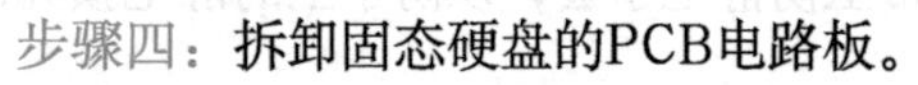

步骤四：拆卸固态硬盘的PCB电路板。

不同品牌的固态硬盘的PCB电路板的固定方式不同，有的用卡扣固定，有的用螺钉固定，本任务使用的固态硬盘是采用螺钉固定。因此，要拆卸PCB电路板，首先要将固定PCB板的螺钉卸下，如图1–46所示。

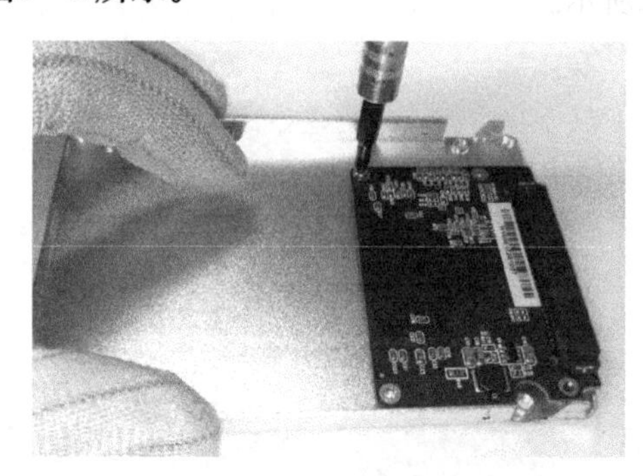

图 1-46　拆卸 PCB 电路板固定螺钉

步骤五：卸下PCB板。

卸下的PCB电路板的正面如图1−47所示，背面如图1−48所示，完成拆卸后的固态硬盘构造如图1−49所示。

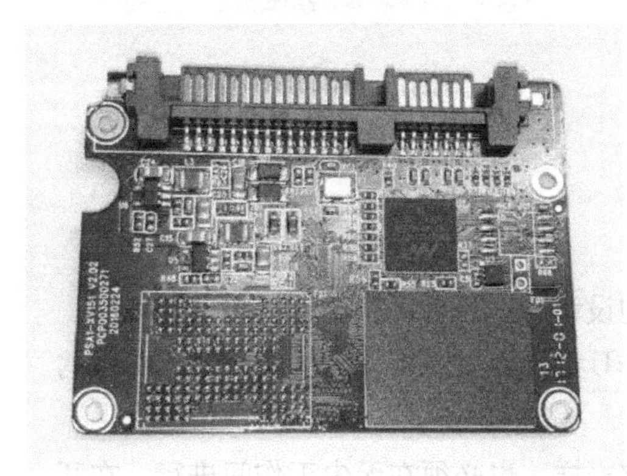

图 1-47 固态硬盘 PCB 电路板正面

图 1-48 固态硬盘 PCB 电路板背面

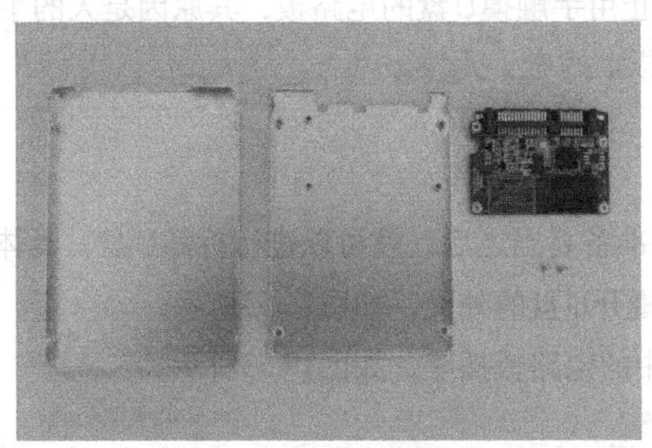

图 1-49 固态硬盘的构造

任务3 拆 卸 U 盘

任务描述

熊熊：球球，固态硬盘拆过了，机械硬盘也拆过了，拆一拆U盘好不好，U盘这么小，还能放这么多数据，真想看一看它的结构。

球球：没问题，来，我们一起拆开看一看。

任务分析

要完成本任务，需要准备一些设备、工具及材料等，包括一块U盘、拆卸U盘的工具以及无尘的开盘操作环境。本任务以金士顿DT50型号U盘为例演示U盘的拆卸过程，其外观如图1−50所示。U盘的开盘工具只需要一个撬屏刀，如图1−51所示。

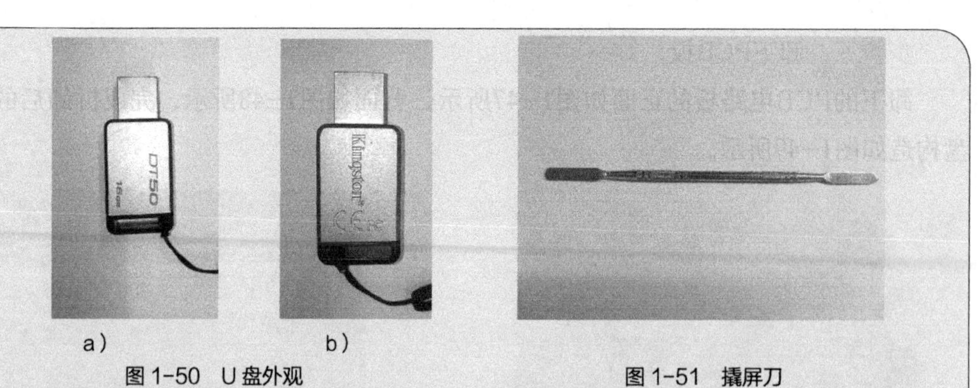

a) b)

图 1-50 U 盘外观　　图 1-51 撬屏刀

大部分U盘都是一次成型、不可拆卸的设计，一旦拆卸就意味着报废。因此，正常情况下，是没有人会去拆U盘的，除非U盘故障需要恢复数据，或者有特殊的用途，否则不要拆U盘。

拆卸U盘与拆卸机械和固态硬盘的要求一样，也必须在无尘工作间进行，在开盘过程中也一样禁止用手触摸U盘的电路板，其原因是人的手上可能带有静电，可能会损坏U盘电路板上的电子元件。

任务实施

U盘的3个开盘条件准备妥当之后，就可以进行拆卸U盘，具体的开盘步骤如下：

步骤一：用撬屏刀撬开U盘的外壳，如图1−52所示。

步骤二：取出U盘中的电路板插座，如图1−53所示。

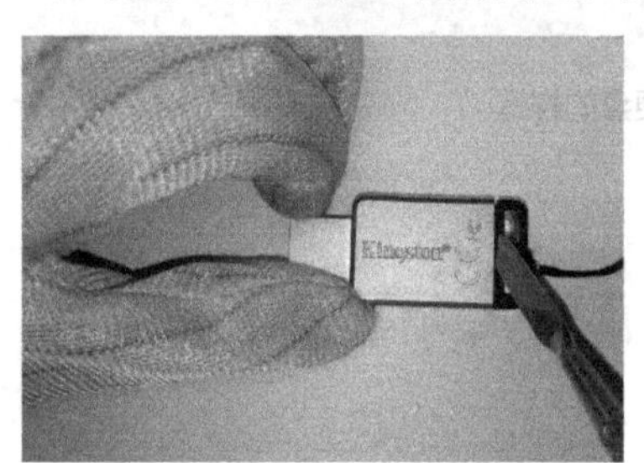

图 1-52 拆卸 U 盘外壳

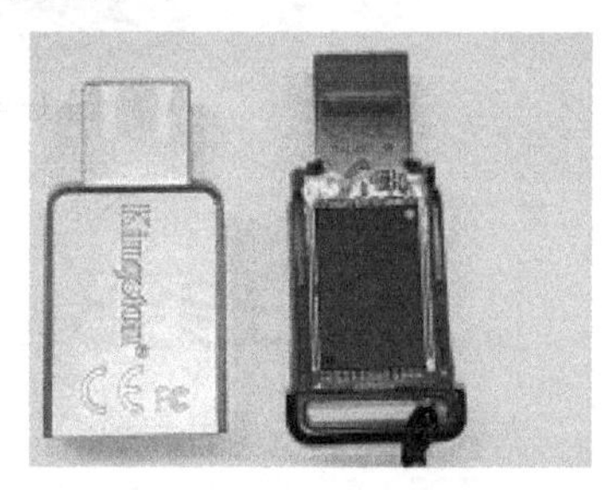

图 1-53 U 盘的外壳及电路板插座

步骤三：取出U盘的电路板，电路板两面的外观如图1−54所示。

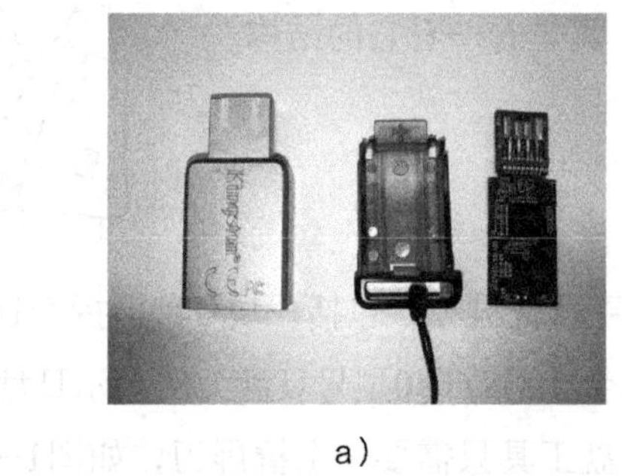

a)

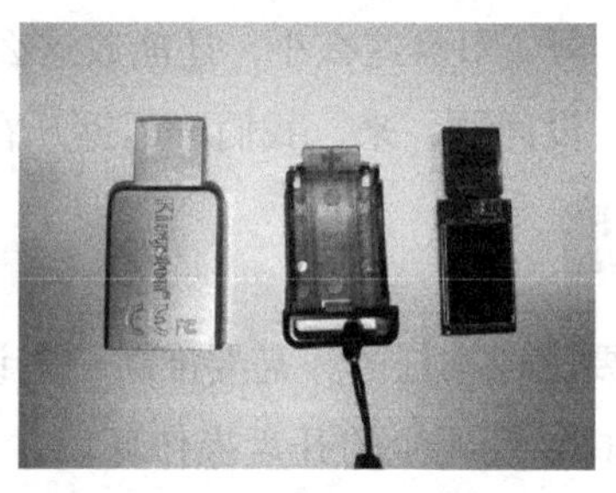

b)

图 1-54 U 盘电路板外观

温馨提示

常见U盘故障：

1）USB接口和电路板之间容易出现虚焊，造成U盘无法被计算机识别。有时晃动一下U盘，计算机又可以识别到它，如出现这种故障现象基本上可以判断为USB接口接触不良。只要对USB接口和电路板之间进行补焊即可解决问题。

2）FLASH焊盘一是用来固定闪存，二是用来连接闪存与主控。U盘受外力挤压后，容易出现闪存与焊盘接触不良的故障，即人们常说的脱焊，造成计算机无法打开U盘或者无法存储文件等问题。此时，只要对闪存的引脚进行补焊就可以修复该故障。

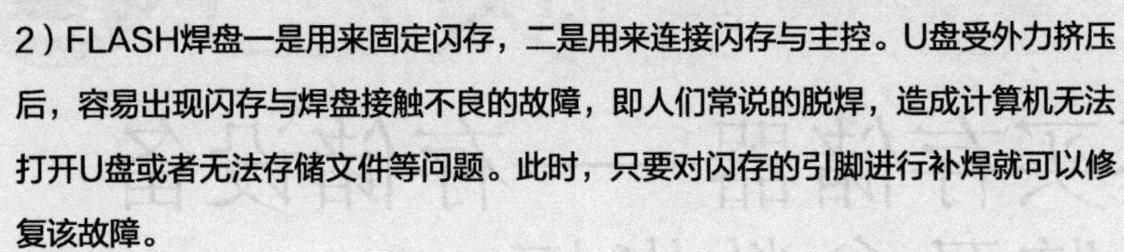

知识链接

U盘的使用注意事项

虽然U盘使用方便，但是也存在一些注意事项。首先在使用过程中最好不要直接拔出，尽管U盘是一种支持热插拔的设备，但是也要在确保卸载的情况下拔出U盘，不然会影响U盘的使用寿命。其次U盘是采用闪存作为存储介质（Flash Memory）和使用通用串行总线（USB）作为接口的移动存储设备，在保存文件信息时，往往会按“串行”方式进行，也就是说在U盘中哪怕只删除一个文件或增加一个文件，都会导致U盘中的数据信息自动刷新一次，而U盘的刷新次数是有限的，所以在保存或删除U盘文件时，最好能一次性完成。再次U盘的碎片勿整理，这是因为U盘保存数据信息的方式很特别，它不会产生通常所说的文件碎片，所以不能用常规的碎片整理工具来整理，如果“强行”整理的话，只会影响它的使用寿命。

PROJECT 2 项目 2

我要买存储器——存储设备的品牌及参数指标

本项目主要介绍机械硬盘和固态硬盘的主流品牌以及各主要参数指标。

知识准备

一、硬盘之容量

不论硬盘的用途是什么，首先要考虑的是硬盘的容量。硬盘是个人计算机中存储数据的重要部件，其容量决定了个人计算机的数据存储能力的大小，因此它是用户购买硬盘时首先要考虑的参数。

二、硬盘之类型

根据所采用的存储介质的不同，硬盘可以分为机械硬盘（见图1−25）、固态硬盘（见图1−40和图1−41）和混合硬盘（正面如图1−55所示，背面如图1−56所示，内部结构如图1−57所示）3种类型。

图 1-55　混合硬盘正面

图 1-56　混合硬盘背面

图 1-57　混合硬盘内部结构

机械硬盘是最常见、最广泛的一种计算机存储设备，机械硬盘的优点是存储空间大、技术成熟、价格低、可以多次复写、使用寿命长，误操作所删除的数据可恢复；缺点是读写速度较慢、功耗大、发热量大、有噪音、抗震性能差。

固态硬盘是用固态电子存储芯片阵列制成的硬盘，被广泛应用于军事、车载、工控、视频监控、网络监控、网络终端、电力、医疗、航空、导航设备等领域。它的优点是读写速度快、防震抗摔、低功耗、无噪音、工作温度范围大、轻便；缺点是容量小、寿命有限、售价高。

混合硬盘（Hybrid HardDrive，HHD）是将磁性硬盘和闪存集成到一起的一种大容量硬盘。相比传统的机械硬盘，混合硬盘具有很多优点，包括：应用中的数据存储与恢复更快、系统启动时间减少、功耗降低、生成热量减少、硬盘寿命延长、笔记本式计算机和Pad的电池寿命延长、工作噪声级别降低。缺点包括：硬盘中数据的寻道时间更长、硬盘的自旋变化更频繁、闪存模块处理失败、不可能进行其中的数据恢复、系统的硬件总成本更高。

三、硬盘之参数

不管是机械硬盘还是固态硬盘都有各自的规格和技术指标参数，但两者之间也有类似的指标参数，如容量和缓存。下面将分别介绍机械硬盘和固态硬盘的主要选购参数。

（一）机械硬盘的选购主要参数

1. 转速（Spindle Speed）

硬盘转速就是指硬盘主轴电机的转动速度，一般以每分钟多少转来表示（r/m）。硬盘的主轴马达带动盘片高速旋转，产生浮力使磁头飘浮在盘片上方。要将所要存取资料的扇区移动到磁头下方，转速越快，等待时间也就越短。随着硬盘容量的不断增大，硬盘的转速也在不断提高。然而，转速的提高也带来了磨损加剧、温度升高、噪声增大等一系列负面影响。

2. 数据传输率（Data Transfer Rate）

数据传输率包括外部数据传输率和内部数据传输率两种。常常说的SATA6Gbit/s中的6Gbit/s就代表着这块硬盘外部数据传输率的理论值是6Gbit/s，也就是计算机通过数据总线从硬盘内部的缓存区中所读取数据的最高速率。而内部数据传输率可能并不被大家所熟知，但它才是一块硬盘性能好坏的重要指标，它指的是磁头至硬盘缓存间的数据传输率。

3. 缓存

缓存是硬盘与外部总线交换数据的场所。硬盘读数据的过程是将要读取的资料存入缓存，等缓存中填充满数据或者要读取的数据全部读完后再从缓存中以外部传输率传向硬盘外的数据总线。可以说它起到了内部和外部数据传输的平衡作用。

可见，缓存的作用是相当重要的。目前主流硬盘的缓存主要有64MB和32MB两种，一般以SDRAM为主。根据写入方式的不同，有写通式和回写式2种。现在的多数硬盘都是采用的回写式。

（二）固态硬盘的选购主要参数

由于固态硬盘没有机械结构，数据的读写过程主要靠主控芯片进行协调，因此固态硬盘中并没有转速这一概念。在固态硬盘参数中，讨论更多的是其所使用的控制器芯片以及存储单元类型，因为不同的主控芯片会对固态硬盘带来不同的读写性能。

1. 存储芯片（又称为闪存）

固态硬盘大多采用FLASH和DRAM这两种存储芯片，FLASH存储芯片多用于民用级固态硬盘，而DRAM存储芯片则多用于企业级固态硬盘。

除此之外，存储颗粒按工作模式区分，还有同步、异步的差别。同步类型的闪存的工作频率更高，性能更好，带宽是异步类型的一倍以上，但对制造品质的要求也就更高，理所当然价格也就更贵。

2. 主控芯片

主控芯片是固态硬盘的控制大脑，负责合理调配数据在各闪存芯片上的负荷，同时承担整个数据中转以及连接存储芯片和外部传输接口。不同品牌的主控芯片在数据处理能力、算法以及对存储芯片的控制上都有不同的性能差异，这也导致了采用不同品牌主控芯片的固态硬盘具有不同的性能。目前使用较为广泛的主控芯片主要是：Jmicron主控芯片、Indilinx主控芯片、SandForce主控芯片、Intel主控芯片这4种，如图1–58所示。

图 1–58　4 种主流主控芯片

3. 缓存

缓存对固态硬盘的影响没有前两者大，缓存和计算机一样，也分DDR2、DDR3。固态硬盘的寻道时间很小，接近于0。因此固态硬盘的缓存并不是必要的，但写入缓存的数据不一定会直接写入到固态硬盘上，只有最终需要保存的数据才会写入到固态硬盘的FLASH芯片上，这个由程序和系统控制。没有缓存的产品也不是说寿命会很不堪，还有PO（7%以上）空间来维持。因此，具备较大缓存有助于减少固态硬盘上FLASH芯片的读写次数，延长了芯片的使用时间，一定程度上提高读写能力。

4. 接口

目前主流固态硬盘的接口标准有SATA（2.0 3Gbit/s、3.0 6Gbit/s），如图1-59所示，mSATA（2.0 3Gbit/s、3.0 6Gbit/s）如图1-60所示，M.2（SATA通道：2.0 3Gbit/s、3.0 6Gbit/s和PCI-E通道：PCI-E 2.0/3.0，支持NVMe标准，最高32Gbit/s）如图1-61所示，SATA Express如图1-62所示，PCI-E如图1-63所示（高端消费级市场和企业级市场为主，有着超高的数据吞吐容量的数据接口，最高支持PCI-E 3.0 X16）及U.2（SFF-8639，四通道版本的SATA-Express接口，最高32Gbit/s）如图1-64所示。这些接口可以充分满足SSD的高速传输需求，但是SATA 2.0接口对固态硬盘性能影响很大。

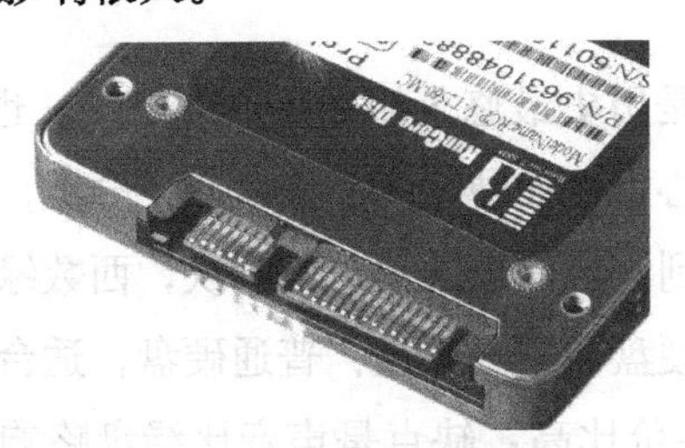
图1-59 SATA 3.0接口的固态硬盘

图1-60 mSATA接口的固态硬盘

图1-61 M.2接口的固态硬盘

图1-62 SATA Express接口的固态硬盘

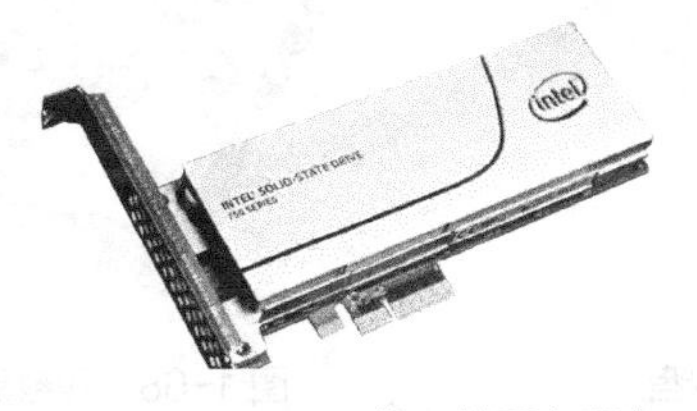

图1-63 PCI-E接口的固态硬盘

图1-64 U.2接口的固态硬盘

温馨提示

选购SSD固态硬盘的时候，首先要留意计算机主板所支持的接口类型。

四、硬盘之品牌

（一）主流的机械硬盘品牌

1. 希捷

希捷公司于1979年创立，目前希捷硬盘的市场占有率位居全球第二，在收购三星硬盘业务之后，进一步增强了其在笔记本硬盘的研发和生产能力。希捷是目前世界上唯一一个覆盖全产业链的硬盘厂商，上市销售的硬盘包括机械硬盘（见图1−65）、混合硬盘和固态硬盘。希捷公司一向重视技术的开发，对于研发费用从不吝啬，因此希捷硬盘的性能具备一定的优势，但是售价相对于其他品牌的硬盘偏贵，这在一定程度上削弱了希捷台式计算机硬盘的竞争力。

图 1-65　希捷 ST 1000DM003 机械硬盘

2. 西部数据

WD公司（以下简称西数）始创于1970年，是历史最悠久的硬盘厂商之一，也是IDE接口的创始者之一。西数在营销手段上面独具匠心，比如硬盘产品线以颜色分类，甚至最新增加第五种紫色硬盘，它能够让消费者快速找到符合需求的硬盘。其次，西数绿盘作为主流产品，其价格仅比东芝硬盘略贵，较之希捷硬盘便宜。蓝盘：普通硬盘，适合家用，如图1−66所示。优点是性能较强，价格较低，性价比高；缺点是声音比绿盘略响，性能比黑盘略差。绿盘：节能盘，适合大容量存储，如图1−67所示。采用Intell iPower技术，转速为5 400r/m。优势是安静、价格低；缺点是性能差，延迟高，寿命短。

黑盘：高端盘，适合游戏爱好者使用，如图1−68所示。优势是性能强，低延迟，大缓存；缺点是价格高，声音较响。

图 1-66　西数蓝盘

图 1-67　西数绿盘

图 1-68　西数黑盘

3. 东芝

东芝秉承原日立硬盘的低价高质作风，目前东芝硬盘在同档次产品中价格最低，其性能最接近于希捷硬盘。东芝机械硬盘如图1−69所示。

图 1-69 东芝 DT01ACA050 机械硬盘

4. HGST（昱科环球存储科技公司）

HGST原名日立环球存储科技公司，其前身是IBM公司的硬盘业务，1956年，IBM公司推出世界首台硬磁盘存储器RAMAC，1973年，Winchester磁盘由IBM提出，目前现代硬盘（HDD）都还采用这个结构。2003年IBM和日立将双方存储科技业务进行战略合并后组成该公司，2012年，被西部数据集团斥资43亿美元收购，与西数（WD）共同作为西数集团（WDC）的子公司，随后更名为现在看到的HGST（昱科环球存储科技公司）。西数收购HGST的另一大原因在于后者具备雄厚的技术实力，它相继推出6TB、8TB、10TB氦气硬盘、15K转速的2.5in Ultrastar C15K600系列硬盘（见图1-70），其硬盘的质量较佳，牢牢掐住硬盘容量增长的入口，成为压制其他硬盘厂家的有效“武器”。

图 1-70 HGST 的 Ultrastar He 系列硬盘

（二）主流的固态硬盘品牌

1. 三星

提到固态硬盘，三星绝对称得上是“老资格”了。在SATA SSD时代，三星的高端SSD就是性能的象征。从840到850、再从950到960，PRO后缀的三星SSD，在每一次的更新换代之中都引领了性能的潮流。人们在评测新品SSD的时候总是以三星的旗舰SSD作为对比。同时，三星也是将旗舰级SSD带到TB级的第一家。

图 1-71 三星 EVO 系列固态硬盘

2. INTEL

Intel公司在SSD发展的初期，凭借着自身在芯片设计的底蕴，Intel 320、330系列的性能十分出众，尤其在随机读写性能方面。因为其价格一直不菲，所以Intel SSD一度成为高端用户的宠儿。

图 1-72　Intel 535 系列固态硬盘

虽然后期Intel推出了面向mSATA的525以及面向SATA的530、535（见图1-72）系列，其中530、535性能达到了540/490MB/s的标称速率。而后续推出的730系列，更是将性能提升到89 000/74 000 IOPS，从而奠定了Intel在随机读写性能的地位。

3. 东芝

东芝原是一家闪存的供应商，东芝的大部分闪存产品供应给闪迪，其余闪存分配给苹果、浦科特、金士顿、影驰、威刚等SSD厂家。浦科特的M5P固态硬盘是其代表作。通过收购OCZ得到主控的技术后，东芝推出了一系列的主流级的SSD，为市场注入了新活力。目前在售的东芝SSD大部分为SATA SSD，有A100系列、Q200系列、Q300系列等等。其中Q300（见图1-73）曾一度成为“年轻人第一块SSD”，凭借着高性价比以及品牌的号召力成为市场的热销产品。

图 1-73　东芝 Q300 系列固态硬盘

4. 金士顿

2010年，金士顿开启了SSDNow之路，推出了V100系列SSD，采用了JMicron主控，以此打开了金士顿迈向SSD的大门。但真正让大家全面接受金士顿SSD，则是大名鼎鼎的V300系列（见图1-74），它以超低的售价以及金士顿的招牌一度成为销售明星。

图 1-74　金士顿 V300 系列固态硬盘

不过金士顿并未止步于此，2012年金士顿再度发布HyperX品牌的固态硬盘，启用内存市场久负盛名的HyperX系列加注到SSD之中，为追求高品质的用户提供多样化选择。

5. 闪迪

闪迪的SSD产品线非常齐全，拥有的“至尊高速系列”“至尊极速系列”“至尊超极速系列”，分别覆盖低/中/高端用户人群。作为闪迪的低端SSD代表作—— 闪迪至尊高速（Ultra Plus）曾以超高性价比捕获了不少用户的心。

任务 硬盘的选购

任务描述

球球：熊熊，这个客户的硬盘坏了，没法再用了，他想让我们给他推荐一个新硬盘，这个任务就交给你了。

熊熊：好的，可是怎么推荐硬盘呢。

球球：你要在充分了解硬盘的各种参数的基础上，熟悉各个品牌硬盘的优缺点，然后根据客户的需求进行推荐。

任务分析

本任务详细阐述了机械和固态硬盘的容量、类型、规格和技术参数以及品牌4个方面的知识。学生通过本任务的学习，能够根据客户的实际需求，从容量、类型、规格和技术参数以及品牌4个方面对机械和固态硬盘的采购，向客户提供合理、恰当的采购建议。

任务实施

步骤一：接待客户。

熊熊："先生，您好！公司已经把您需要的数据恢复出来了，但是您的硬盘存在诸多的问题，建议您买一块新硬盘，以避免数据再次丢失。"

客户："太好了！谢谢您帮我找回了资料！那我买什么样的硬盘好呢？"

熊熊："对用户合适才是最好的。"

客户："你说得对，那你帮我推荐一些？"

熊熊："我需要了解您的需求，才能给您推荐！"

步骤二：了解客户需求。

熊熊："您能否告诉我，您的硬盘主要用来做什么呢？例如，办公、网络存储、游戏还是监控用呢？"

客户："硬盘的用途还分这么细呀？我的硬盘主要是办公使用，另外还做一些网络存储用。"

熊熊："您对硬盘的存储介质有要求吗？例如，机械硬盘、固态硬盘和混合硬盘。"

客户："你能否介绍一下这3种硬盘的特征呢？"

熊熊："简单来说，机械硬盘是由磁性材料制成的，其优点是存储空间大、技术成熟、价格低、可以多次复写、使用寿命长，误操作所删除的数据可恢复，其缺点是读写速度较慢、功耗大、发热量大、有噪音、抗振性能差；固态硬盘是用固态电子存储芯片阵列制成的，其优点是读写速度快、防振抗摔性、低功耗、无噪音、工作温度范围大、轻便，其缺点是容量小、寿命有限、售价高；混合硬盘是将磁性硬盘和闪存集成到一起的一种大容量硬盘，其优点是数据的存储与恢复更快、系统启动时间减少、功耗降低、生成热量减少、硬盘寿命延长、笔记本式计算机和Pad的电池寿命延长、工作噪声级别降低，其缺点是数据的寻道时间更长、硬盘的自旋变化更频繁、闪存模块处理失败就不能进行数据恢复、系统的硬件总成本更高。”

客户：“根据你的介绍，我想混合硬盘肯定不适合我，因为我主要用于工作，硬盘中的数据都是非常重要的，而混合硬盘一旦出现故障其数据是不可恢复的，所以只能是机械硬盘或者固态硬盘对吗？”

熊熊：“您的判断完全正确。既然您这么重视数据的安全性，那么也肯定重视硬盘的使用寿命，因为硬盘的使用寿命与数据安全也息息相关。”

客户：“谢谢你的提醒！”

熊熊：“您对硬盘的存储空间、价格有什么要求吗？一般来说，存储空间越大价格也就越高。”

客户：“对于存储空间需求，我不太了解，你介绍一下吧！”

熊熊：“请问您现有的这个硬盘使用了几年？”

客户：“8年左右。”

熊熊：“您现有的这个硬盘的总存储空间为320GB，剩余存储空间为80GB多，再根据您提供的使用年限，测算出您每年需要的存储空间为30GB左右。根据以上信息，请估算一下您需要购买多大的存储空间的硬盘。”

客户：“根据你的算法，需要购买1TB容量的硬盘。”

熊熊：“您有特别喜欢的硬盘品牌吗？”

客户：“没有特别喜欢的硬盘品牌，你来帮我推荐一个吧！”

熊熊：“非常感谢您对我的信任！”

步骤三：向客户推荐硬盘。

熊熊：“根据您所提供的信息，我建议您购买希捷品牌的机械硬盘。”

客户：“你介绍一下希捷硬盘的优缺点好吗？”

熊熊：“当然可以！目前，希捷硬盘的市场占有率位居全球第二，希捷公司非常重视技术的开发，对于研发费用从不吝啬，因此希捷硬盘在性能上具备一定的优势，也就说希捷硬盘具备一定的稳定性、安全性，其缺点是售价相对于其他品牌的硬盘偏贵。”

客户：“价格大约是多少？”

熊熊：“大致在300元，不同的转速和缓存会有些微的价格变动。”

客户：“你去拿几块希捷硬盘让我选一下。”

单元评价 UNIT EVALUATION

为了了解学生对本单元学习内容的掌握程度，请教师和学生根据实际情况认真填写表1-2的内容。

表 1-2 单元学习内容掌握程度评价表

<table>
<tr><th colspan="3">评价主体</th><th>评分标准</th><th>分值</th><th>学生自评</th><th>教师评价</th></tr>
<tr><td rowspan="6">项目1</td><td rowspan="2">任务1</td><td>操作评价</td><td>能够按照操作要求使用防静电手套和螺钉旋具</td><td>10</td><td></td><td></td></tr>
<tr><td>成果评价</td><td>能够独立完成机械硬盘拆卸</td><td>15</td><td></td><td></td></tr>
<tr><td rowspan="2">任务2</td><td>操作评价</td><td>操作过程能做到温馨提示事项</td><td>10</td><td></td><td></td></tr>
<tr><td>成果评价</td><td>能够独立完成固态硬盘拆卸</td><td>15</td><td></td><td></td></tr>
<tr><td rowspan="2">任务3</td><td>操作评价</td><td>能够熟练使用撬屏刀</td><td>10</td><td></td><td></td></tr>
<tr><td>成果评价</td><td>能够独立完成U盘拆卸</td><td>15</td><td></td><td></td></tr>
<tr><td rowspan="2">项目2</td><td rowspan="2">任务1</td><td>操作评价</td><td>能够与客户进行良好的沟通</td><td>10</td><td></td><td></td></tr>
<tr><td>成果评价</td><td>能够清晰地向客户介绍硬盘的容量、类型、参数以及品牌等相关知识</td><td>15</td><td></td><td></td></tr>
</table>

单元总结 UNIT SUMMARY

通过本单元的实际操作练习，学生不仅能够了解机械硬盘、固态硬盘以及U盘的内部构成，同时还能独立完成机械硬盘、固态硬盘以及U盘的拆卸，而且还能清晰地向客户介绍硬盘的容量、类型、参数以及品牌等相关知识。

单元2

数据存储原理

单元情景

熊熊到公司上班后，按照经理的要求，熟悉了各种存储设备，可是还是对各种存储设备的工作原理不够了解，明天经理要求熊熊到公司给各员工讲解存储设备工作原理的相关内容。“存储设备的工作原理是什么？它们是怎么存储的？真让我犯难！！！我得赶紧向专家球球请教一下。”

熊熊：数据是存储在计算机哪个地方？

球球：数据是存储在计算机内部存储器和外部存储器里的，像上一单元介绍的软盘、光盘、硬盘、固态硬盘这些都是数据可存储的介质。

熊熊：噢，我明白了，那么这些设备是怎么存储数据的？它的原理是什么？

球球：来吧，我通过一个实际案例介绍磁盘的存储原理。

单元概要

本单元的学习内容是掌握数据恢复的存储原理，重点要了解硬盘的逻辑结构，硬盘的文件系统等知识。

在本单元中，通过学生动手格式化分区、安装操作系统等实际任务驱动，让学生掌握硬盘的逻辑结构的概念；通过动手引起其兴趣，进一步通过文件系统格式属性的分析，让学生掌握磁盘的存储结构，引出数据恢复的可能性。

单元学习目标

1. 掌握低级格式化的方法
2. 了解硬盘的逻辑结构
3. 掌握Windows操作系统的安装方法
4. 了解文件系统格式的类型及特点

PROJECT 1 项目 1

我要来装机——磁盘格式化

磁盘格式化（Format）是指对磁盘或磁盘中的分区进行初始化的操作过程，通常分为低级格式化操作和高级格式化操作。低极格式化一般在磁盘出厂之前由厂家来执行此操作，即通过此操作创建硬盘扇区使磁盘具备存储能力。高级格式化通常简称格式化，它是一种逻辑格式化操作是指根据用户选定的文件系统（如FAT32、NTFS、EXT2、EXT3等），在磁盘的特定区域写入特定数据，包括对主引导记录中分区表相应区域的重写、根据用户选定的文件系统，在分区中划出一片用于存放文件分配表、目录表等用于文件管理的磁盘空间，以便用户使用该分区管理文件。本项目主要练习磁盘的低级和高级格式化的方法。

知识准备

U盘启动方法

U盘启动方法中关键的一步就是设置U盘为优先启动项，本教程内只是以戴尔计算机为例进行演示，由于不同品牌计算机的BIOS设置U盘启动会有差异，因此下面的演示要是不能适用于你的计算机，建议使用百度等搜索引擎搜索一下你的计算机品牌或者与你的计算机品牌类似BIOS的U盘启动设置。总的来讲，设置计算机从U盘启动一共有两种方法：

第一种是利用某些计算机现成的启动项按键来选择U盘启动。

第二种是进BIOS然后设置U盘为第一启动项。

下面分情况介绍：

方法一：利用按键选择U盘启动：一般的品牌机，例如戴尔计算机，选择启动项的键是<F12>，开机的时候按<F12>键会出现启动项选择界面，从中可以选择计算机从什么介质启动，一般可供选择的有光驱、硬盘、U盘等（见图2-1）。如果对英文不是很了解无法确定各个选项代表什么，可以通过一个单词来快速选择U盘启动，也就是在出现的启动项列表里找到一项带USB字样的就可以了。

图2-1 选择U盘作为优先启动项

以上是以戴尔计算机为例，其余品牌机或者部分组装机也有按键选择启动项的功能，简单列举几种：惠普笔记本式计算机：<F9>，联想：<F12>，有一部分组装机是<F8>，大体而言也就这么几种按键。有些计算机开机的时候在计算机屏幕下方会显示哪个键可以用来设置启动选项，有些计算机不显示，那就需要进BIOS将<F12>的“BOOTMENU”功能开启。还有一些计算机是没有热键选择启动项功能的，对于这种计算机只能通过下面的方法二来设置了。

方法二：这种方法没有统一的步骤，因为BIOS版本不同设置也不同，总的来说方法二又分两种：

一种是没有硬盘启动优先级“Hard Disk Boot Priority”选项的情况，直接在第一启动设备“First boot device”里面选择从U盘启动。

另一种是存在硬盘启动优先级“Hard Disk Boot Priority”选项的情况，必须选择U盘为优先启动的设备，计算机是把U盘当硬盘来使用的。以下是以戴尔计算机为例，演示设置U盘为优先启动项的操作过程：

步骤一：按<F12>键进入修改启动项。

步骤二：选择BIOS Setup进入BIOS设置如图2-2所示。

步骤三：进入BIOS后，首先选择“General（常规设置）”选项，然后选择“Boot Sequence（启动顺序）”选项（见图2-3）。

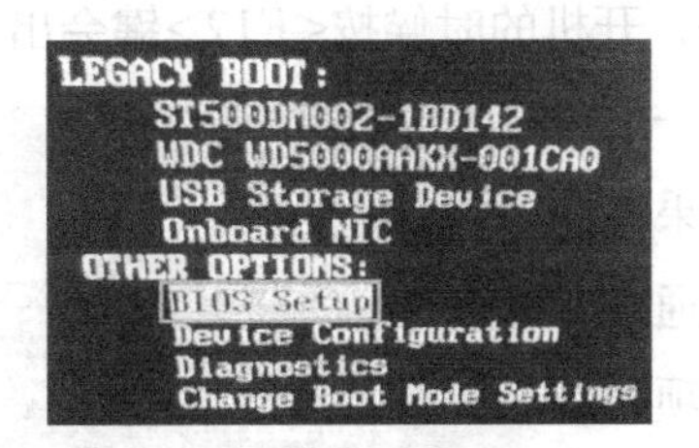

图2-2 BIOS设置

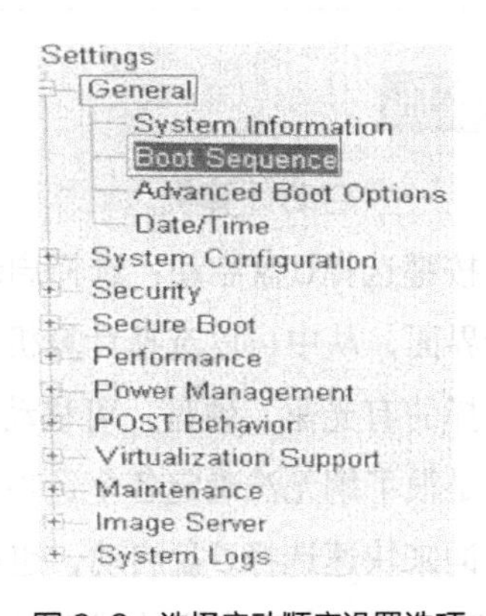

图2-3 选择启动顺序设置选项

步骤四：最后将“Boot Sequence”右边的启动顺序修改为USB启动即可（见图2-4）。

有的主板BIOS中，在“First Boot Device”里面没有“USB-HDD”、“USB-ZIP”之类的选项，选择“Hard Disk”就能启动计算机；而有的BIOS这里有“USB-

HDD”“USB-ZIP”之类的选项，既可以选择“Hard Disk”，也可以选择“USB-HDD”或“USB-ZIP”之类的选项，来启动计算机。

图 2-4 设置 U 盘为优先启动项

任务 硬盘格式化

任务描述

客户：我返修的硬盘，为什么不能用啊？

熊熊：您好，您返修的硬盘，需要进行格式化后才能使用。

客户：怎么操作？你帮我一下。

熊熊：好的，您稍等。

任务分析

将该客户磁盘接入计算机后，认不到磁盘，怀疑该盘是返修回来后，未初始化，需要对该硬盘进行低级格式化，解决该问题需准备一台计算机，装上需要低级格式化的硬盘。

任务实施

步骤一：启动计算机。

用按键选择U盘启动：选择启动项的键是<F12>，开机的时候按<F12>键会出现启动项选择界面，从中可以选择计算机从什么介质启动，一般可供选择的有光驱、硬盘、可移动磁盘（U盘）。如果对英文不是很了解无法确定各个选项代表什么，则可以通过一个单词来快速选择U盘启动，也就是在出现的启动项列表里找到一项带USB字样的就可以了（见图2-5）。

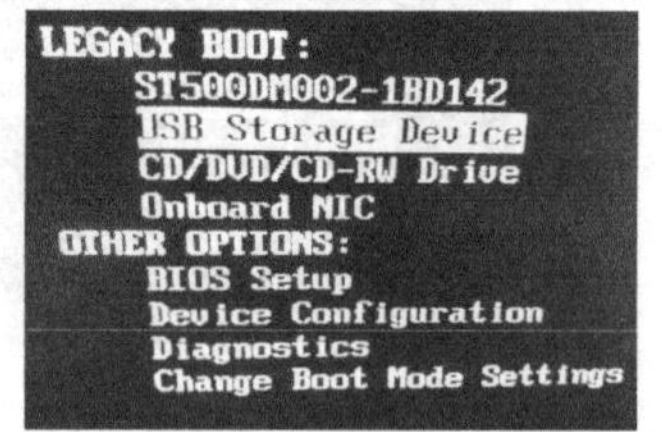

图 2-5 选择 U 盘为优先启动项

步骤二：运行低级格式化工具。

进入到DOS工具菜单，需要运行的是低级格式化工具，因此，只需要在下方输入“low”后按<Enter>键确认，如图2-6所示。

图 2-6　lformat 软件登录界面

步骤三：出现如下界面，按<Y>键进入下一步操作，如图2-7所示。

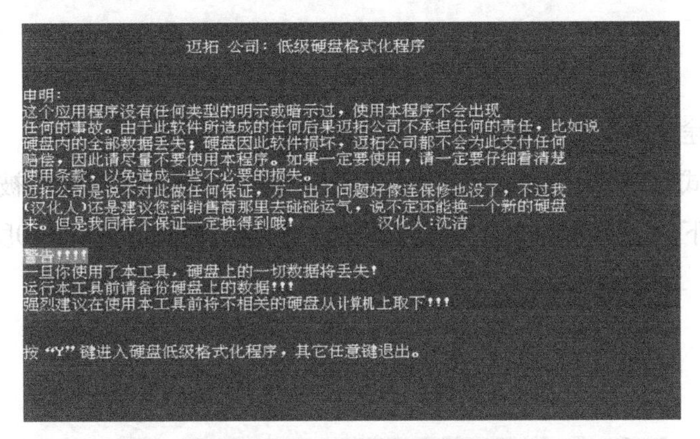

图 2-7　lformat 软件警告界面 1

步骤四：这里选择“低格当前驱动器”按<Enter>键，在出现红色提示框之后按<Y>键即可，如图2-8所示。

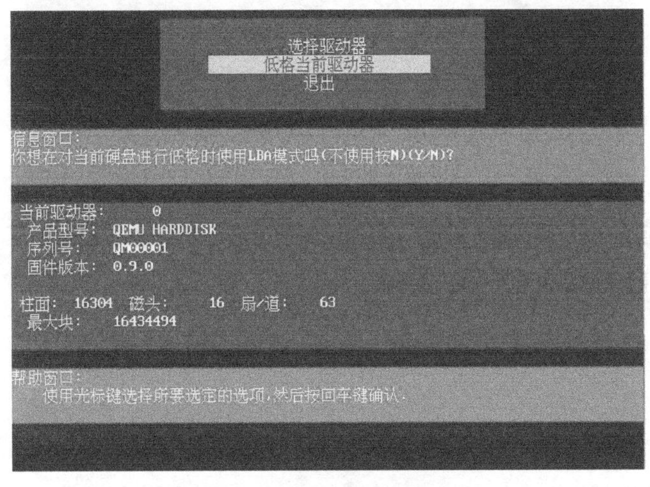

图 2-8　lformat 软件使用界面 2

步骤五：继续操作低级格式化。

这里会提示是否确定继续操作，继续操作低级格式化后会将原有的数据全部删除，并且无法修复，按<Y>键继续操作，如图2-9所示。

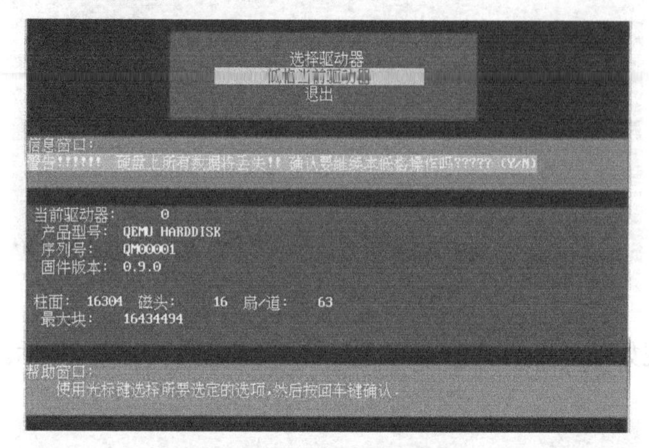

图 2-9　lformat 软件使用界面 3

步骤六：中途退出以及完成低级格式化操作的命令。

进行低级格式化时，可以随时按下<ESC>键退出，但是数据也会被删除，等待低级格式化完毕后按下<Ctrl+Alt+DEL>组合键重启计算机即可，如图2-10所示。

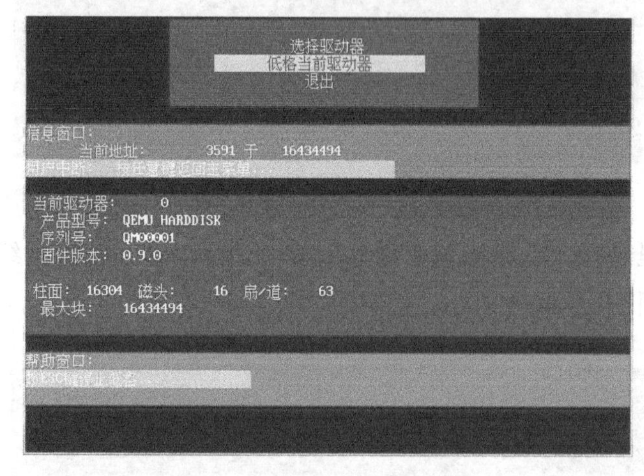

图 2-10　lformat 软件使用界面 4

温馨提示

一般来说，没有遇到一些严重问题的硬盘，不建议对硬盘进行低级格式化操作，因为低级格式化对硬盘寿命也会产生不良影响。

知识补充

一、磁盘的逻辑结构

硬盘的逻辑结构基本如下：

（1）磁面（Side）

硬盘的每个盘片都有两个盘面（Side），即上、下盘盘面，按照顺序从上至下从“0”开始依次编号。

（2）磁道（Track）

磁盘在格式化时被划分成许多同心圆，这些同心圆轨迹叫磁道（Track）。磁道从外向内从0开始顺序编号。

（3）柱面(Cylinder)

所有盘面上的同一磁道构成的一个圆柱，通常称做柱面（Cylinder），每个柱面上的磁头由上而下从“0”开始编号。

（4）扇区(Sector)

操作系统以扇区（Sector）形式将信息存储在硬盘上，每个扇区包括512个字节的数据和一些其他信息。

（5）硬盘的容量=硬盘盘面（磁头数）×柱面数×扇区数×512（字节）

（6）换算公式

1KB=2^{10}B，1MB=2^{20}B，1GB=2^{30}B，1TB=2^{40}B，1PB=2^{50}B。

（7）C/H/S与LBA地址的对应关系

假设用C表示当前柱面号，H表示当前磁头号，Cs表示起始柱面号，Hs表示起始磁头号，Ss表示起始扇区号，Ps表示每磁道有多少个扇区，PH表示每柱面有多少个磁道，则有：LBA=（C−Cs）×PH。一般情况下，Cs=0、Hs=0、Ss=1、Ps=63、PH=255。

1. 磁面（盘片）

硬盘的盘片一般用铝合金作基片。

硬盘的每一个盘片都有两个盘面（Side），即上、下盘面，一般每个盘面都利用上，即都装上磁头可以存储数据，成为有效盘片，也有极个别的硬盘其盘面数为单数。每一个这样的有效盘面都有一个盘面号，按顺序从上而下自“0”开始依次编号。在硬盘系统中，盘面号又叫磁头号，就是因为每一个有效盘面都有一个对应的读写磁头。硬盘的盘片组在2～14片不等，通常有2～3个盘片，故盘面号（磁头号）为0～3或0～5。

盘片（Platter）是用来存储数据的，那么数据是如何写到盘片上去的呢？这个工作是由磁头来完成的，硬盘的每个盘面都会对应一个磁头，所以在硬盘系统中，逻辑盘面号也可称为逻辑磁头号，就是因为每一个有效盘面都有一个对应的读/写磁头。

2. 磁道

磁盘在格式化时被划分成许多同心圆，这些同心圆轨迹叫做磁道（Track）。磁道从外向内自0开始顺序编号。硬盘的每一个盘面有300～1 024个磁道，新式大容量硬盘每面的磁道数更多，如图2-11所示。信息以脉冲串的形式记录在这些轨迹中，这些同心圆不是连续记录数据，而是被划分成一段段的圆弧，由于径向长度不一样，这些圆弧的角速度一样，而线速度不一样，外圈的线速度较内圈的线速度大，即同样的转速下，外圈在同样时间段里，划过的圆弧长度要比内圈划过的圆弧长度长。每段圆弧叫做一个扇区，扇区从“1”开始编号，每个扇区中的数据是作为一个单元同时读出或写入的。一个标准的3.5in硬盘盘面通常有几百到几千条磁道。这些磁道是看不见的，它们只是盘面上以特殊形式磁化了的一些磁化区。这些磁道是在磁盘格式化时就规划好了的。

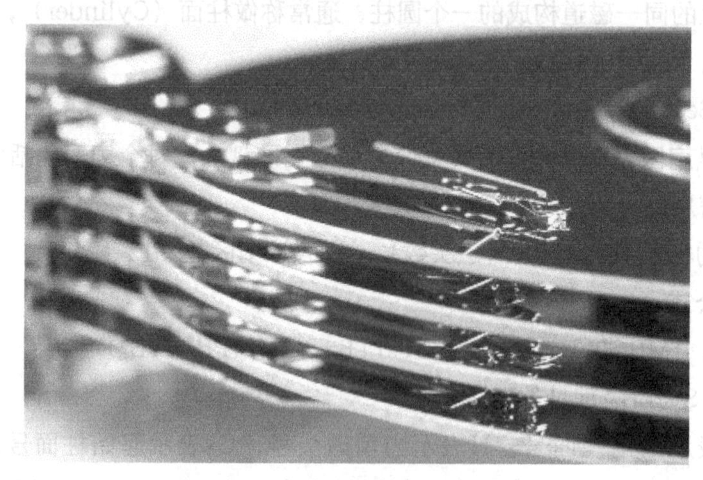

图2-11 磁道

3. 柱面

所有盘面上的同一磁道构成一个圆柱，通常称为柱面（Cylinder），每个圆柱上的磁头，由上而下从“0”开始编号。数据的读写是按柱面进行的，即磁头在读写数据时首先在同一柱面内从“0”磁头开始进行操作，依次向下在同一柱面的不同盘面即磁头上进行操作，只在同一柱面所有的磁头全部读写完毕后才将磁头转移到下一柱面，这是因为选取磁头只需通过电子切换即可，而选取柱面则必须通过机械切换。电子切换相当快，比在机械上磁头向邻近磁道移动快得多，所以数据的读/写是按柱面来进行的，而不是按盘面来进行的。也就是说，一个磁道已写满数据，就在同一柱面的下一个盘面来写，一个柱面写满后，才移到下一个柱面，从下一个柱面的1扇区开始写数据。而不是在同一盘面的下一磁道来写，一个盘面写满后再从下一个盘面的0磁道开始写。读数据也是按照这种方式进行，这样就提高了硬盘的读/写效率。

4. 扇区

操作系统是以扇区（Sector）形式将信息存储在硬盘上的。每个扇区包括512字节的数据和一些其他信息。一个扇区有两个主要部分：即存储数据地点的标识符和存储数据的数据段，如图2-12所示。

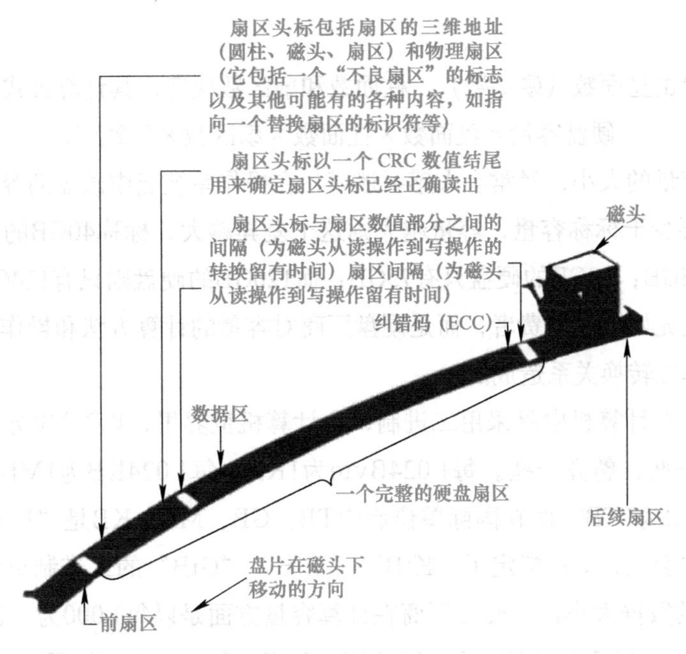

图 2-12　扇区的结构

标识符就是扇区头标，包括有组成扇区三维地址的3个数字：扇区所在的磁头（或盘面）、磁道（或柱面号），以及扇区在磁道上的位置即扇区号。头标中还包括一个字段，其中有显示扇区是否能可靠存储数据，或者是否已发现某个故障因而不宜使用的标记。有些硬盘控制器在扇区头标中还记录有指示字，可在原扇区出错时指引磁盘转到替换扇区或磁道。最后，扇区头标以循环冗余校验（CRC）值作为结束，以供控制器检验扇区头标的读出情况，确保准确无误。

扇区的第二个主要部分是存储数据的数据段，可分为数据和保护数据的纠错码（ECC）。在初始准备期间，计算机用512个虚拟信息字节（实际数据的存放地）和与这些虚拟信息字节相对应的ECC数字填入这个部分。

扇区头标包括一个可识别磁道上该扇区的扇区号。有趣的是这些扇区号物理上并不像人们想象的那样是连续编号的，它们不必用任何特定的顺序指定。扇区头标的设计允许扇区号可以从1到某个最大值，某些情况下可达256。

磁盘控制器并不关心上述范围中什么编号安排在哪一个扇区头标中。在很特殊的情况下，扇区还可以共用相同的编号。磁盘控制器甚至还不管数据区有多大，它只管读出它所找到的数据，或者写入要求它写的数据。

给扇区编号的最简单方法是1、2、3、4、5、6等顺序编号，而扇区交叉指的就是下一个扇区的编号不是连续的下一个数字，而是跳过几个数字的编号，如1、7、13、2、8、14等。使用的交叉量是由扇区的交叉因子决定的。交叉因子用比值的方法来表示，如3:1，表示磁道上的第一个扇区为1号扇区，跳过两个扇区即第四个扇区编号为2号扇区，这个过程持续下去直到给每个物理扇区编上逻辑号为止。

5. 容量

硬盘的容量由盘面数（磁头数）、柱面数和扇区数决定，其计算公式为：

硬盘容量＝盘面数×柱面数×扇区数×512字节

关于硬盘容量的大小，经常有人感到迷惑，在操作系统当中硬盘的容量与官方标称的容量不符，都要少于标称容量，容量越大则这个差异越大。标称40GB的硬盘，在操作系统中显示只有38GB；80GB的硬盘只有75GB；而120GB的硬盘则只有114GB。这并不是厂商或经销商以次充好欺骗消费者，而是硬盘厂商对容量的计算方法和操作系统的计算方法不同、不同的单位转换关系造成的。

众所周知，在计算机中是采用二进制，在计算机世界里，以2的次方数为“批量”处理Byte会方便一些，整齐一些。每1 024Byte为1KB，每1 024KB为1MB，每1 024MB为1GB，每1 024GB为1TB，而在国际单位制中TB、GB、MB、KB是“1 000进制”的数，为此国际电工协会（IEC）拟定了“KiB”“MiB”“GiB”的二进制单位，专用来标示“1 024进位”的数据大小；而硬盘厂商在计算容量方面是以每1 000为一进制的，每1 000字节为1KB，每1 000KB为1MB，每1 000MB为1GB，每1 000GB为1TB，在操作系统中对容量的计算是以1 024为进位的，并且并未改为“KiB”“MiB”“GiB”的二进制单位，这就造成了硬盘容量“缩水”。

PROJECT 2 项目 2

我要装系统——磁盘分区原理及方法

在上一个项目中，学习了如何格式化硬盘，通过格式化了解了什么是文件系统，并明白了各种不同类型的文件系统的区别。一个新磁盘在使用之前必须要进行分区，再格式化成相应格式的文件系统以后，才能安装操作系统、存储数据。本项目通过安装操作系统来掌握磁盘分区的原理和操作方法。

知识准备

一、基本磁盘和基本卷

基本磁盘是Windows 7操作系统默认的磁盘类型。基本磁盘是包含主磁盘分区、扩展磁盘分区或逻辑驱动器的物理磁盘。基本磁盘上的分区和逻辑驱动器称为基本卷，只能在基本磁盘上创建基本卷。使用基本磁盘的好处在于，它可以提供单独的空间来组织数据。

可在基本磁盘上创建的分区个数取决于磁盘的分区样式。

1）对于主启动记录（MBR）磁盘，可以最多创建4个主磁盘分区，或最多3个主磁盘分区加上1个扩展分区。在扩展分区内，可以创建多个逻辑驱动。

2）对于GUID分区表（GPT）磁盘，最多可创建128个主磁盘分区。由于GPT磁盘并不限制4个分区，因而不必创建扩展分区或逻辑驱动器。

二、动态磁盘和动态卷

1. 动态卷

动态磁盘可以提供基本磁盘不具备的一些功能，例如，创建可跨越多个磁盘的卷和创建具有容错能力的卷，所有动态磁盘上的卷都是动态卷。在动态磁盘中可以创建5种类型的动态卷：简单卷、跨区卷、带区卷、镜像卷和RAID−5卷，其中镜像卷和RAID−5卷是容错卷。

使用动态磁盘的好处在于以下方面：

1）动态磁盘可被用来创建跨越多个磁盘的卷。

2）动态磁盘可被用来创建默认的容错磁盘，以确保当硬件发生故障时的数据完整性。

3）在每个动态磁盘上可以创建最多2 000个动态卷，但是动态卷的推荐值是32个或更少。

在动态磁盘上可以创建卷，卷就是磁盘上的存储区域。一个磁盘可以有多个卷，一个卷也可以跨越多个磁盘。可以使用一种文件系统来格式化卷，并给卷一个驱动器号。

在Windows 7中，可以实现基本磁盘与动态磁盘之间的相互转换。将基本磁盘转换成动态磁盘可以实现以下功能：

1）创建或删除简单卷、跨区卷、带区卷、镜像卷和RAID−5卷。

2）扩展1个简单卷或跨区卷。

3）修复镜像卷或RAID−5卷。

4）使跨越多个磁盘的卷恢复活动。

三、MBR分区和GPT分区

分区的类型主要有MBR分区和GPT分区2种。

1. MBR分区

MBR的意思是“主引导记录”，它有自己的启动器，也就是启动代码，一旦启动代码被破坏，系统就没法启动，只有通过修复才能启动系统。最大支持2TB容量，但拥有最好的兼容性。在容量方面存在着极大的瓶颈，那么GPT在今后的发展就会越来越占优势，MBR也会逐渐被GPT取代。

2. GPT分区

GPT意为GUID分区表，这是一个正逐渐取代MBR的新标准，它由UEFI辅助而形成的，这样就有了UEFI用于取代老旧的BIOS，而GPT则取代老旧的MBR。这个标准没有MBR的那些限制。磁盘驱动器容量可以大得多，大到操作系统和文件系统都没法支持。它同时还支持几乎无限个分区数量，限制只在于操作系统，Windows支持最多128个GPT分区。通过UEFI，所有的64位的Windows 10、Windows 8、Windows 7和Vista，以及所对应的服务器都能从GPT启动。GPT是一种新的硬盘分区标准。GPT带来了很多新特性，最大支持18EB的大容量（1EB=1 024 PB，1PB=1 024 TB）。

笔记本式计算机硬盘分区基本采用UEFI相辅的GPT启动，如果用原来的那种GHOST系统安装方式是启动不了系统的。若想换一个GHOST系统，用原来的MBR方式去安装是启动不了计算机的，因为找不到启动器。MBR是利用BIOS寻找启动代码，而GPT分区方式使用的是BIOS选择UEFI，由于不能识别，所以系统不能启动。正确的方式是MBR对应的是利用BIOS选择启动器代码，GPT对应的是利用UEFI选择启动。

3. 对硬盘进行分区时，GPT和MBR优缺点

GPT带来了很多新特性，但MBR仍然拥有最好的兼容性。GPT并不是Windows专用的新标准——Mac OS X、Linux及其他操作系统同样使用GPT。

在使用新磁盘之前，必须对其进行分区。MBR（Master Boot Record）和GPT（GUID Partition Table）是在磁盘上存储分区信息的两种不同方式。这些分区信息包含了分区从哪里开始的信息，这样操作系统才知道哪个扇区是属于哪个分区的，以及哪个分区是可以启动的。在磁盘上创建分区时，必须在MBR和GPT之间做出选择。

（1）MBR的局限性

MBR的意思是“主引导记录”，最早在1983年在IBM PC DOS 2.0中提出。之所以叫“主引导记录”，是因为它是存在于驱动器开始部分的一个特殊的启动扇区。这个扇区包含了已安装的操作系统的启动加载器和驱动器的逻辑分区信息。所谓启动加载器，是一小段代码，用于加载驱动器上其他分区上更大的加载器。如果安装的是Windows系统，Windows启动加载器的初始信息就放在这个区域里——如果MBR的信息被覆盖导致Windows不能启动，则需要使用Windows的MBR修复功能来使其恢复正常。如果安装的是Linux系统，则位于MBR里的通常会是GRUB加载器。MBR支持最大2TB磁盘，它无法处理大于2TB容量的磁盘。MBR还只支持最多4个主分区——如果想要更多分区，需要创建所谓“扩展分区”，并在其中创建逻辑分区。MBR已经成为磁盘分区和启动的工业标准。

（2）GPT的优势

GPT意为GUID分区表（GUID意为全局唯一标识符）。这是一个正逐渐取代MBR的新标准。它和UEFI相辅相成——UEFI用于取代老旧的BIOS，而GPT则取代老旧的MBR。之所以叫做“GUID分区表”，是因为驱动器上的每个分区都有一个全局唯一的标识符（Globally Unique Identifier，GUID）——这是一个随机生成的字符串，可以保证为地球上的每一个GPT分区都分配完全唯一的标识符。

这个标准没有MBR的那些限制。磁盘驱动器容量可以大得多，大到操作系统和文件系统都没法支持。它同时还支持几乎无限个分区数量，限制只在于操作系统——Windows支持最多128个GPT分区，而且还不需要创建扩展分区。

在MBR磁盘上，分区和启动信息是保存在一起的。如果这部分数据被覆盖或破坏，事情就麻烦了。相对的，GPT在整个磁盘上保存多个这部分信息的副本，因此它更为健壮，并可以恢复被破坏的这部分信息。GPT还为这些信息保存了循环冗余校验码（CRC）以保证其完整和正确——如果数据被破坏，GPT会发觉这些破坏，并从磁盘上

的其他地方进行恢复。而MBR则对这些问题无能为力—— 只有在问题出现后，才会发现计算机无法启动，或者磁盘分区都不翼而飞了。

（3）兼容性

使用GPT的驱动器会包含一个“保护性MBR”。这种MBR会认为GPT驱动器有一个占据了整个磁盘的分区。如果使用MBR磁盘工具对GPT磁盘进行管理，只会看见一个占据整个磁盘的分区。这种保护性MBR保证老式磁盘工具不会把GPT磁盘当作没有分区的空磁盘处理而用MBR覆盖掉本来存在的GPT信息。

在基于UEFI的计算机系统上，所有64位版本的Windows 8.1、8、7和Vista，以及其对应的服务器版本，都只能从GPT分区启动。所有版本的Windows 8.1、8、7和Vista都可以读取和使用GPT分区。

其他现代操作系统也同样支持GPT。Linux内建了GPT支持。苹果公司基于Intel芯片的MAC计算机也不再使用自家的APT（Apple Partition Table），转而使用GPT。

如果需要保持对旧系统的兼容性—— 比如在使用传统BIOS的计算机上启动Windows，则需要使用MBR。

四、文件格式

（一）FAT32文件格式

所谓的FAT取自英语“File Allocation Table”的首字母，通常称为文件配置表，是一种由微软发明并拥有部分专利的供MS-DOS及其他Windows操作系统对文件进行组织与管理的文件系统。由于文件并不连续存放，可能分散在磁盘的不同位置，而FAT就是用来定位这些离散的文件块。

FAT分为FAT16和FAT32，FAT16主要用于DOS和Windows 95，而后来的Windows 97/98就开始引用FAT32的概念。现在，一般所讲的FAT专指FAT32。

同FAT16相比，FAT32具有以下3个特点：

1）同FAT16相比FAT32最大的优点是可以支持的磁盘大小达到2TB(2 048GB)，但是不能支持小于512MB的分区。基于FAT32的Windows 2000操作系统可以支持分区最大为32GB；而基于FAT16的Windows 2000支持的分区最大为2GB。

2）由于采用了更小的簇，FAT32文件系统可以更有效率地保存信息。如两个分区大小都为2GB，一个分区采用了FAT16文件系统，另一个分区采用了FAT32文件系统。采用FAT16的分区的簇大小为32KB，而FAT32分区的簇只有4KB的大小。这样FAT32就比FAT16的存储效率要高很多，通常情况下可以提高15%。

3）FAT32文件系统可以重新定位根目录和使用FAT的备份副本。另外FAT32分区的启动记录被包含在一个含有关键数据的结构中，减少了计算机系统崩溃的可能性。

（二）NTFS文件格式

所谓的NTFS取自英语“New Technology File System”的首字母，通常称为新技术文件系统，是Windows NT及以上环境的文件系统，也是目前主流的文件系统。

NTFS文件系统是一个基于安全性的文件系统，是Windows NT所采用的独特的文件系统结构，它是建立在保护文件和目录数据基础上，同时照顾节省存储资源、减少磁盘占用量的一种先进的文件系统。

NTFS文件系统具有以下6个特点：

1）NTFS可以支持的分区(如果采用动态磁盘则称为卷)大小可以达到2TB。而Windows 2000操作系统中的FAT32支持分区的大小最大为32GB。

2）NTFS是一个可恢复的文件系统。在NTFS分区上用户很少需要运行磁盘修复程序。NTFS通过使用标准的事务处理日志和恢复技术来保证分区的一致性。发生系统失败事件时，NTFS使用日志文件和检查点信息自动恢复文件系统的一致性。

3）NTFS支持对分区、文件夹和文件的压缩。任何基于Windows的应用程序对NTFS分区上的压缩文件进行读写时不需要事先由其他程序进行解压缩，当对文件进行读取时，文件将自动进行解压缩；文件关闭或保存时会自动对文件进行压缩。

4）NTFS采用了更小的簇，可以更有效率地管理磁盘空间。在Windows 2000操作系统的FAT32文件系统的情况下，分区大小在2～8GB时簇的大小为4KB；分区大小在8～16GB时簇的大小为8KB；分区大小在16～32GB时，簇的大小则达到了16KB。而Windows 2000操作系统的NTFS文件系统，当分区的大小在2GB以下时，簇的大小都比相应的FAT32簇小；当分区的大小在2GB以上时(2GB～2TB)，簇的大小都为4KB。相比之下，NTFS可以比FAT32更有效地管理磁盘空间，最大限度地避免了磁盘空间的浪费。

5）在NTFS分区上，可以为共享资源、文件夹以及文件设置访问许可权限。许可的设置包括两方面的内容：一是允许哪些组或用户对文件夹、文件和共享资源进行访问；二是获得访问许可的组或用户可以进行什么级别的访问。访问许可权限的设置不但适用于本地计算机的用户，同样也应用于通过网络的共享文件夹对文件进行访问的网络用户。与FAT32文件系统下对文件夹或文件进行访问相比，安全性要高得多。另外，在采用NTFS格式的Windows 2000操作系统中，应用审核策略可以对文件夹、文件以及活动目录对象进行审核，审核结果记录在安全日志中，通过安全日志就可以查看哪些组或用户对文件夹、文件或活动目录对象进行了什么级别的操作，从而发现系统可能面临的非法访问，通过采取相应的措施，将这种安全隐患减到最低。这些在FAT32文件系统下，是不能实现的。

6）NTFS文件系统下可以进行磁盘配额管理。磁盘配额就是管理员可以为用户所能使用的磁盘空间进行配额限制，每一用户只能使用最大配额范围内的磁盘空间。磁盘配额管理功能的提供，使得管理员可以方便合理地为用户分配存储资源，避免由于磁盘空间使用的失控造成的系统崩溃，提高了系统的安全性。

（三）exFAT文件格式

所谓的exFAT取自英语“Extended File Allocation Table File System”的首字母，扩展FAT，即扩展文件分配表（见图2-13）。

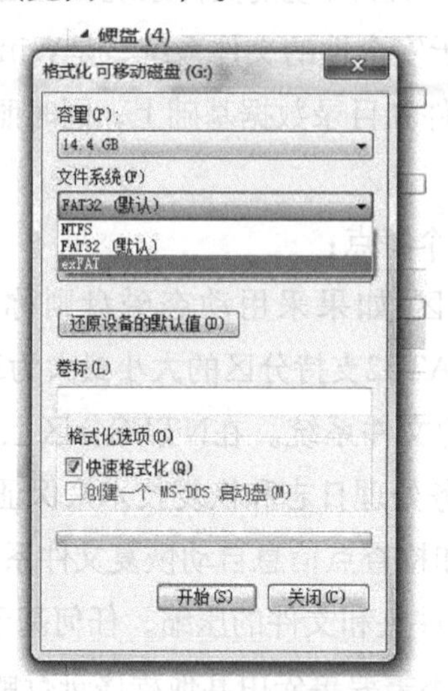

图 2-13　扩展文件分配表主界面

Microsoft为了解决FAT32等不支持4GB及更大的文件而引入的一种适合于闪存的文件系统。对于闪存，现在超过4GB的U盘格式化时默认是NTFS分区，但是这种格式是很伤U盘的，因为NTFS分区是采用“日志式”的文件系统，需要记录详细的读写操作，肯定会比较伤U盘芯片，因为要不断读写，exFAT更为适用。

相对于FAT文件系统，exFAT具有如下特点：

1）增强了台式计算机与移动设备的互操作能力。

2）单文件大小最大可达16EB（就是理论值，16×1024×1024TB，1TB=1024GB）。

3）簇大小可高达32MB。

4）采用了剩余空间分配表，剩余空间分配性能改进。

5）同一目录下最大文件数可达65 536个。

6）支持访问控制。

7）支持TFAT。

下面请看exFAT、NTFS、FAT分区的比较，见表2-1。

表 2-1　exFAT、NTFS、FAT 分区的比较

文件系统	操作系统	最小扇区	最大扇区	最大单一文件	最大格式化容量	档案数量
FAT32	Windows 95OSR2之后	512Bytes	64KB	2Bytes～4GB	2TB（但NT内核系统限制为32GB）	4 194 304
NTFS	Windows 2000之后	512Bytes	64KB	受最大分割容量	2～256TB（受MBR影响）	无
exFAT	Windows CE6/ Vista SP1/Windows 8	512Bytes	32 768KB	16EB（理论值）	16EB（理论值）（目前支持到256TB）	至少可以大于1 000

任务1 Windows 7操作系统的安装

任务描述

客户：这个硬盘能帮我安装操作系统吗？

熊熊：好的，您需要安装什么类型的操作系统呢？

客户：现在主流的操作系统是什么？

熊熊：微软的Windows 7，目前90%的计算机都是用它。

客户：你帮我安装一下吧。

熊熊：好的，但您要购买正版的软件。

任务分析

Windows 7的安装包含全新安装和升级安装两种方式。全新安装一般用于计算机中不含任何操作系统，或计算机中已有操作系统但需要重新安装的情况；升级安装只能应用于将安装有Windows XP版本的计算机升级为Windows 7版本的操作系统的情况。

以下安装以全新安装方式为例。

任务实施

本任务主要介绍如何从光盘引导安装Windows 7操作系统，具体的安装步骤如下：

步骤一：设置光盘为优先启动项。

在安装操作系统之前，首先要设置光驱为系统的优先启动项，然后将Windows 7系统光盘放入光驱，重新启动计算机进入系统安装程序。

步骤二：Windows下载系统文件并确认语言等选项。

首先Windows下载系统文件（见图2-14），然后确认语言等选项进入下一步的操作。

步骤三：启动Windows安装界面，如图2-15所示。

步骤四：设置系统的语言、时间和货币格式以及键盘和输入方法。

在“安装Windows”对话框中，选择要安装的语言、时间和货币格式、键盘和输入方法（见图2-16），最后单击“下一步”按钮继续下一步的操作。

图 2-14　下载系统文件

图 2-15　启动 Windows 安装界面

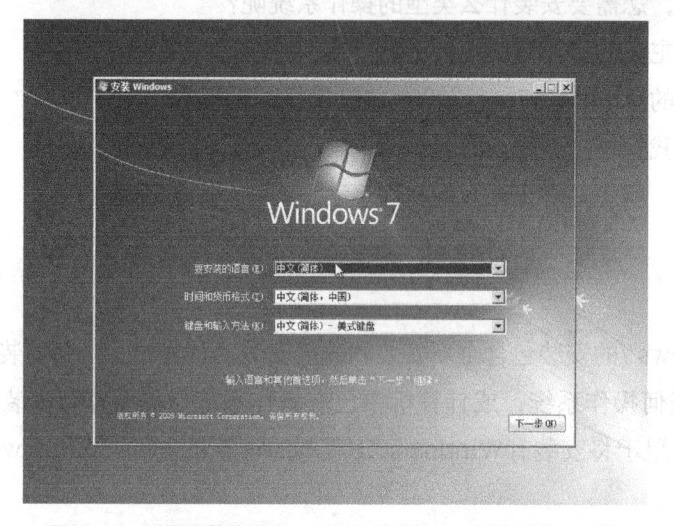

图 2-16　设置系统的语言、时间和货币格式、键盘和输入方法

步骤五：Windows 7系统安装确认。

在“安装Windows”对话框中，若确定安装Windows 7系统，则单击“现在安装”按钮进入程序安装（见图2-17）。

图 2-17　Windows 7 系统安装确认

步骤六：启动Windows 7系统安装程序，如图2-18所示。

图 2-18　启动安装程序界面

步骤七：确认Windows 7系统软件许可条款。

在“软件许可条款”对话框中，若接受该许可条款，则在“我接受许可条款”前的复选框处打勾，再单击“下一步”按钮以继续下一步的操作（见图2-19）。

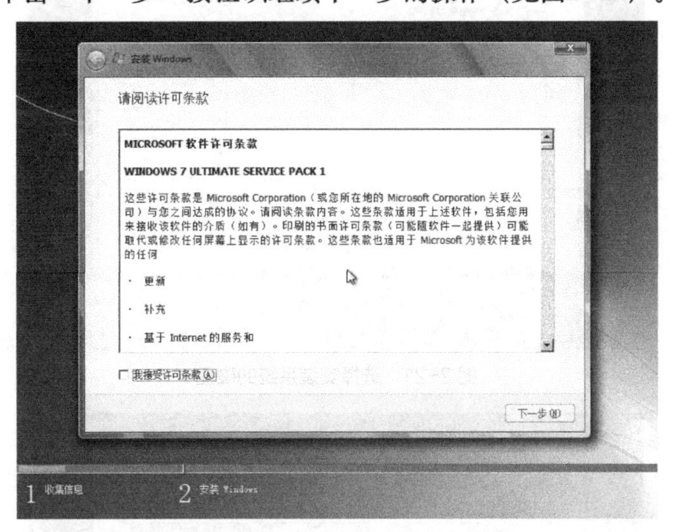

图 2-19　Windows 7 系统软件许可条款界面

步骤八：选择安装类型。

在安装类型选择界面中，根据实际需求选择“升级”或者“自定义（高级）”，如图2-20所示。

步骤九：磁盘分区。

由于本演示中的磁盘还未分区，所以要选择“驱动器选项（高级）”中的“新建”项目对磁盘进行分区，如图2-21所示。

步骤十：选择系统的安装位置即磁盘

选择要安装系统的磁盘，单击“下一步”按钮安装操作系统（见图2-22），假如不能安装，则再格式化一次。

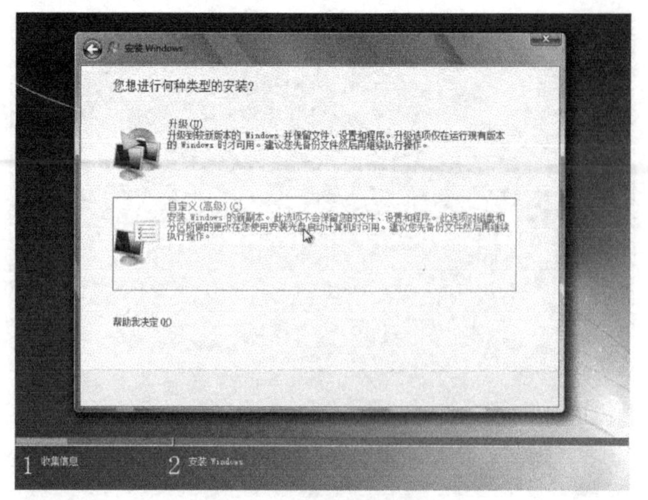

图 2-20　安装类型选择界面

图 2-21　选择安装系统的磁盘

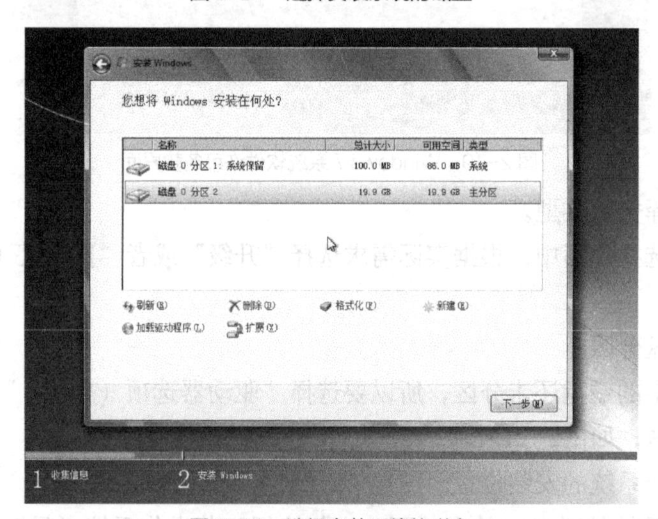

图 2-22　选择安装系统的磁盘

步骤十一：复制Windows文件。

在“复制Windows文件（0%）”处提示目前的复制文件进度如图2-23所示。

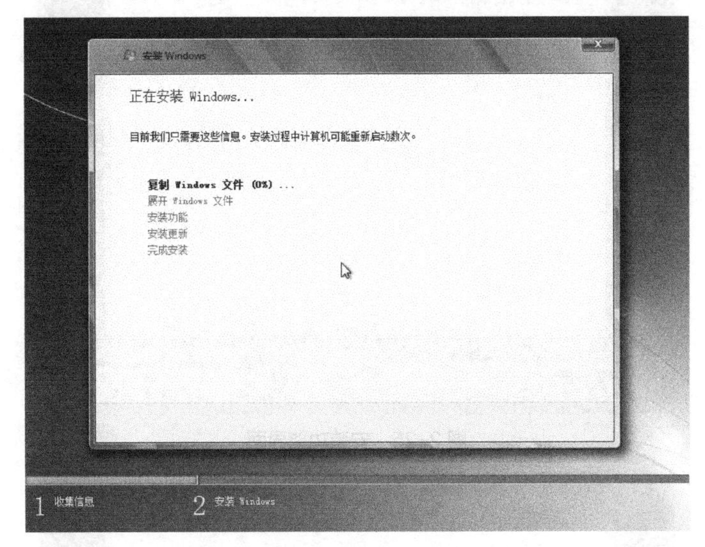

图 2-23 复制 Windows 文件进度界面

步骤十二：展开Windows文件。

在“展开Windows文件（0%）”处提示目前的展开文件进度，如图2-24所示。

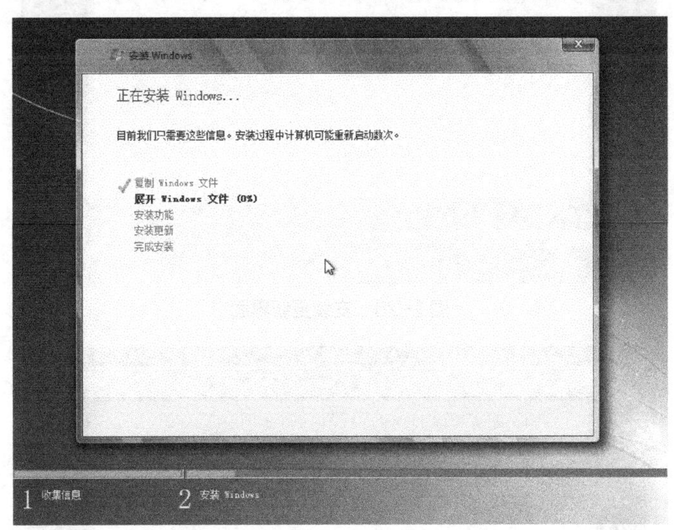

图 2-24 展开 Windows 文件进度界面

步骤十三：安装功能。

在“安装Windows”窗口中提示目前的安装进度是“安装功能”，如图2-25所示。

步骤十四：安装更新。

在“安装Windows”窗口中提示目前的安装进度是“安装更新”，如图2-26所示。

步骤十五：即将重启Windows。

在安装界面中提示目前的安装进度是“Windows需要重新启动”，如图2-27所示。

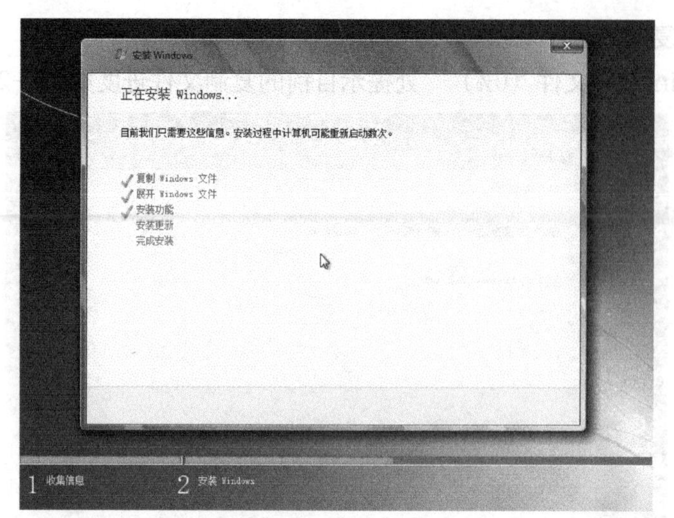

图 2-25　安装功能界面

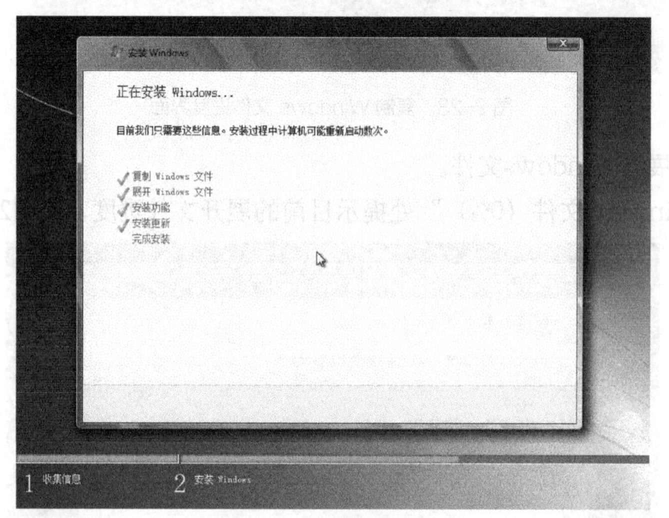

图 2-26　安装更新界面

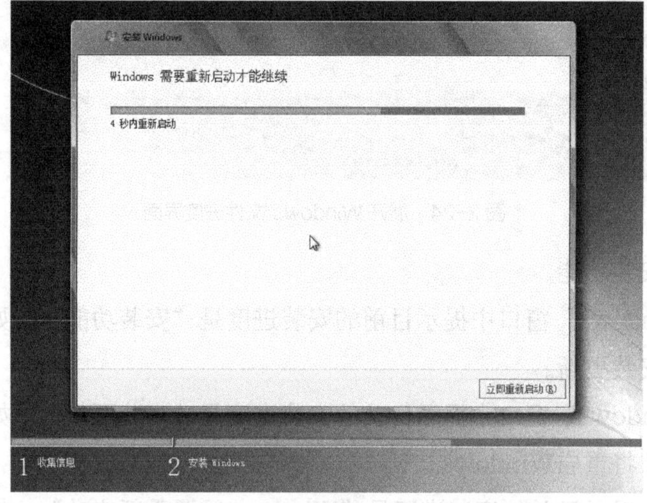

图 2-27　提示即将重启 Windows

步骤十六：更新注册表。

图2-28是安装程序正在更新注册表设置的界面。

图 2-28 更新注册表设置界面

步骤十七：完成安装。

图2-29是等待完成安装的界面。

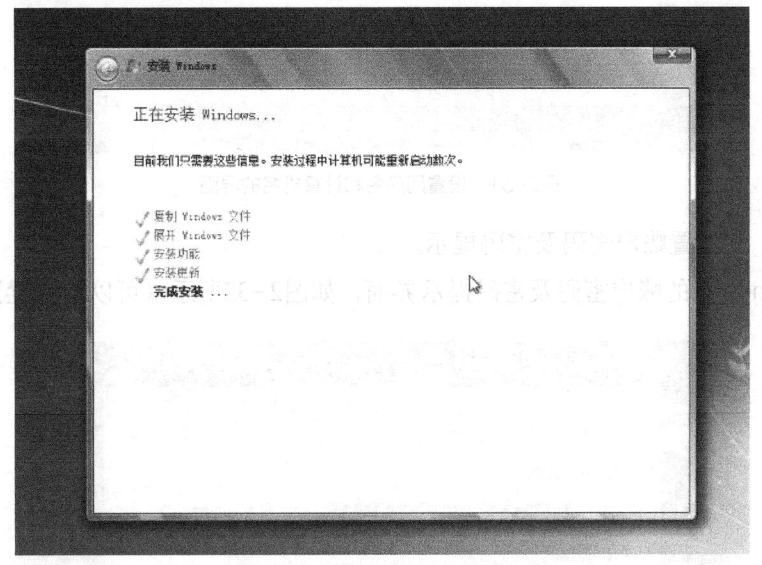

图 2-29 等待完成安装的界面

步骤十八：重新启动Windows。

Windows系统完成安装后将再次重新启动，如图2-30所示。

图 2-30 正在启动 Windows 界面

步骤十九：设置Windows的用户名。

图2-31是设置Windows用户名和计算机名的界面，编辑完成后单击“下一步”按钮继续下一步的操作。

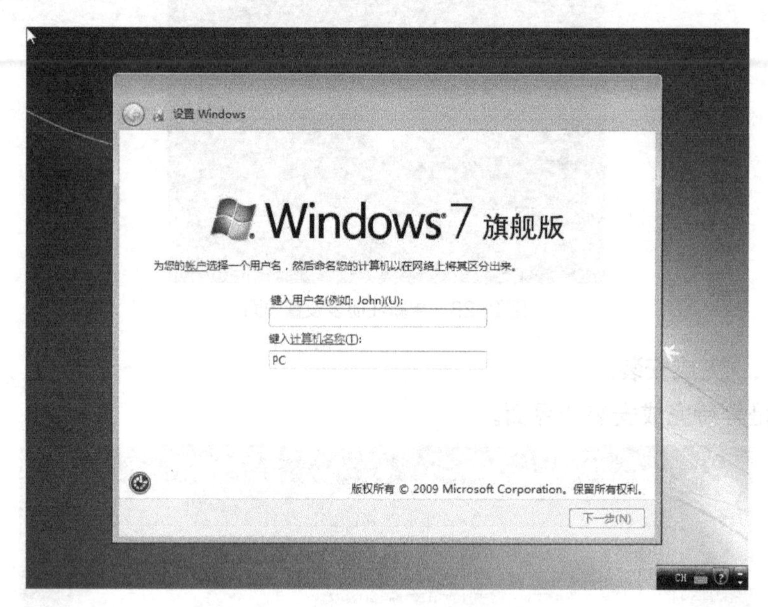

图 2-31　设置用户名和计算机名的界面

步骤二十：设置账户密码及密码提示。

设置Windows的账户密码及密码提示界面，如图2-32所示（可以不设置）。

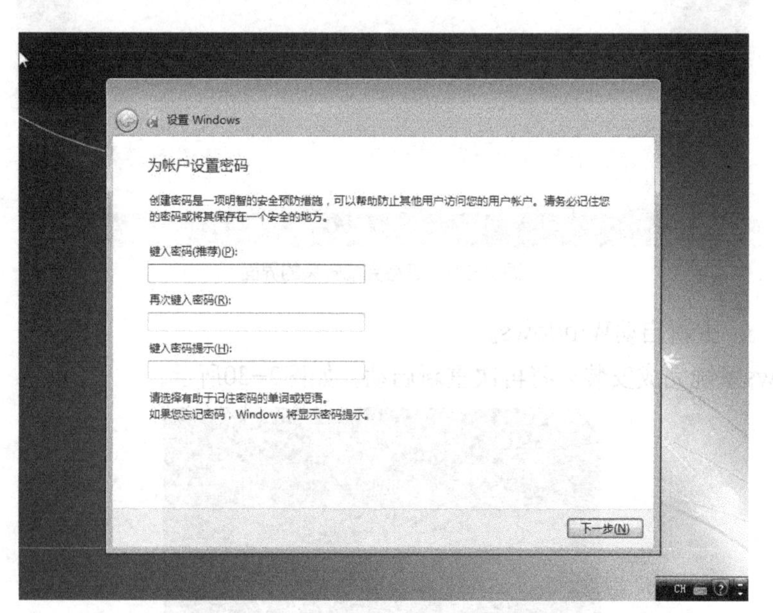

图 2-32　设置账户密码及密码提示界面

步骤二十一：输入Windows产品密钥。

输入Windows产品密钥界面，如图2-33所示（如果不输入可以免费使用90天）。

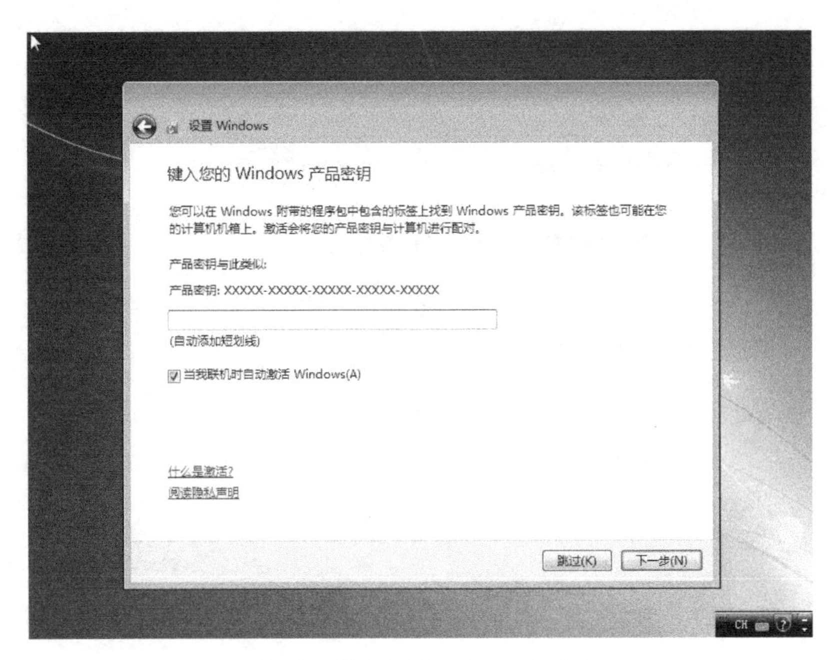

图 2-33　输入 Windows 产品密钥界面

步骤二十二：设置自动保护。

设置自动保护计算机以及提高Windows性能的界面，如图2−34所示。如无特殊要求最好选择“使用推荐设置”。

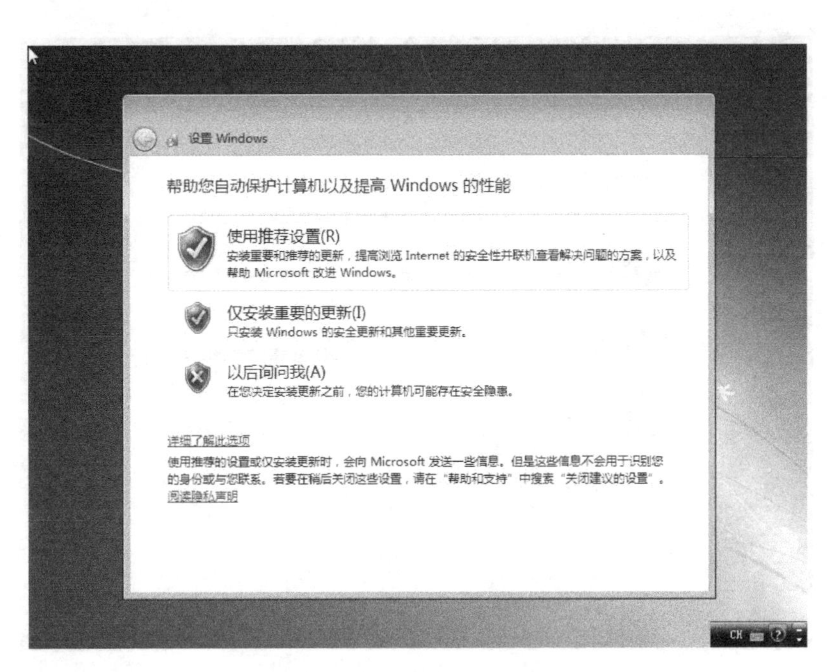

图 2-34　设置自动保护界面

步骤二十三：设置系统时间。

设置Windows系统的时间和日期，如图2−35所示（2011年11月27日20:49:59）。

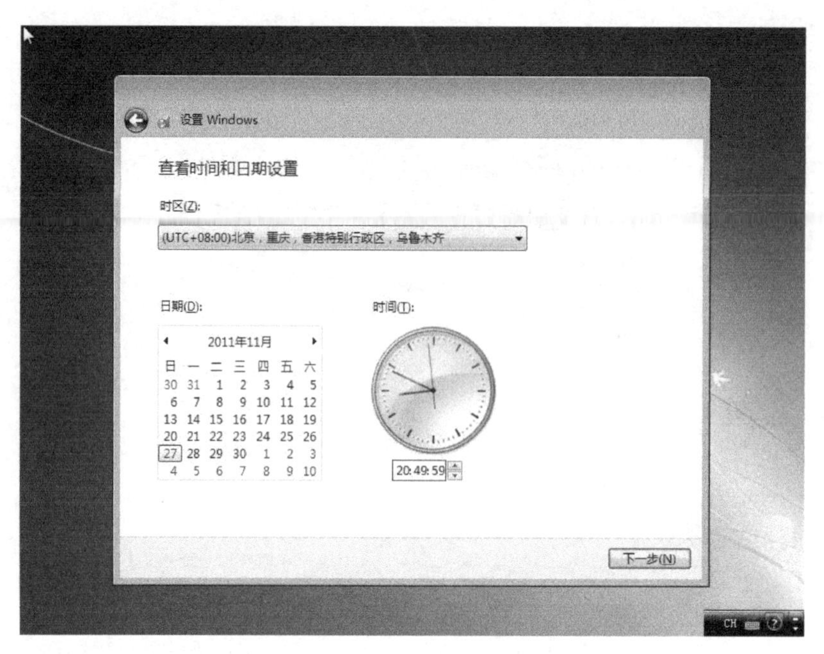

图 2-35　设置系统时间和日期的界面

步骤二十四：**设置系统的网络。**

在Windows系统网络设置界面中，有3个网络可以选择使用，如图2-36所示。如果是家庭使用则可以选择家庭网络。

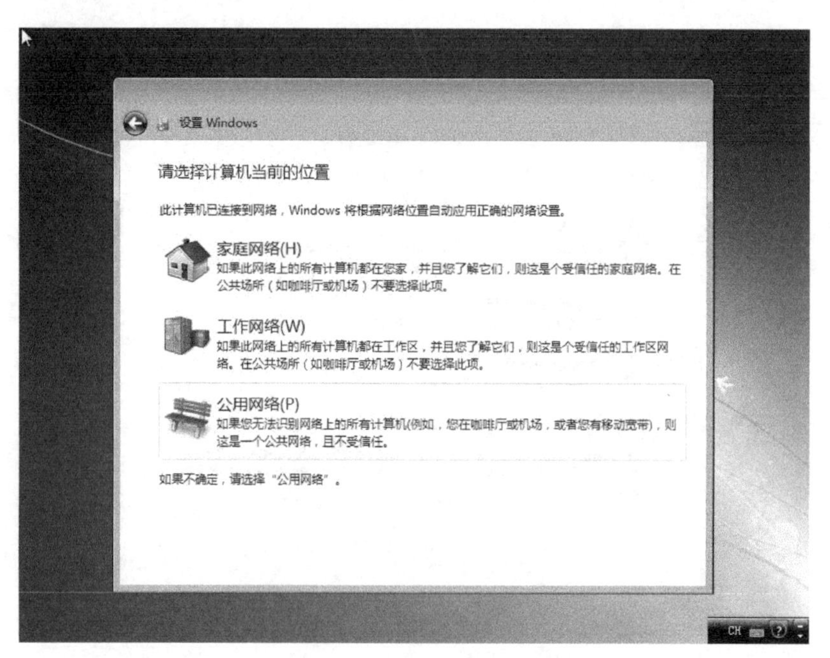

图 2-36　设置系统网络界面

步骤二十五：**完成系统设置。**

完成Windows系统设置，如图2-37所示。

步骤二十六：Windows准备个性化桌面界面。

Windows系统准备个性化桌面的界面如图2-38所示。

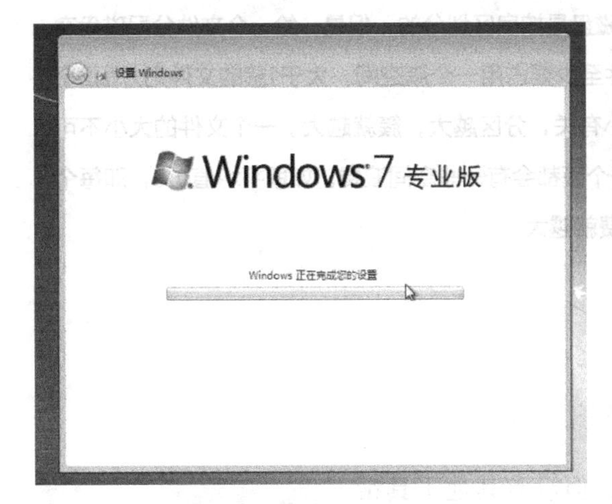

图2-37 完成系统设置界面

图2-38 Windows 准备个性化桌面界面

步骤二十七：计算机基本信息。

新装的Windows7系统的计算机的基本信息，如图2-39所示。

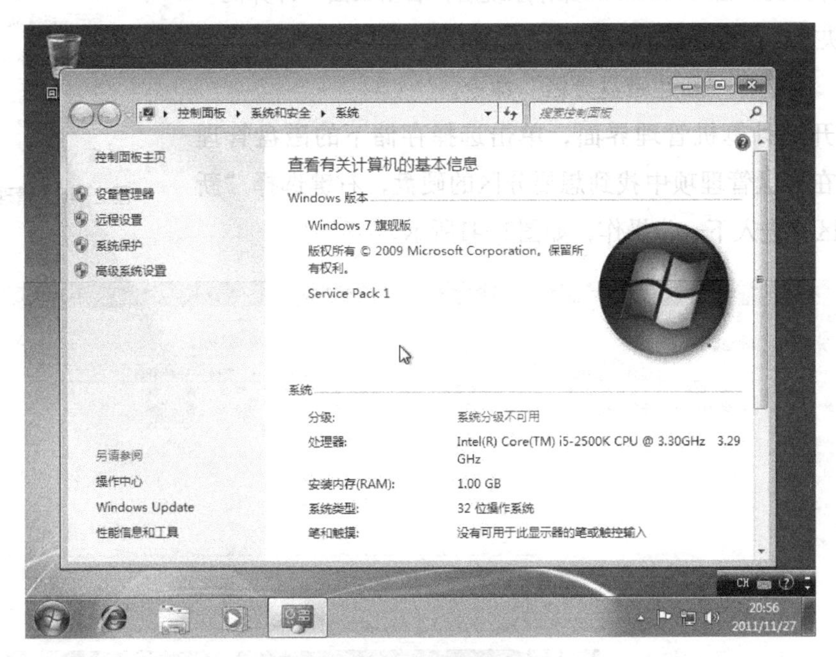

图2-39 计算机基本信息

温馨提示

硬盘为什么要分区，其原因可概括如下：

1）为了在一个硬盘安装不同的操作系统，硬盘必须分区。

2）将一个大容量的硬盘分成多个容量相对较小的逻辑分区，可方便文件管理，提高系统查找和读写文件的速度。

3）硬盘分区后，可根据需要在不同的分区存放不同的数据，如通常在C盘安装操作系统，在其他分区存放用户数据，这样可避免因系统盘损坏而导致用户数据损坏。

4）硬盘分区越大造成的浪费就越大。因为虽然磁盘是按扇区划分的，但是，给一个文件分配磁盘空间却不是按扇区而是按“簇”进行的。一个文件至少要占用一个簇空间，大于1簇的文件则分配2个簇或多个簇。在硬盘中，簇的大小与分区的大小有关，分区越大，簇就越大。一个文件的大小不可能正好为簇的整数倍，即每个文件占用的最后一个簇都会有一些空间浪费。如取平均值0.5，即每个文件都有0.5个簇浪费。由此可见，分区越大浪费就越大。

知识补充

一、利用Windows自带软件进行分区和格式化

若有一块硬盘需要分区和高级格式化，但没有其他工具帮忙，那么也可以利用Windows自带软件进行分区和格式化。

步骤一：打开计算机“管理”界面。

打开计算机，启动Windows操作系统后，右击桌面“计算机”图标，在快捷菜单中选择“管理（G）”选项，如图2–40所示。

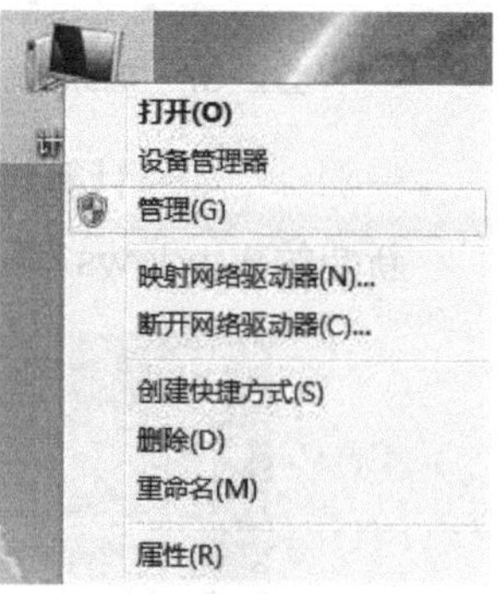

图 2–40　管理选项

步骤二：选择“新建磁盘分区”命令。

在打开的计算机管理界面，单击选择存储下的磁盘管理项，然后在磁盘管理项中找到想要分区的硬盘，右键选择“新建磁盘分区”进入下一步操作，如图2–41所示。

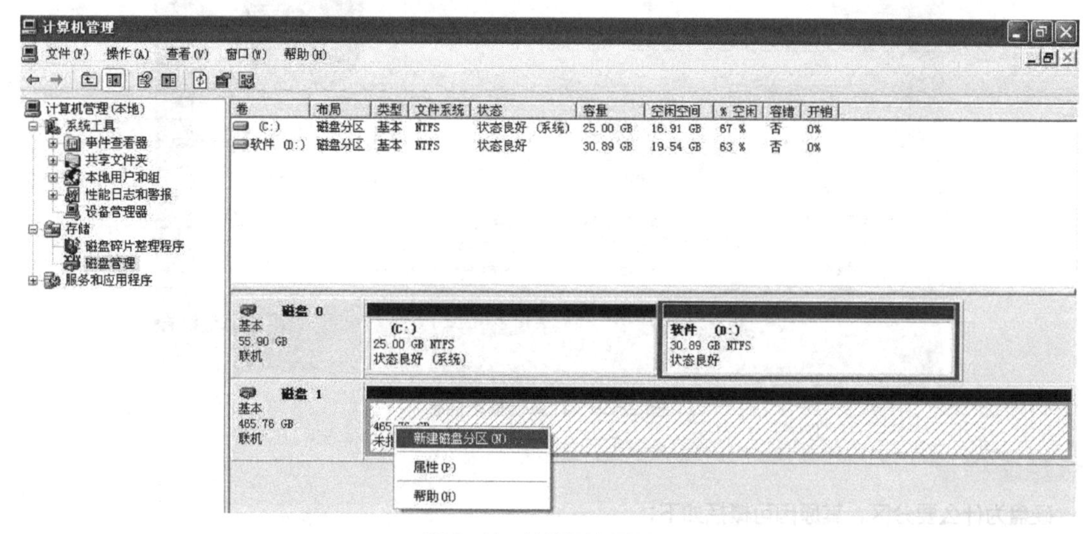

图 2–41　计算机管理界面

步骤三：设置分区的磁盘类型、盘符、大小以及系统格式。

选择分区的磁盘类型、盘符、大小并且格式化，操作如图2–42～图2–45所示。

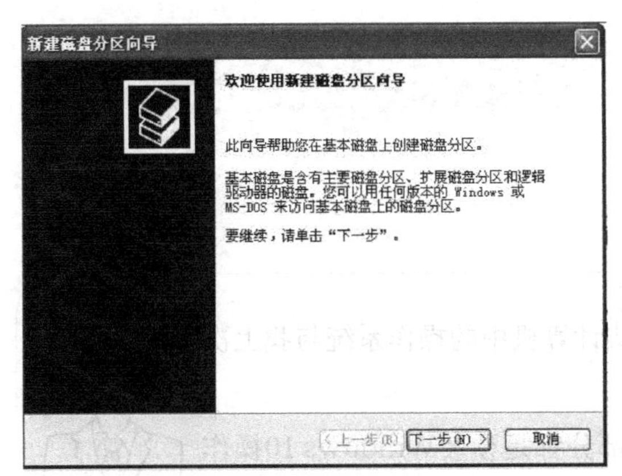

图 2-42 磁盘分区向导

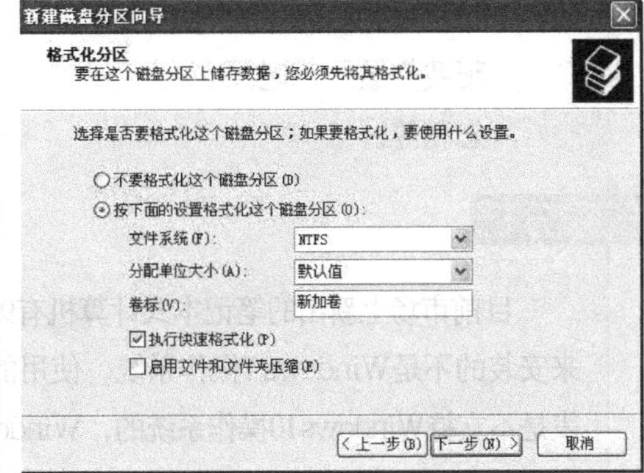

图 2-43 主分区还是扩展分区

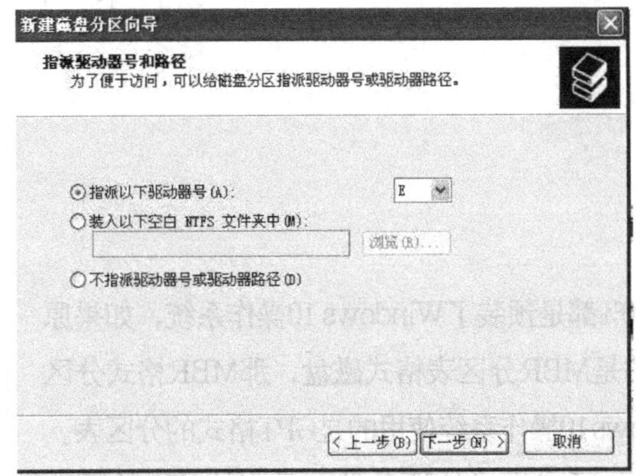

图 2-44 指派磁盘分区向导图

图 2-45 磁盘文件系统格式

完成磁盘分区后，回到计算机管理界面，打开"磁盘管理"窗口，可以看到刚才新建的磁盘信息，如图2-46所示。

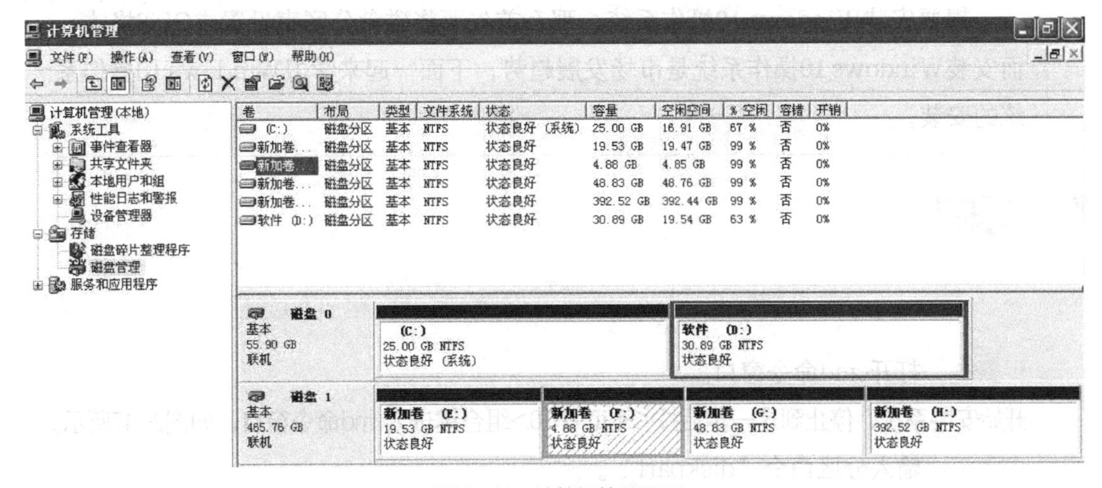

图 2-46 计算机管理界面

任务2 Windows 10操作系统的安装

任务描述

客户：您好，我看了老王新买的笔记本式计算机中的操作系统与我上次安装的不一样，好像更美观大方。

熊熊：现在市场卖的笔记本式计算机大部分都是预装Windows 10操作系统。

客户：我明白了，那我的计算机能安装Windows 10操作系统吗？

熊熊：是可以的。

客户：帮我安装一下吧。

熊熊：您稍等。

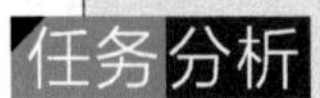

任务分析

目前市场上新出的笔记本式计算机有90%都是预装了Windows 10操作系统，如果原来安装的不是Windows 7操作系统，使用的是MBR分区表格式磁盘，那MBR格式分区表是不支持Windows 10操作系统的，Windows 10操作系统使用的是GPT格式的分区表。

使用GPT分区表，主要是由于MBR分区表模式的硬盘最大只支持2TB的硬盘空间，而现在硬盘空间越来越大，有时候一个分区会大于2TB，而传统的MBR分区表模式不支持，怎么办呢？可以把它改为GPT分区表模式，这样就可以突破每个分区最大只能是2TB的限制了。

想要安装Windows 10操作系统，那么首先要将磁盘分区表设置成GPT格式，而安装Windows 10操作系统是市场发展趋势，下面一起来学习Windows 10操作系统的安装。

任务实施

一、使用cmd命令将MBR格式分区表设置成GPT格式的分区表

步骤一：打开cmd命令窗口。

开始安装系统，停止到这一步后按<Shift+F10>组合键进入cmd命令窗口，如图2-47所示。

步骤二：输入分区命令“diskpart”。

在cmd命令窗口中输入硬盘分区命令“diskpart”，如图2-48所示。

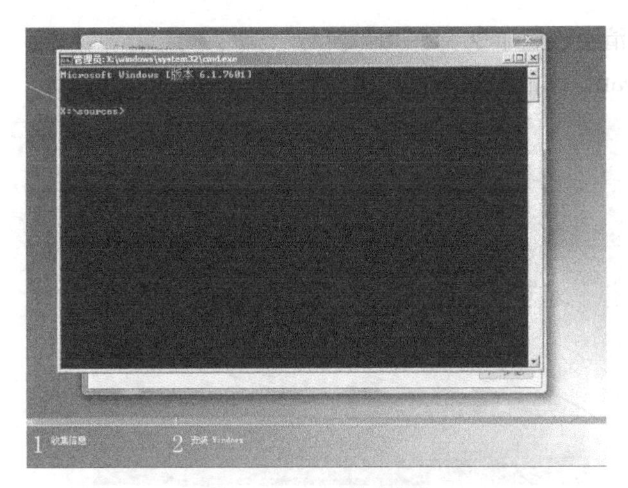

图 2-47 cmd 命令窗口

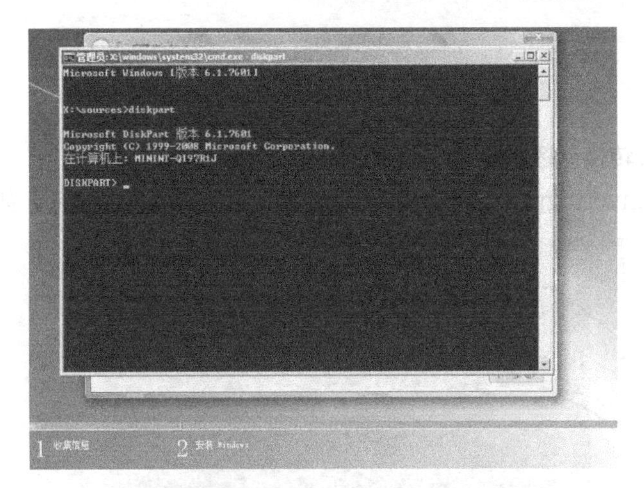

图 2-48 输入硬盘分区命令

步骤三：输入选择磁盘命令“select disk 0”。

输入命令“select disk 0”，选择disk 0的磁盘为当前操作的磁盘，如图2-49所示。

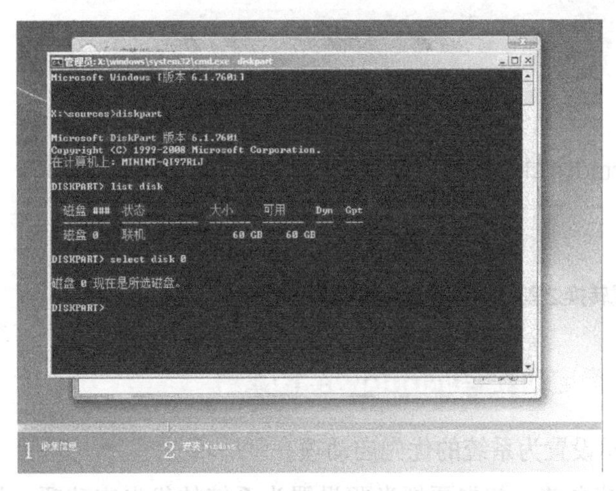

图 2-49 输入选择当前操作磁盘的命令

步骤四：输入清空磁盘命令“clean”。

输入命令“clean”，清空当前操作磁盘分区，如图2−50所示。

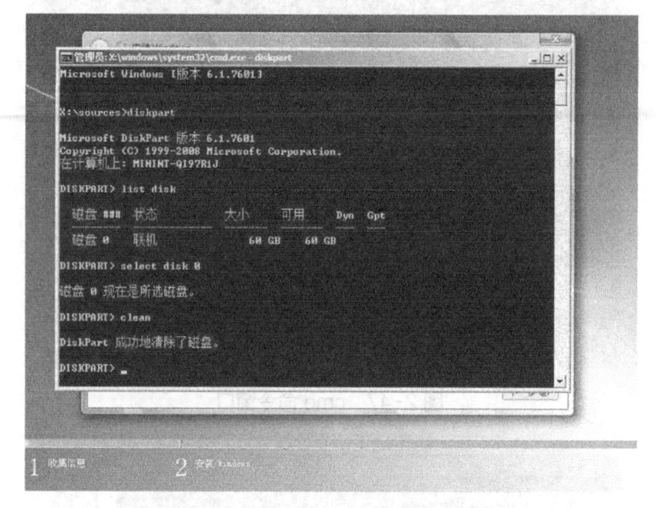

图 2−50 输入清空当前操作磁盘的命令

步骤五：输入转换分区类型为GPT格式“convert gpt”。

输入命令“convert gpt”，将当前操作磁盘分区转换为gpt分区，如图2−51所示。

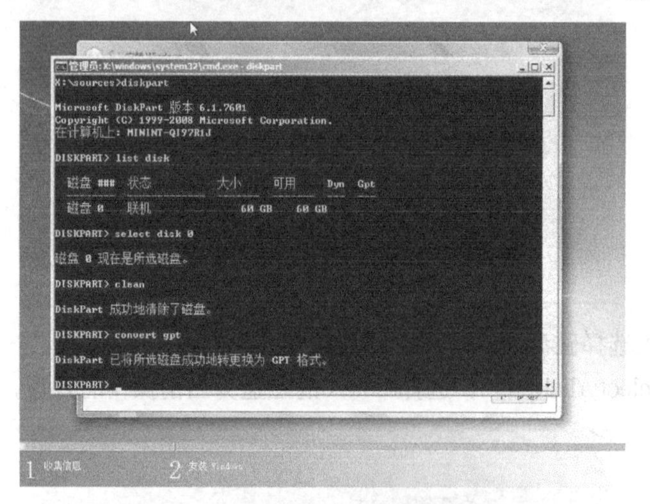

图 2−51 输入磁盘分区类型转换命令

步骤六：关闭cmd窗口，再按照系统安装引导步骤安装系统即可。

温馨提示

需要注意的是在格式转换之前，要将硬盘中的数据做好备份。

二、设置从光盘启动安装Windows 10系统

步骤七：把光驱设置为系统的优先启动项。

在安装操作系统之前，首先要把光驱设置为系统的优先启动项，然后把Windows 10

安装光盘放入光驱，重新启动进入光驱安装系统程序。

步骤八：设置系统的语言、时间和货币格式以及键盘和输入方法。

在“安装Windows”对话框中，选择要安装的语言、时间和货币格式、键盘和输入方法（见图2-52），最后单击“下一步”按钮继续下一步的操作。

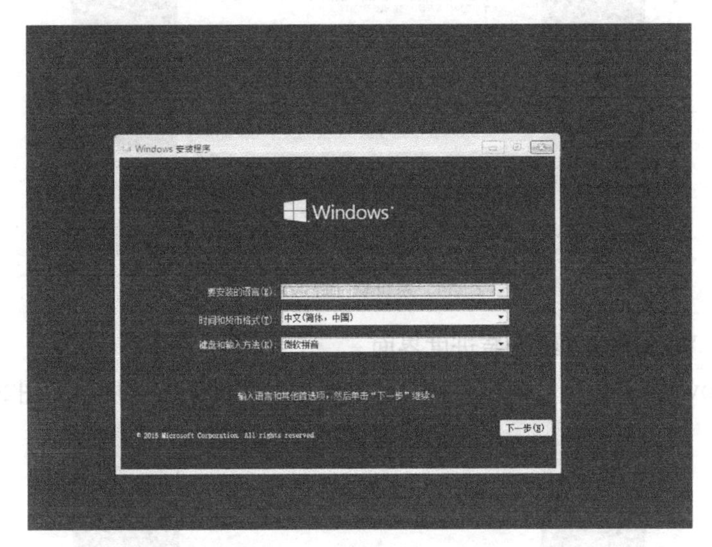

图 2-52 设置系统的语言等信息

步骤九：Windows 10系统安装确认。

在“安装Windows”对话框中，若确定安装Windows 10系统，则单击“现在安装”按钮进入程序安装（见图2-53）。

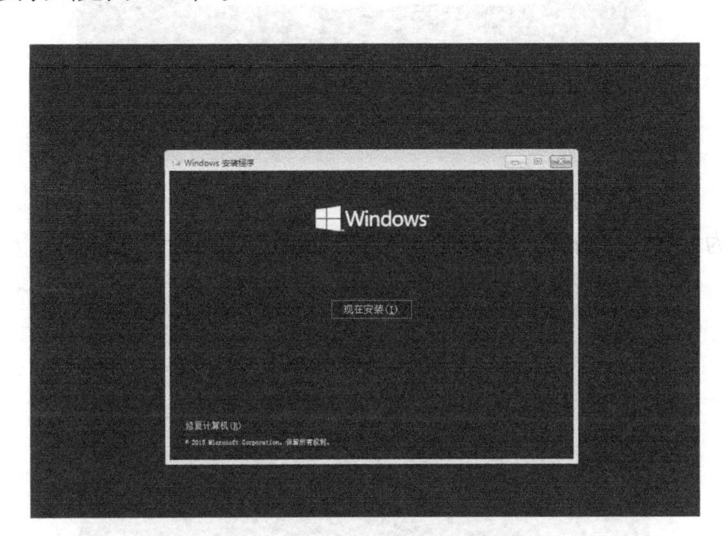

图 2-53 Windows 10 系统安装确认

步骤十：确认Windows 10系统软件许可条款。

在“软件许可条款”对话框中，若接受该许可条款，则在“我接受许可条款”前的复选框处打勾，再单击“下一步”按钮以继续下一步的操作（见图2-54）。

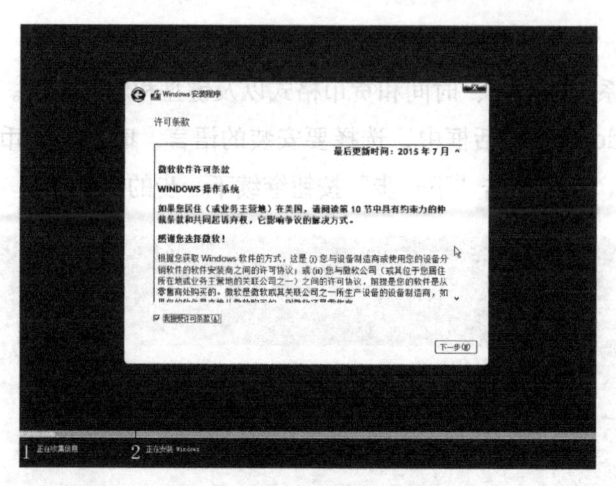

图 2-54　系统软件许可条款确认

步骤十一：Windows系统安装进度界面。

在“Windows安装程序”窗口中，显示着当前的系统安装进度，如图2−55所示。

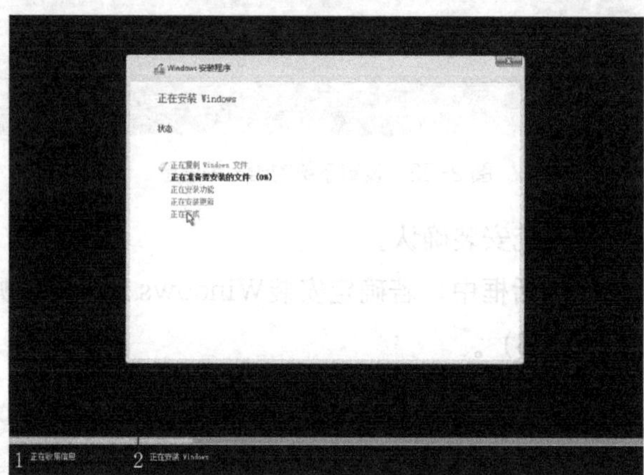

图 2-55　Windows 系统安装进度

步骤十二：系统正在为计算机准备设备。

系统正在为计算机准备其设备，准备就绪，如图2−56所示。

图 2-56　设备准备就绪界面

步骤十三：设置Windows的用户名及密码。

图2-57是设置Windows用户名及密码的界面，编辑完成后单击“下一步”按钮继续下一步的操作。

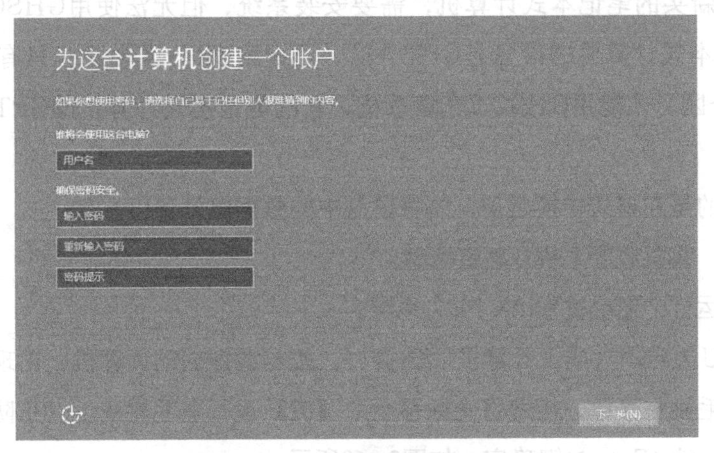

图 2-57 用户名及密码设置界面

步骤十四：Windows应用设置。

图2-58是Windows应用的设置界面，是由系统自动设置的。

图 2-58 Windows 应用设置界面

步骤十五：完成Windows系统安装。

完成Windows 10系统安装后，计算机将进入桌面界面，如图2-59所示。

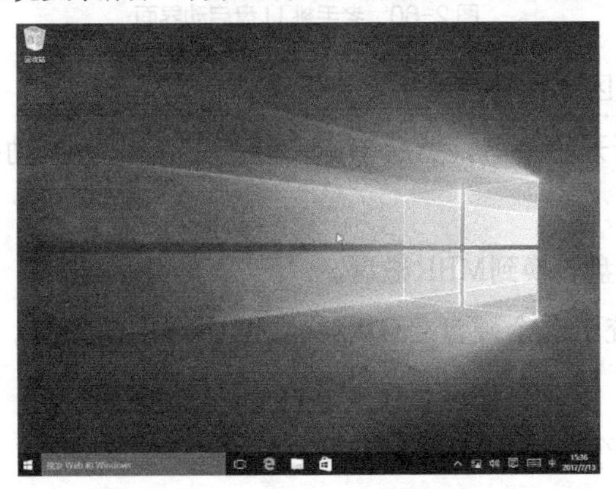

图 2-59 Windows 10 系统桌面

知识链接

将硬盘GPT分区转换为MBR分区模式步骤如下：

现在有台新买的笔记本式计算机，需要安装系统，但无法使用GHSOT克隆系统。新买这台笔记本式计算机的硬盘是GPT分区，不是MBR分区模式。只有先把GPT分区转换成MBR分区，才能用GHSOT克隆系统。新的笔记本式计算机的GPT分区怎么转化成MBR分区。

需要注意的是在格式转换之前，要将硬盘中的数据做好备份。

准备工具：装机版老毛桃U盘启动盘。

步骤一：运行“老毛桃Win8 PE”系统。

将老毛桃U盘启动盘插入计算机USB接口，按电源键启动计算机，出现开机画面后按快捷键进入老毛桃主菜单，接着将光标移至“【02】运行老毛桃Win 8PE防蓝屏版（新计算机）”选项，按<Enter>键确定，如图2-60所示。

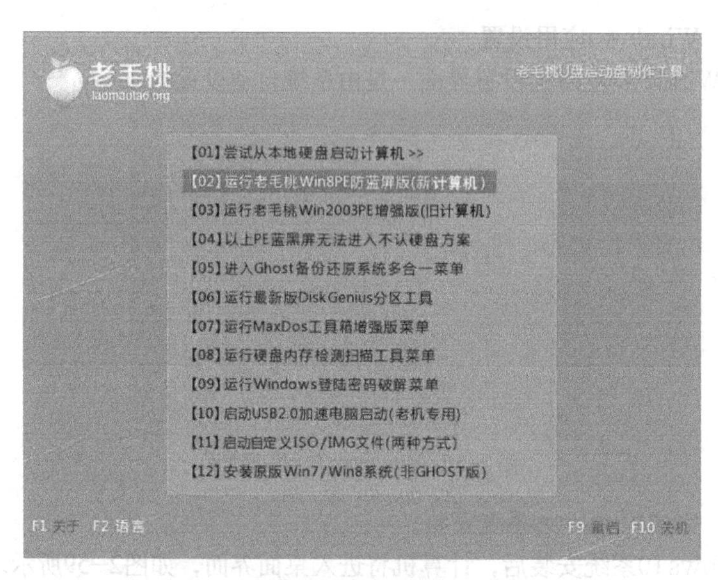

图 2-60　老毛桃 U 盘启动界面

步骤二：启动“分区工具——分区助手”程序。

登录系统后，打开开始菜单，然后单击“分区工具--分区助手（无损）”即可启动程序，如图2-61所示。

步骤三：将当前硬盘转换到MBR磁盘。

可以看到当前系统中有个硬盘是GPT格式的，选中该硬盘，单击“转换到MBR磁盘”，如图2-62所示。

步骤四：确定将GPT转换成MBR。

在随后弹出的询问框中单击“确定”按钮将GPT转换成MBR，如图2-63所示。

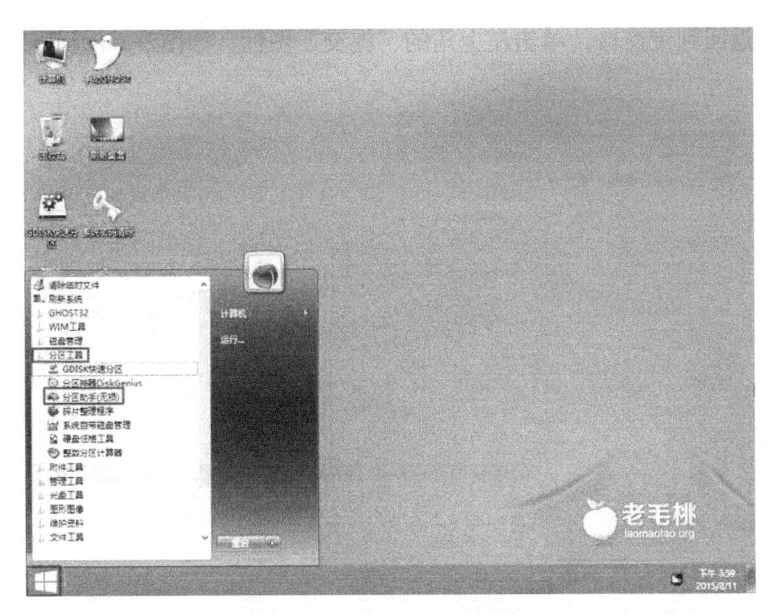

图 2-61　WIN 8PE 开始菜单

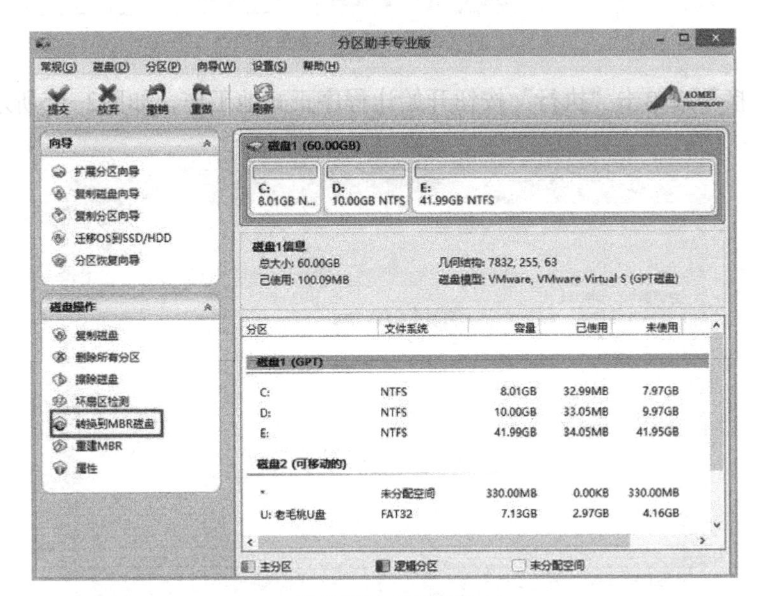

图 2-62　分区工具

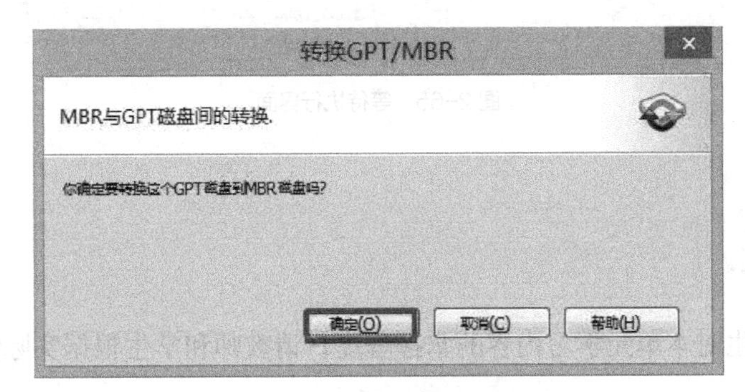

图 2-63　转换 GPT/MBR

步骤五：返回到主窗口，单击左上角的“提交”图标，如图2-64所示。

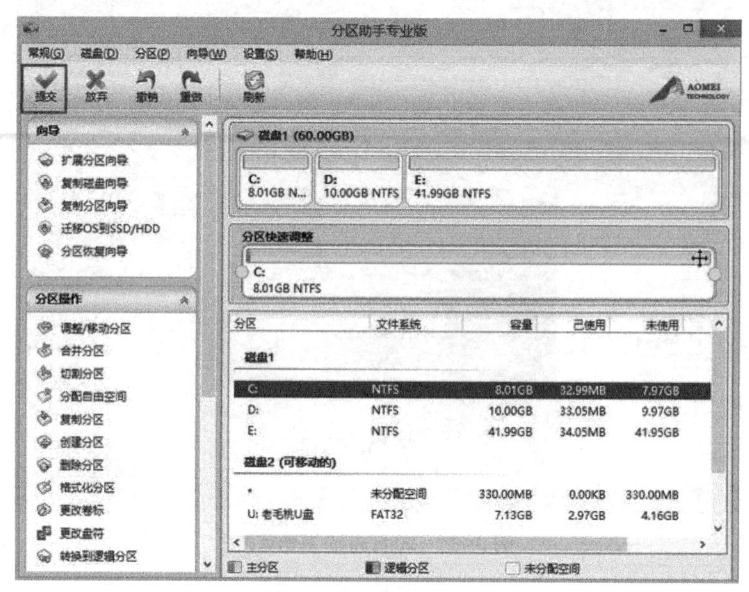

图2-64 “提交”操作

步骤六：接下来单击“执行”按钮开始让程序正式地工作，如图2-65所示。

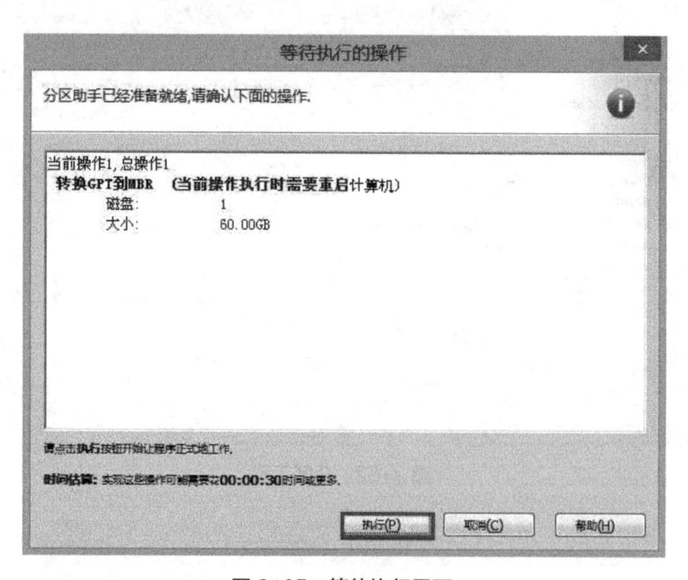

图2-65 等待执行界面

单元评价 UNIT EVALUATION

为了了解学生对本单元学习内容的掌握程度，请教师和学生根据实际情况认真填写表2-2的内容。

表 2-2 单元学习内容掌握程度评价表

评价主体			评分标准	分值	学生自评	教师评价
项目1	任务1	操作评价	完成低级格式化操作	15		
		成果评价	了解掌握磁盘的逻辑结构	20		
项目2	任务1	操作评价	能够安装Windows 7操作系统	15		
		成果评价	了解掌握磁盘的文件系统	20		
	任务2	操作评价	Windows 10操作系统的安装	15		
		成果评价	掌握MBR和GPT分区的转换	15		

单元总结 UNIT SUMMARY

通过本单元的实际操作练习，学生能够了解数据存储的原理，掌握Windows 7和Windows 10操作系统的安装。通过操作系统的安装，拓展出磁盘格式化分区和磁盘文件系统的相关知识。

单元3 软件类故障判断与数据恢复

单元情景

熊熊进入公司后，公司每天有很多客户带着硬盘要求恢复数据。从客户维修记录可以看出，大约70%的客户的硬盘都是软件类故障，只有约30%的硬盘是硬件故障。熊熊决定要先向专家球球好好学习，先从软件类故障开始学习。

熊熊：什么软件类故障?

球球：软件类故障是指硬盘的逻辑性错误，通常是用户误操作、病毒的破坏等原因造成硬盘上存储的数据无法正常读取，甚至系统无法找到硬盘分区信息。

熊熊：我明白了，那软件类故障通常用哪些软件来恢复呢？又是如何恢复的呢?

球球：来吧，我向你好好介绍一下软件类故障的恢复方法，让我们从常用的几个数据恢复软件开始吧!

单元概要

本单元的学习内容是数据恢复行业的最基本的内容，学生通过本单元的学习，能够解决一些常见的硬盘软件类故障所造成数据丢失的恢复方法，包括对硬盘的误操作和逻辑错误。本单元通过几个常用数据恢复软件的实例操作任务，学生将熟练掌握软件类故障的修复流程：

1）通过数据恢复机，介绍硬盘软件类故障的诊断方法。

2）通过对Final Data、DiskGenius、R-Studio、Winhex软件对不同类型软件类故障修复，学习硬盘数据恢复的常用方法。

3）通过Winhex软件对硬盘主引导记录和硬盘分区恢复的操作任务，学习硬盘不同类型的软件类故障的修复方法。

单元学习目标

1．了解硬盘软件类故障修复的几个最常用的软件
2．掌握数据底层编程软件Winhex的使用方法
3．掌握磁盘的MBR扇区遭破坏的几个恢复方法
4．掌握FAT32和NTFS文件系统DBR扇区的恢复方法
5．掌握误Ghost操作造成硬盘分区丢失的恢复方法
6．掌握磁盘文件被删除后的恢复方法
7．掌握磁盘被格式化后的整盘恢复方法

PROJECT 1 项目 1

工欲善其事，必先利其器——数据恢复常用工具使用

磁盘的软件类故障会造成磁盘无法正常打开使用，数据会丢失，本项目主要讲解常用的几款数据恢复软件的运用。

知识准备

一、数据恢复小工具FinalData

1. FinalData数据恢复软件的工作原理

微软操作系统提供回收站功能来防止用户意外删除数据。当用户在系统中删文件时，文件首先被删除到回收站中，在需要时还可以从回收站中恢复出来。但是如果删除文件时没有把它删除到回收站（如<Shift+Delete>），或者用户清空回收站，文件就没有办法恢复出来。

实际上在视窗系统中删除文件时，只有文件目录信息被删除掉，即文件的数据内容依然保存在硬盘的数据区中。所以该文件仍然可以通过技术手段恢复出来。

Final Data利用这种原理可在回收站被清空之后进行数据恢复。FinalData可以轻松恢复被删除的文件，也可以恢复病毒或者硬盘格式化所破坏的硬盘信息。即使目录结构已经部分破坏，只要实际数据仍保留在硬盘上，Final Data都可以将它们恢复出来。

2. FinalData数据恢复软件的特点

用户界面友好，简单快捷，只要用户知道如何使用资源管理器那就足够了。用户可以通过简单操作来恢复丢失的数据。

病毒感染后的数据恢复。传统的杀毒软件或者防火墙类的软件不能在新的病毒和黑客的攻击下确保安全。Final Data可在病毒或者黑客攻击系统目录结构或者文件分配表造成数据损失后完全恢复受损数据。

简单高效。Final Data的“查找”功能将帮助用户从成百上千个可恢复文件中找到所需要的文件（同视窗资源管理器“查找”功能类似）。Final Data可以方便快捷地恢复有价值的数据。

高可靠性。Final Data因其简单、安全、高效率和高恢复率被认为是全球业界领先的恢复工具，并广泛被IT专业人士选用。在2001年5月出版的新加坡最具影响力的PC杂志——CHIP》的全球数据恢复软件产品评测中获得“CHIP最佳表现奖”。

清空回收站后的数据恢复。只要数据没有被覆盖掉而依旧保存在存储设备中，Final Data就可以将它们恢复。在其他数据恢复手段都无效的情况下Final Data依然有可能将数据恢复。世界上许多著名公司都已经成为Final Data的用户。

为用户的信息保密。如果某些数据非常重要和敏感，不希望被专业恢复工程师接触，用户也可以通过Final Data自己动手轻松恢复，以保证数据安全保密。

3. Final Data的安装与界面功能

Final Data软件安装比较简单，找到Final Data软件的安装文件双击打开，弹出如图3-1所示的安装向导对话框，在安装方式中选择程序的目标安装位置后单击“安装”按钮，显示一定的安装进度条以后，进入如图3-2所示的安装完成对话框，注意在此对话框中一定要把无关的软件安装项排除掉，再单击“完成”按钮，即可启动应用程序窗口。

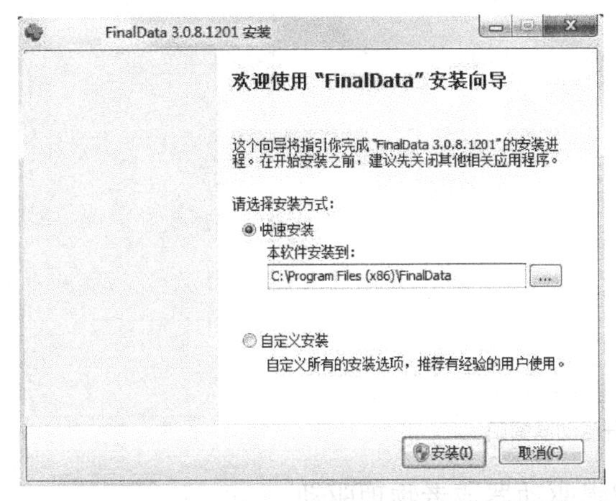

图3-1 Final Data 安装向导对话框

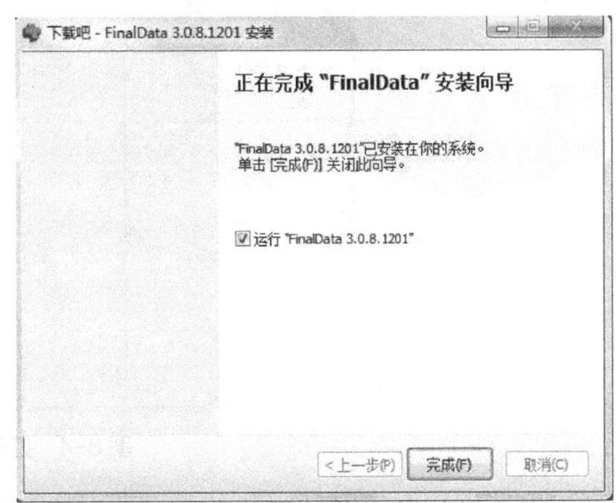

图3-2 安装完成对话框

单击“完成”按钮后，Final Data立即自动启动，启动后的程序界面如图3-3所示，共有菜单栏、工具栏、树状信息列表、详细信息列表和状态栏几个部分。

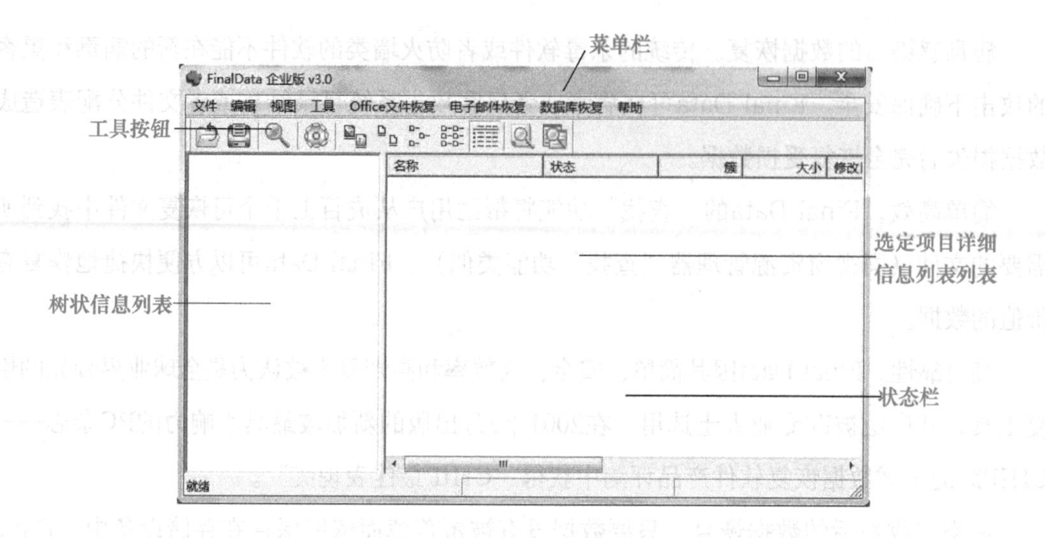

图 3-3 Final Data 主程序窗口

4. Final Data软件的基本使用方法

下面结合对U盘中删除的文件进行恢复的过程来简单介绍Final Data软件的使用方法。

打开Final Data软件，选择文件丢失的驱动器。查找驱动器，选择“文件”→“打开”命令，如图3-4所示，从“选择驱动器”中，选择想要恢复文件的驱动器。从逻辑驱动器列表中，选择包含想要恢复数据的驱动器，然后单击“确定”按钮。

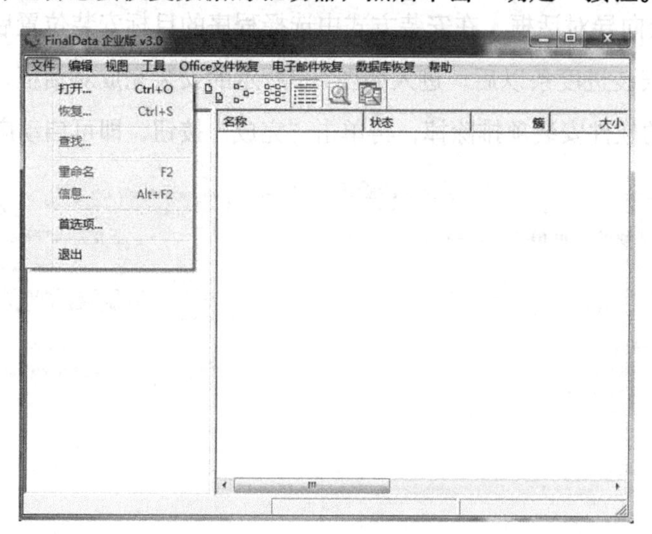

图 3-4 打开驱动器窗口

查找已删除文件。Final Data开始在逻辑驱动器或者物理驱动器上扫描已删除的目录和文件，如图3-5所示。它将分析相应驱动器（逻辑或者物理）的FAT/MFT和目录入口。

图 3-5 簇扫描对话框

当文件被删除时，实际上只有文件或者目录名称的第一个字符会被删除掉。Final Data通过扫描子目录入口或者数据区来查找被删除的文件。扫描完成后Final Data将生成删除的文件和目录的列表。在某些情况下，文件或者目录名称的第一个字符被彻底删除。这是因为文件或者目录名称会按照MS DOS文件名称标准（8字节文件名、3字节扩展名）的短格式形式保存。在Windows操作系统中，如果文件名称超过8个字节或者包含小写字母，长文件名称也会被记录。当操作系统删除文件或者目录时短格式文件名称会被删除，但长文件名依然完整。因此文件或者目录名称的首字符可能以“#”代替。如果文件或者目录名称属于长名称那么就可以完整恢复。当目录扫描完成后，在窗口的左边区域中将会出现6个项目而目录，文件信息将会显示在右边窗口，如图3-6所示。

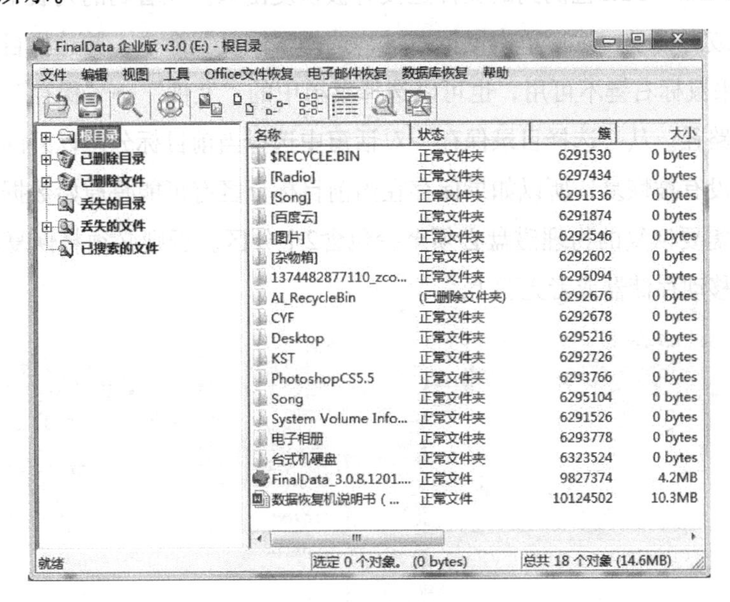

图3-6 扫描根目录结果

6个项目描述如下：

根目录：正常根目录。

已删除目录：从根目录删除的目录集合（在目录扫描后可用）。

已删除文件：从根目录删除的文件集合（在目录扫描后可用）。

丢失的目录：簇扫描后找到的目录将会被显示在这里。由于已经被部分覆盖或者破坏，正常的根目录扫描不能发现这些目录。如果根目录由于格式化或者病毒破坏等原因被破坏，Final Data将把发现和恢复的信息放在丢失的目录中。

丢失的文件：严重破坏的文件如果数据部分依然完好可以从“丢失的文件”中恢复。在目录扫描后，Final Data将执行簇扫描以查找被破坏的文件并将列表显示在“丢失的文件”中。如果目录信息被破坏，将无法确定被恢复的文件名称和大小，Final Data将创建临时文件。文件名称为文件开始的簇标号，扩展名根据文件格式确定。此外，临时文件的大小将根据在配置菜单中定义的默认文件大小设定。在簇扫描完成后，用户可以在“文件”“信息”项中改变文件名称及大小。该功能尤其是对由于I-Explorer蠕虫病毒或者Love病毒发作而导致的数据丢失进行恢复时有效，因为这些病毒只破坏目录信息而不是实际数据。

已搜索的文件：可以按照文件的名称、簇号和日期对文件进行检索。

查找要恢复的文件。当您找不到要恢复的文件位置，或者因为在“删除的文件”中有太多的文件以致很难找到需要恢复的文件时，用户可以使用“查找”功能。从菜单中选择“文件”→“查找”命令。可以从如图3-7所示的查找对话框中选择按“文件名”、“簇”、“日期”进行查找。

恢复。被Final Data检测到的文件还没有被恢复出来。在看到的列表中，必须选择想要恢复的文件或者目录，然后单击鼠标右键，选择“恢复”命令，并选择目标目录，如图3-8所示。如果鼠标右键不可用，也可以选择菜单中的“文件”→“保存”命令然后选择恢复后的目标路径。从“选择目录保存”对话框中选择当前目标分区以外的其他分区。因为目标文件还没有被恢复，所以如果保存在当前目标分区有可能将原始数据覆盖而无法继续恢复。因此需要恢复的物理磁盘必须至少包含2个分区。否则必须将恢复的数据保存到网络驱动器、移动存储器或者光驱上。

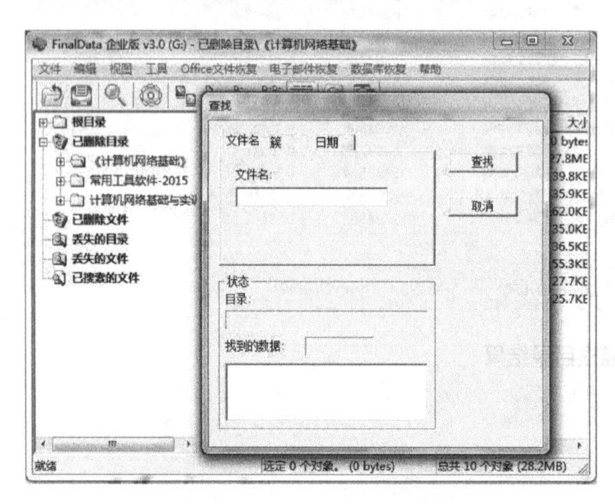

图 3-7　查找文件对话框

图 3-8　保存路径选择对话框

二、磁盘精灵Disk Genius软件

1. 初识磁盘精灵

Disk Genius（磁盘精灵）是一款硬盘分区及数据恢复软件。它是在最初的DOS版的基础上开发而成的。Windows版本的Disk Genius软件，除了继承并增强了DOS版的大部分功能外（少部分没有实现的功能将会陆续加入），还增加了许多新的功能，如已删除文件恢复、分区复制、分区备份、硬盘复制、硬盘坏道修复等功能。另外还增加了对VMWare、Virtual PC、VirtualBox虚拟硬盘的支持软件界面如图3-9所示。

图 3-9　Disk Genius 软件界面

2. 使用Disk Genius进行相关分区操作

建立分区：建立分区之前首先要确定准备建立分区的类型。有3种分区类型，它们是“主分区”“扩展分区”和“逻辑分区”。主分区是指直接建立在硬盘上、一般用于安装及启动操作系统的分区。由于分区表的限制，一个硬盘上最多只能建立4个主分区，或3个主分区和1个扩展分区；扩展分区是指专门用于包含逻辑分区的一种特殊主分区。可以在扩展分区内建立若干个逻辑分区；逻辑分区是指建立于扩展分区内部的分区，没有数量限制。

如果要建立主分区或扩展分区，首先要在硬盘分区结构图上选择要建立分区的空闲区域（以灰色显示）。如果要建立逻辑分区，要先选择扩展分区中的空闲区域（以绿色显示）。然后单击工具栏“新建分区”按钮，或依次选择“分区”→“建立新分区”命令，也可以在空闲区域上单击鼠标右键，然后在弹出的菜单中选择“建立新分区”命令。程序会弹出“建立分区”对话框，如图3-10所示。

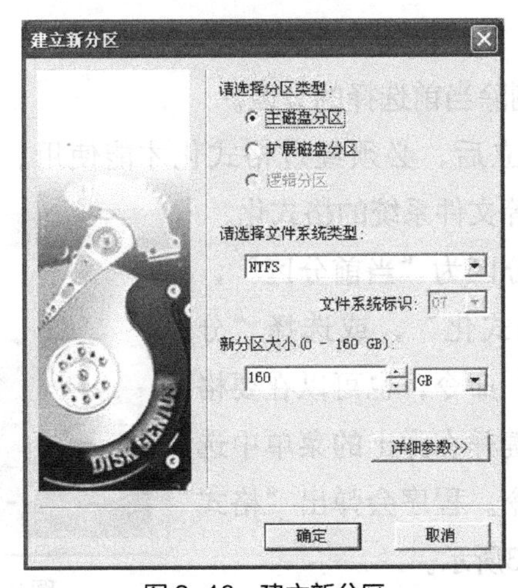

图 3-10　建立新分区

按需要选择分区类型、文件系统类型、输入分区大小后单击“确定”按钮即可建立分区。新分区建立后并不会立即保存到硬盘，仅在内存中建立。执行“保存分区表”命令后才能在“我的计算机”中看到新分区。这样做的目的是为了防止因误操作造成数据破坏。要使用新分区，还需要在保存分区表后对其进行格式化。

激活分区：活动分区是指用以启动操作系统的一个主分区。一块硬盘上只能有一个活动分区。要将当前分区设置为活动分区，单击工具栏中的“激活”按钮，或选择“分区→激活当前分区”命令，也可以在要激活的分区上单击鼠标右键并在弹出的菜单中选择“激活当前分区”命令。如果其他分区处于活动状态，将显示如图3-11所示的警告信息。

图 3-11　激活分区警告对话框

单击“是”按钮即可将当前分区设置为活动分区。同时清除原活动分区的激活标志。

通过选择“分区”→“取消分区激活状态”命令，可取消当前分区的激活状态，使硬盘上没有活动分区。

删除分区：先选择要删除的分区，然后单击工具栏中的“删除分区”按钮，或选择“分区”→“删除当前分区”命令，也可以在要删除的分区上单击鼠标右键并在弹出的菜单中选择“删除当前分区”命令。

程序将显示如图3-12所示的警告信息。

图 3-12　删除分区警告信息对话框

单击“是”按钮即可删除当前选择的分区。

格式化分区：分区建立后，必须经过格式化才能使用。本软件目前支持NTFS、FAT32、FAT16、FAT12等文件系统的格式化。

首先选择要格式化的分区为“当前分区”，然后单击工具栏按钮“格式化”，或选择“分区”→“格式化当前分区”命令，也可以在要格式化的分区上单击鼠标右键并在弹出的菜单中选择“格式化当前分区”命令。程序会弹出“格式化分区”对话框，如图3-13所示。

图 3-13　格式化分区对话框

在对话框中选择文件系统类型、簇大小，设置卷标后即可单击“格式化”按钮准备格式化操作。

还可以选择在格式化时扫描坏扇区，要注意的是，扫描坏扇区是一项很耗时的工作。多数硬盘尤其是新硬盘不必扫描。如果在扫描过程中发现坏扇区，格式化程序会对坏扇区做标记，建立文件时将不会使用这些扇区。

对于NTFS文件系统，可以勾选“启用压缩”复选框，以启用NTFS的磁盘压缩特性。

如果是主分区，并且选择了FAT32/FAT16/FAT12文件系统，“建立DOS系统”复选框会成为可用状态。如果勾选它，则格式化完成后程序会在这个分区中建立DOS系统。可用于启动计算机。

在开始执行格式化操作前，为防止出错，程序会要求确认，如图3-14所示。

图3-14 格式化提醒对话框

单击“是”按钮立即开始格式化操作。程序显示格式化进度。格式化完成后，如果选择了“建立DOS系统”选项，程序还会向分区复制DOS系统文件。

三、数据恢复软件R-Studio

1. 初识R-Studio

R-Studio是功能超强的数据恢复、反删除工具，采用全新恢复技术，为使用FAT12/16/32、NTFS、NTFS5（Windows 2000系统）和Ext2FS（Linux系统）分区的磁盘提供完整数据维护解决方案。同时提供对本地和网络磁盘的支持，此外，大量参数设置让高级用户获得最佳恢复效果。具体功能有：采用Windows资源管理器界面；通过网络恢复远程数据（远程计算机可运行Win 95/98/ME/NT/2000/XP、Linux、UNIX系统）；支持FAT12/16/32、NTFS、NTFS5和Ext2FS文件系统；能够恢复损毁的RAID阵列；为磁盘、分区、目录生成镜像文件；恢复删除分区上的文件、加密文件（NTFS5）、数据流（NTFS、NTFS5）；恢复FDISK或其他磁盘工具删除过的数据、病毒破坏的数据、MBR破坏后的数据；识别特定文件名；把数据保存到任何磁盘；浏览、编辑文件或磁盘内容等。

R–Studio软件有汉化版和英文版（见图3–15）2种，两种版本的基本功能没有本质的区别，但是英文版的稳定性与兼容性要比汉化版本好些，且英文版本更新及时，业界人士通常使用英文版。

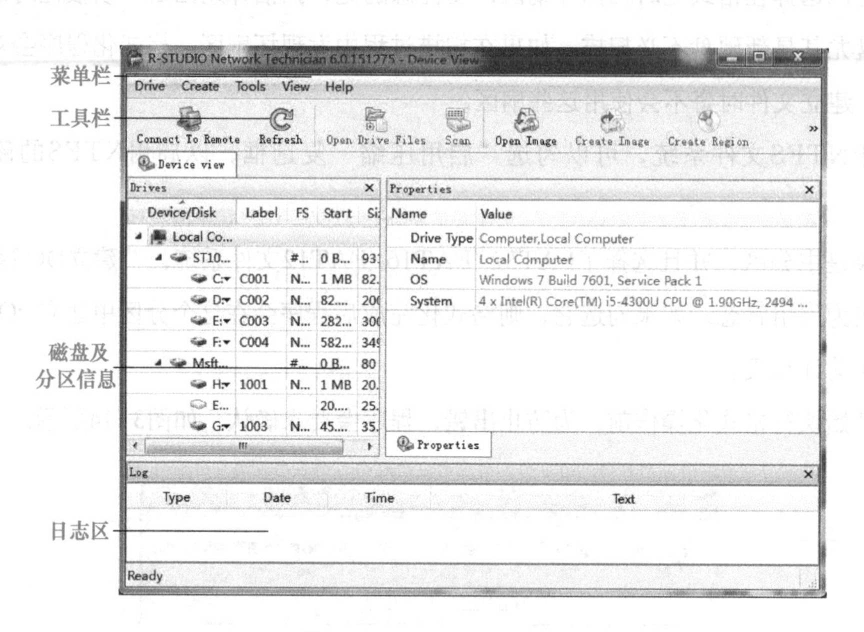

图3–15　R–Studio 主界面

2. R–Studio的常用功能

R–Studio数据恢复软件目前能支持的文件系统有FAT、ExFAT、NTFS、Ext2、Ext3、Ext4、UFS、HFS等，目前计算机操作系统如Windows、Linux、UNIX以及苹果的Mac OS都能支持，是进行数据恢复的非常重要的一款软件，下面简要介绍几种常用的功能。

创建硬盘镜像：在对硬盘进行数据恢复的过程中，为了保证在恢复操作过程中不会对源物理硬盘由于误操作而造成写破坏，同时也起到和源物理硬盘一样的操作效果，可以对源硬盘先做个镜像，恢复时只需打开源硬盘的镜像文件进行操作即可；因此学会做硬盘镜像是数据恢复技术的必备能力。但要注意，存放硬盘的镜像文件的磁盘可用空间要略大于被镜像的硬盘总大小。下面来具体介绍一下硬盘镜像的创建过程。

先启动R–Studio软件，在磁盘和分区信息列表中选中要制作镜像的磁盘，如图3–16所示。主界面中选中大小为223.57GB的需要制作镜像的硬盘后，再单击创建镜像工具按钮“Create Image”，从弹出的如图3–17所示的制作磁盘镜像对话框中，选择镜像文件存放位置、指定镜像文件名后、镜像主参数使用默认值，再单击“Ok”按钮，则开始镜像的制作并显示制作进度，如图3–18所示。根据磁盘的大小不同，等待一段时间后则弹出如图3–19所示的镜像制作成功对话框，单击“OK”按钮，至此镜像制作完成。

恢复误删除的数据文件：在计算机使用的过程中，由于误操作可能会将一些重要的文件夹或文件删除掉，在数据存储区域没有进行重新写入新的数据造成覆盖的情况下，R-Studio可以方便地恢复数据。启动R-Studio软件，在磁盘和分区信息列表中选中被误删除文件的分区或逻辑盘，再单击工具栏中的打开驱动器文件“Open Drive Files”按钮，在右侧的列表窗口中会发现被删除的文件夹或文件的前面红色打叉的标记，勾选中需要恢复的误删除文件夹或文件，右击后选择“Recover”命令，从弹出的对话框中选择恢复存放的指定位置后单击“OK”按钮即可实现误删除数据的恢复。

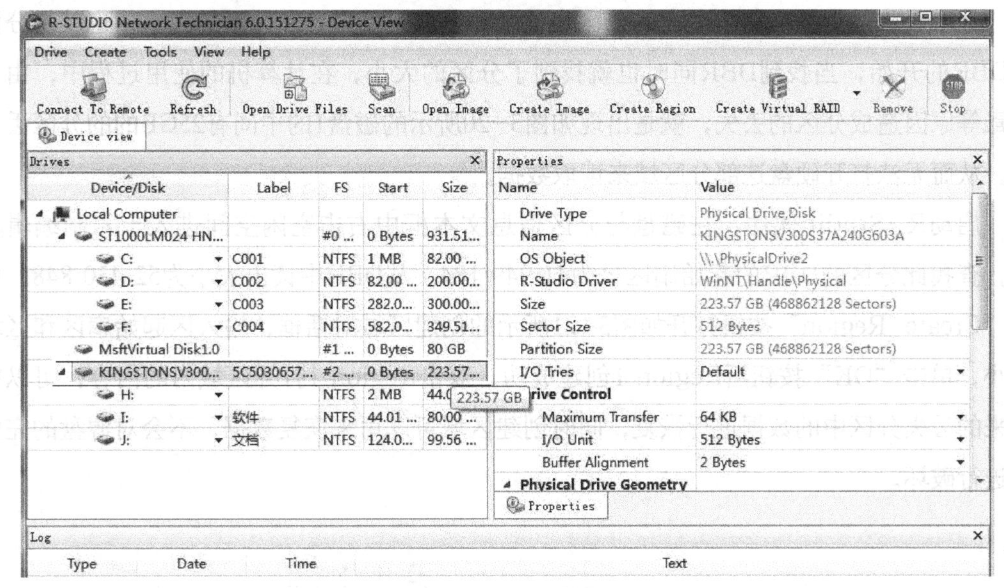

图3-16 制作磁盘镜像

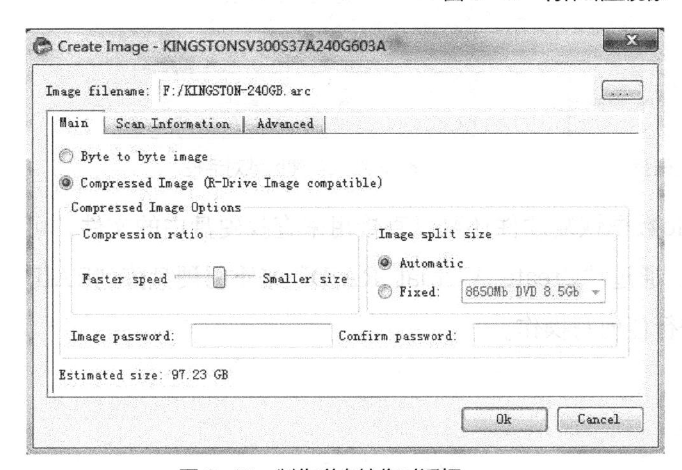

图3-17 制作磁盘镜像对话框

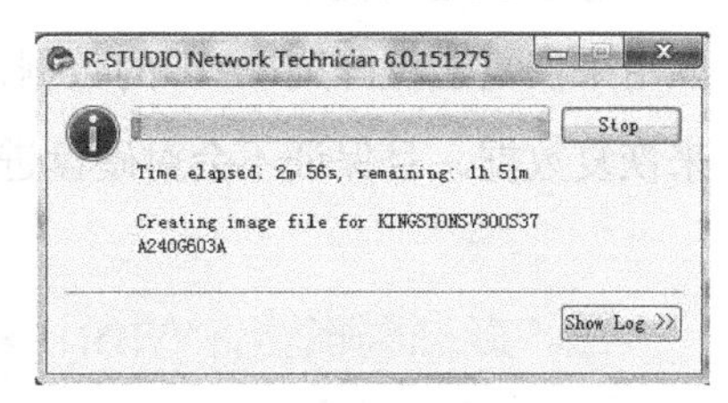

图3-18 镜像制作进度对话框

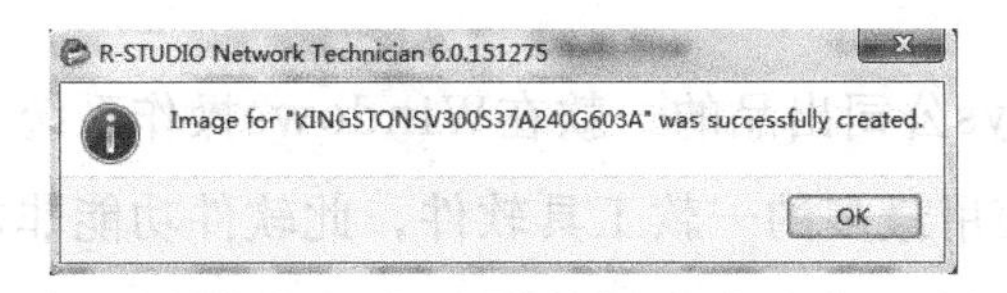

图3-19 镜像制作成功对话框

误格式化后磁盘文件的恢复：在计算机使用过程中，由于误操作将某个磁盘格式化了，磁盘上的文件全不见了，在没有重新对磁盘进行数据改写的情况下，利用R–Studio可以恢复磁盘上的文件。启动R–Studio软件，从磁盘和分区信息列表中选择被格式化的硬盘，单击扫描工具按钮“Scan”，对整个格式化后的分区进行扫描，待全部扫描结束后，右边磁盘和分区信息列表中多出Recognizel0~RecognizelX的多个扫描结果文件，双击绿色的扫描结果文件，就会在右侧窗口中显示格式化以前的文件，选中需要恢复的文件进行恢复即可。

分区丢失的数据恢复：硬盘的分区表记录分区的起始位置和分区的大小，也就是分区的DBR的开始，当找到DBR同时也就找到了分区的大小，在计算机的使用过程中，由于病毒等原因造成分区的丢失，就是出现如图3–20所示的磁盘1的中间有25GB的的分区丢失了，从而无法打开硬盘这部分区域来读取数据。

启动R–Studio软件，在磁盘与分区信息文本框中右击空闲空间进入十六制编辑界面，查找此分区的DBR的起始扇区号为41 949 184，从DBR中读出大小为52 430 848，单击“Create Region”按钮打开如图3–21所示的创建区域对话框，输入区起始扇区和区域大小，单击“OK”按钮后Region 1创建成功，双击Region 1打开区域内的内容，可以将原来的丢失分区中的数据进行恢复，同时创建区域可以用来恢复数据，不会对源盘的完整性进行破坏。

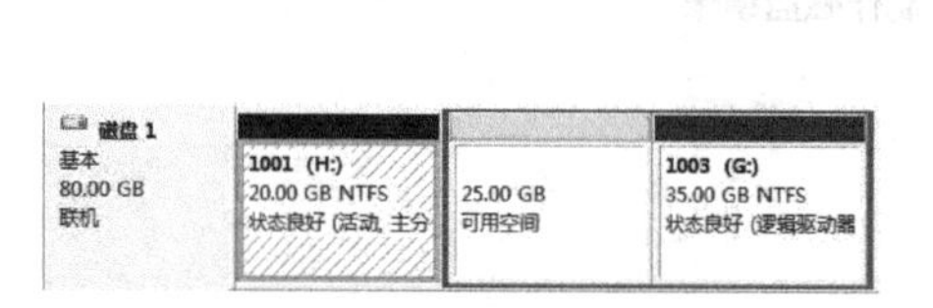

图3–20　分区丢失的磁盘

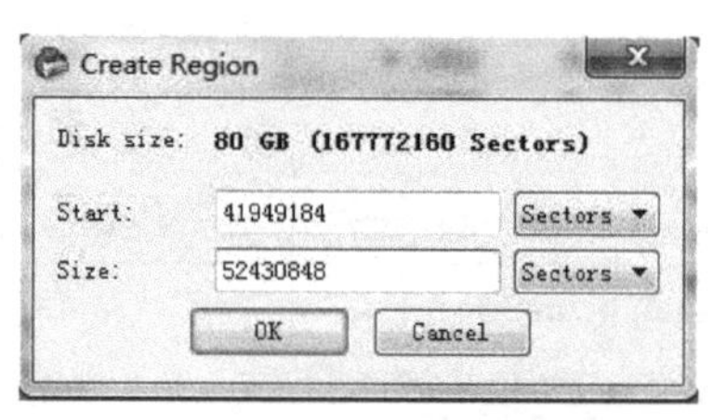

图3–21　创建区域对话框

除了上述功能以外，R–Studio数据恢复软件还可以直接用来查找硬盘中的文件，可以用来恢复磁盘阵列RAID的数据，通过“Create Virtual RAID”来重组硬盘阵列RAID来恢复数据，且保证不会对硬盘进行任何写操作。

四、数据编辑软件Winhex

1. 初识Winhex

Winhex是X–Ways公司出品的一款在Windows操作系统下运行的十六进制编辑软件，是数据恢复中使用最多的一款工具软件，此软件功能非常强大，有完善的分区管理功能和文件管理功能，能自动分析分区链和文件簇链，能对硬盘进行不同方式不同程度的备份，甚至克隆整个硬盘；它能够编辑任何一种文件类型的二进制内容（用十六进制显示）其磁盘编辑器可以编辑物理磁盘或逻辑磁盘的任意扇区，对分析硬盘文件系统的逻辑结构，协助其他数据恢复软件顺利恢复数据方面有着很重要的作用和意义，因此灵活掌握底层数据编辑软件的使用方法是每一个数据恢复工程师必备的基础技能。

启动Winhex软件打开一个磁盘，程序的主界面如图3-22所示，由下面各个部分组成。

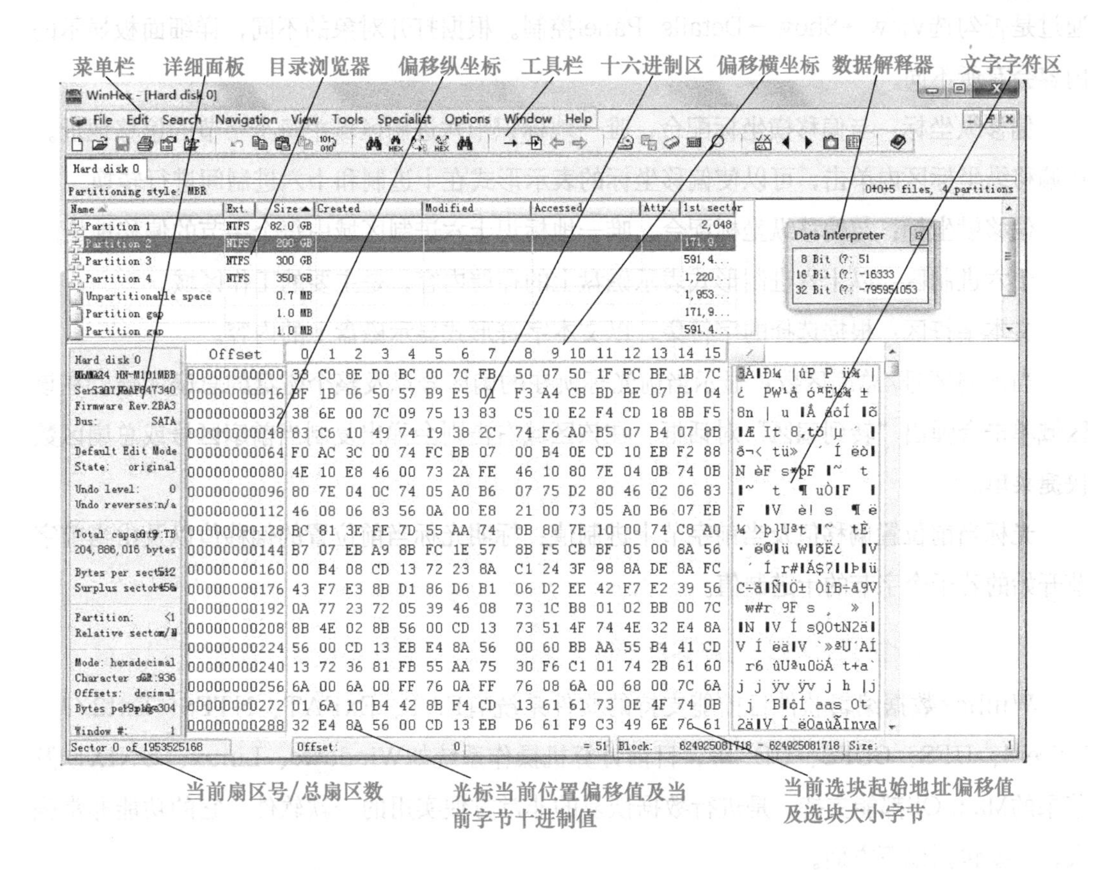

图3-22 Winhex主界面

菜单栏：集合了程序所有功能的入口。

目录浏览器：根据打开磁盘方式的不同，目录浏览器内显示的内容会有所不同。打开物理磁盘时，如果有可识别的分区，目录浏览器中会显示各个分区的类型、大小及起始扇区等信息。打开逻辑磁盘时，如果有可识别的文件系统，目录浏览器中会显示逻辑磁盘中的数据内容，显示效果与在“我的计算机”中打开一个分区后看到的内容相同。是否显示目录浏览器可以通过View→Show→Directory Browser控制。

数据解释器：数据解释器是一个浮动窗口，可以在屏幕窗口中任意拖曳到任何位置。是否显示数据解释器由View→Show→Data Interpreter控制。当鼠标指针位于十六进制区或文本字符区时，数据解释器可以很方便地将鼠标指针当前所处位置的字节（或字符区的字符在十六进制区的对应字节）及向后若干个字节的十六进制数解释成十进制数、八进制数或同步显示十六进制数。可以在数据解释器窗口中单击鼠标右键，在弹出的快捷菜单中进行相应的设置。

工具栏：集合了软件常用功能的快捷图标。

详细面板：详细面板用以显示当前活动窗口对象的详细信息，是否显示详细面板可以通过是否勾选View→Show→Details Panel控制。根据打开对象的不同，详细面板显示的内容会有所不同。

偏移纵坐标：与偏移横坐标配合，唯一地标识十六进制区域中每个字节的偏移地址。在偏移纵坐标区内单击，可以使偏移坐标的表示形式在十进制和十六进制间进行转换。

偏移横坐标：与偏移纵坐标配合，唯一地标识十六进制区域中每个字节的偏移地址。

十六进制区：以十六进制形式表示磁盘上的存储内容，是主要的工作区域。

文本字符区：根据选择的字符集，以文本字符形式显示磁盘上的内容。

当前扇区号/总扇区数：显示当前光标所在的扇区号以及整个磁盘的总扇区数。在该区域单击会弹出“转到扇区”对话框。在该区域右击则会弹出复制当前扇区号或总扇区数快捷菜单。

光标当前位置偏移值及当前字节十进制值：标明光标当前位置的偏移值以及由当前字节开始的若干个字节的十进制值。

2. Winhex数据编辑软件的基本功能

Winhex数据编辑软件目前能支持的文件系统有FAT、ExFAT、NTFS、Ext2/3、Reiser4、UFS、CDFS、UDF等，目前计算机操作系统如Windows、Linux、UNIX以及苹果的Mac OS都能支持，是进行数据恢复的非常方便实用的一款软件，它的功能非常强大，主要包括以下方面。

它能支持对硬盘、软盘、CD-ROM、DVD、ZIP及各种存储卡进行编辑；支持重组RAID及动态磁盘；附带数据恢复功能；可以访问物理内存及虚拟内存的数据；内置数据解释器，可以识别解释20种数据类型；提供数据结构模板，可以直接查看、编辑MBR、DBR、FAT表、文件记录等多种结构数据；可以对文件进行分析与对比，可以对文件进行分割与合并操作；具有灵活的搜索与替换功能；可以对磁盘及分区进行克隆操作，可对磁盘进行压缩镜像备份，支持对备份文件进行分卷处理；具有编程操作接口，支持脚本操作；支持256位加密、检验和、CRC32、Hash（MD5，SHA-1）计算功能；支持对磁盘数据进行安全销毁；包含ANSI ASCII，IBM ASCII，EBCDIC、Unicode多种字符集；支持单个文件大小超过4GB。

任务1 FinalData恢复软件使用

任务描述

客户：你好！这是一个故障U盘，请你帮我修复一下好吗?

熊熊：您好！能描述一下故障现象吗?

客户：我上午急着上交材料，正在复制数据时将U盘直接从计算机上拔下来了，后来U盘插上计算机后提示格式化，直接进行了格式化，数据全没了，现在想恢复U盘上面的一个名叫“招标文件V25.doc”的文件。

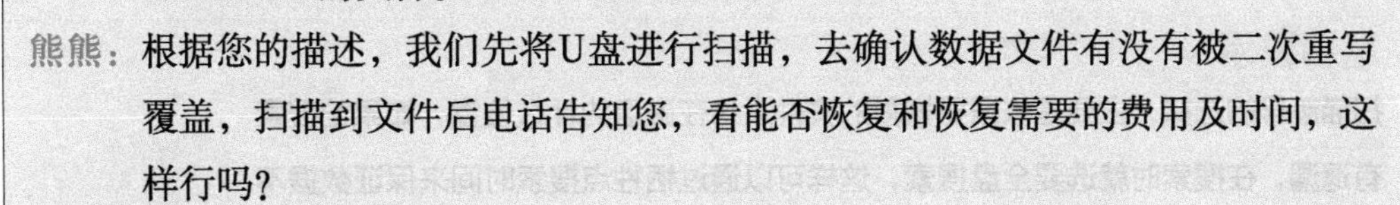

熊熊：根据您的描述，我们先将U盘进行扫描，去确认数据文件有没有被二次重写覆盖，扫描到文件后电话告知您，看能否恢复和恢复需要的费用及时间，这样行吗?

客户：好的，谢谢!

任务分析

为了恢复U盘上的文件，将故障U盘接到数据恢复机上，先通过小巧的数据恢复工具Final Data扫描整个U盘，待扫描结束后再搜索指定的文件。

任务实施

根据本次任务分析结果，格式化后U盘中文件可以按如下的恢复步骤来进行恢复：

步骤一：启动Final Data软件，选择驱动器。

启动Final Data软件，执行“文件”→“打开”命令，程序弹出如图3-23所示的对话框。

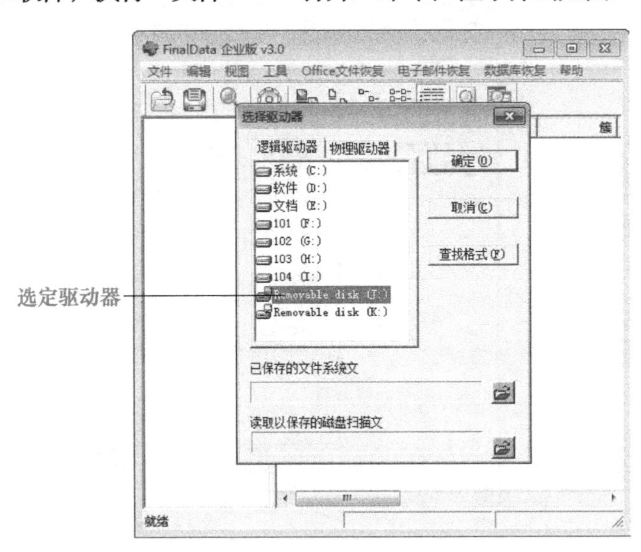

图3-23 选择驱动器对话框

步骤二：选择起始簇号和结束簇号。

从弹出的如图3-24所示的“选择要搜索的簇范围”对话框中，选择要搜索的起始簇号和结束簇号。

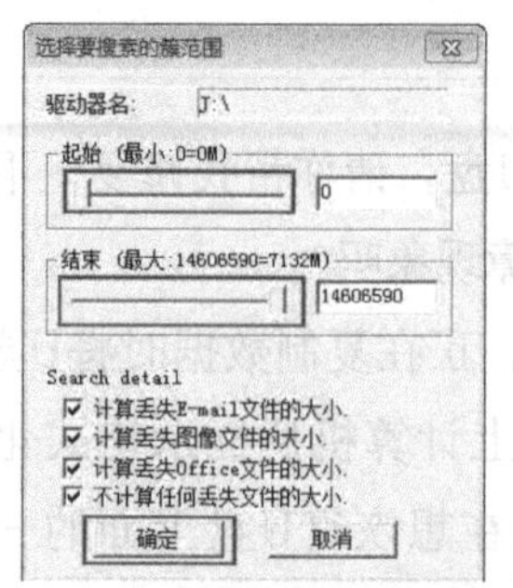

图 3-24　搜索的簇范围对话框

温馨提示

扫描簇号的选择，主要是依据要恢复的文件大约在磁盘的什么位置，如果怕搜索有遗漏，在搜索时就选要全盘搜索，这样可以通过牺牲点搜索时间来保证数据不会被漏处理。

步骤三：进行簇扫描。

单击图3-24中的“确定”按钮后，弹出如图3-25所示的“簇扫描”对话框，显示已找到的文件总数、已用时间、剩余时间。

步骤四：通过“查找”对话框查找具体的文件。

根据磁盘的数据量和速度的不同，扫描有限的时间后扫描结束，在左边窗口选中“丢失的目录”，再单击“查找”工具按钮，弹出如图3-26所示的查找对话框，在文件名文本框中输入“招标文件V25.doc”，单击“查找”按钮。

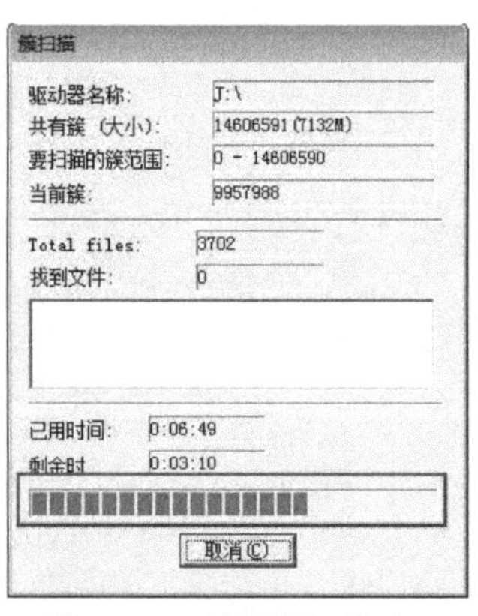

图 3-25　“簇扫描”对话框

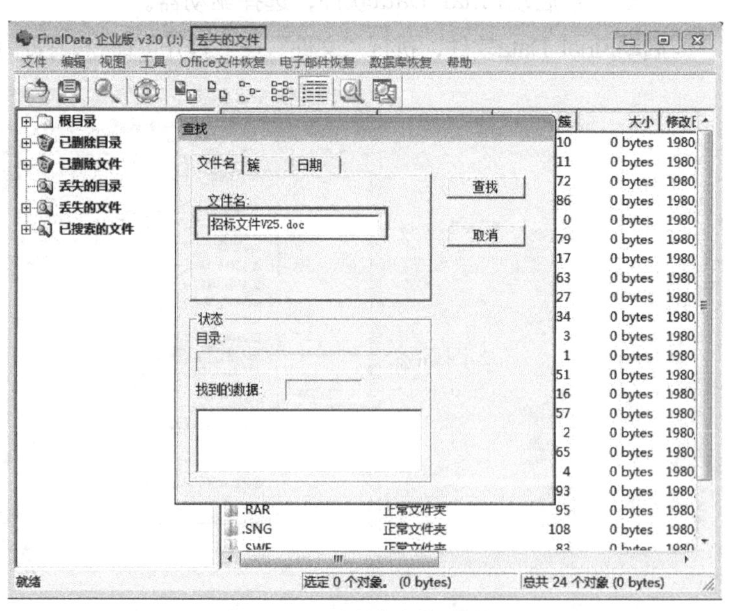

图 3-26　“查找”文件对话框

步骤五：从查找结果中恢复所需的文件。

从弹出的如图3-27所示的搜索结果对话框中，选择要恢复的文件，右击“恢复”菜单命令。

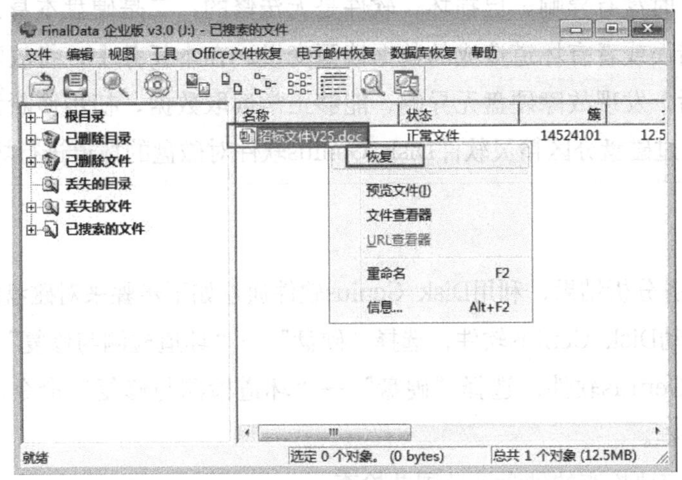

图 3-27　搜索结果窗口

步骤六：保存所要恢复的文件到指定位置。

从弹出的“选择要保存的文件夹”对话框中，选择要恢复文件的保存位置，再单击“保存”按钮，则所要恢复的文件就恢复到指定位置了，至此“招标文件V25.doc”恢复成功。

温馨提示

搜索文件扫描到的文件时的小技巧：若在“丢失的目录”中没有搜到要恢复的文件，则再选择“丢失的文件”，使用相同的方法再搜索。

任务2　DiskGenius软件的使用

任务描述

客户：你好！这是一个故障硬盘，请你帮我修复一下好吗？

熊熊：您好！能描述一下故障现象吗？

客户：近几天在使用计算机时，有时会提示硬盘读写错误，有一种假死机状态，计算机运行缓慢。

熊熊：根据您的描述，我们先进行检测查找故障的类型，然后电话告知您修复需要的费用及时间，这样行吗？

客户：好的，谢谢！

任务分析

根据客户描述的故障现象存在两种故障可能：一是硬盘本身有物理损坏的现象，工作时盘有异响，已损坏，软件是无法修的；二是硬盘本身无物理故障，由于逻辑错误或者有坏道造成的数据读写变慢。在本任务中，将故障硬盘接入数据恢复机后，发现故障硬盘无异响，能够正常读取数据，初步诊断为硬盘逻辑故障，需要通过磁盘分区精灵软件Disk Genius软件对磁盘的坏道进行坏道修复。

任务实施

根据本次任务分析结果，利用Disk Genius软件通过如下步骤来对磁盘的坏道进行复。

步骤一：启动Disk Genius软件，选择“硬盘”→“坏道检测与修复”命令。

启动Disk Genius软件，选择“硬盘”→“坏道检测与修复”命令，程序弹出如图3-28所示的对话框。

步骤二：指定要检查的硬盘及范围并检查。

首先选择要检查的硬盘，设定检测范围（柱面范围）。单击“开始检测”按钮，软件即开始检测坏道，发现坏道时会将坏道情况显示在如图3-29所示的对话框中。

图3-28 “坏道检测与修复”对话框1

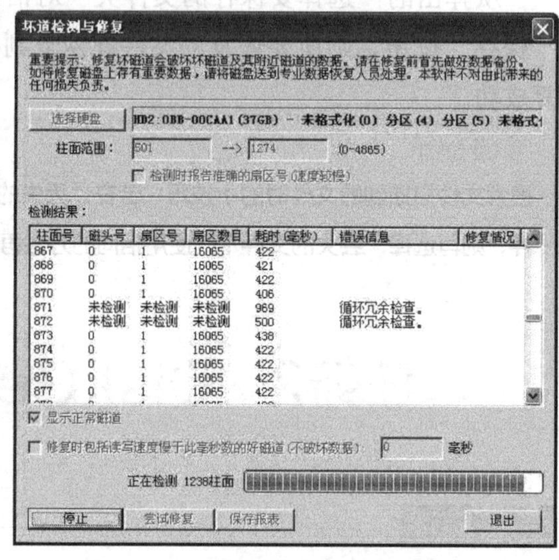

图3-29 “坏道检测与修复”对话框2

温馨提示

检测过程中遇到坏道时，检测速度会变慢。检测完毕，软件报告检测到的坏道数目，如图3-30所示。

图3-30 坏道检测报告

步骤三：保存检测报表。

检测完成后，可以通过单击“保存报表”按钮，将检测结果保存到一个文本文件中，以备查用。如果要立即尝试修复刚才检测到的坏道，可单击“尝试修复”按钮。软件显示如图3−31所示的提示。

图3-31　修复坏道备份提醒对话框

温馨提示

坏道修复会破坏坏道附近的数据！在可能的情况下，一定要先对磁盘数据进行备份。如果坏道区域存有重要数据，请不要用本功能修复坏道，而应该将硬盘送到专业的数据恢复中心恢复数据。坏道修复会破坏数据，而不是恢复数据！另外需要说明的是，并不是所有的坏道都能修复，本功能可以修复的坏道种类有限。为了数据安全，建议不再使用已出现坏道的磁盘。尤其不要在其上存放重要数据。

步骤四：使用本软件修复坏道。

如果没有进行过坏道检测，或者运行本软件之前用其他软件进行过坏道检测，为节省时间，也可以在不检测的情况下直接用本软件修复坏道。如果修复成功，软件会在检测结果中报告“已修复”。

步骤五：查看修复报告。

修复完成，软件报告已修复的坏道个数，如图3−32所示，至此硬盘修复结束。

图3-32　坏道修复结果对话框

任务3　R-Studio数据恢复软件的使用

任务描述

客户：你好！这是一个故障硬盘，请你帮我修复一下好吗？

熊熊：您好！能描述一下故障现象吗？

客户：昨天在使用计算机时，发现自己的硬盘存放的文件太多太乱，有很多文件没用，于是就将无用的文件拖入回收站并清空了回收站，今天发现一个名叫“R-Studio.docx”的重要文件被删除了，想把它找回来。

熊熊：根据您的描述，我们将您的硬盘通过软件来扫描查找恢复，然后电话告知您修复需要的费用及时间，这样行吗？

客户：好的，谢谢！

任务分析

根据客户描述的故障现象属于误删除造成的数据丢失，在磁盘原文件存储的数据区域没有新数据重新写入的情况下，通过恢复软件还是可以轻松进行恢复的。本任务中，将故障硬盘接入数据恢复机后，通过数据恢复软件R-Studio对硬盘进行扫描再恢复，应该可以轻松恢复误删除的文件。

任务实施

根据本次任务分析结果，利用R-Studio软件通过如下步骤来对误删除的文件进行恢复：

步骤一：启动R-Studio数据恢复软件，指定磁盘并单击“Open Drive Files”按钮。

启动R-Studio数据恢复软件，在磁盘和分区信息列表框中选中I盘，单击打开驱动器文件“Open Drive Files”按钮，打开如图3-33所示I盘的文件列表窗口。

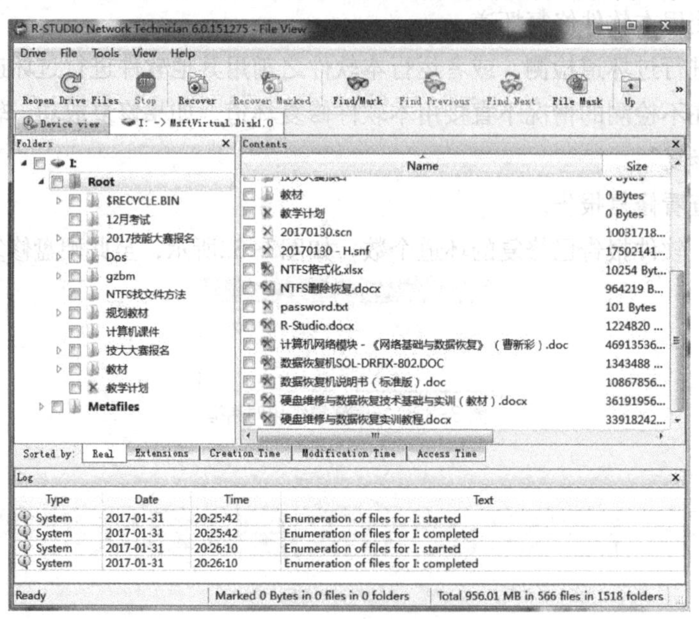

图3-33　文件列表

步骤二：恢复删除的文件。

在文件列表窗口的右击列表框中会发现有很多文件夹和文件的名称左侧有一个红色的打叉标记，表示这些文件或文件夹被删除了，找到名为“R-Studio.docx”的文件，将其勾选中后单击恢复工具按钮“Recover”，弹出如图3-34所示的恢复对话框后选择存放路径后单击“OK”按钮。

步骤三：完成文件恢复。

有时会询问是否继续的对话框，在对话框中一直单击“Continue”按钮，最后被删除的文件将恢复到指定的磁盘文件夹中，如图3-35所示。至此文件恢复成功。

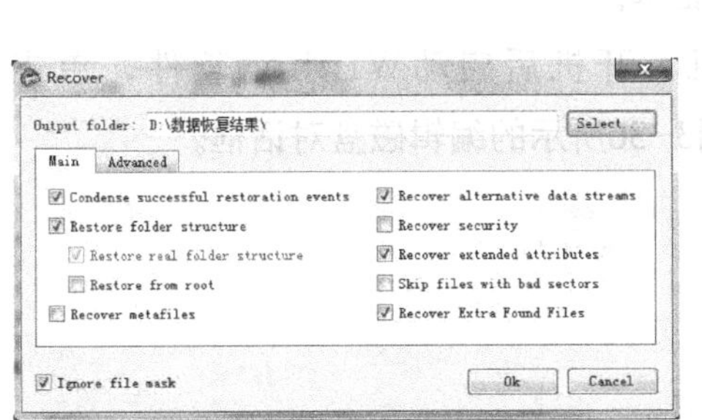

图3-34 恢复对话框

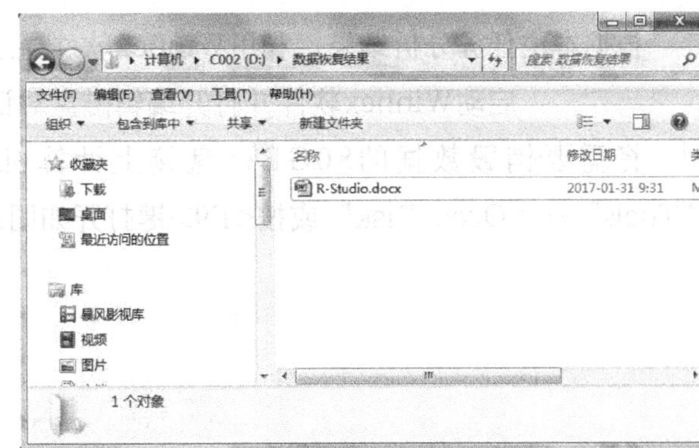

图3-35 恢复的文件列表

温馨提示

利用R-Studio扫描恢复误删除的文件时，当硬盘中的文件比较多时，需要从左边的文件列表窗口依次进行选择相应的文件夹进行查找，可能会耗用一定的时间，本例中删除的文件刚好在根目录下，所以恢复起来相对较容易。

任务4 Winhex数据编辑软件的使用

任务描述

笨笨：老同学你好！听说你在数据恢复公司工作，想请你帮个忙。

熊熊：你好！你需要帮忙做什么？

笨笨：我们单位最近要淘汰一批工作计算机，计算机上都有一些机密数据，但是怕硬盘卖掉后会造成数据的泄密，想彻底把原来硬盘上的数据清除掉，同时又不弄坏硬盘，想请你帮忙看一看，能否实现？

熊熊：根据您的描述，可以通过Winhex数据编辑软件对硬盘进行清零操作。你把要清除数据的硬盘带来吧。

笨笨：好的，谢谢！

任务分析

根据笨笨的要求，要想彻底清除硬盘的数据，实现的方法还是很多的，批量处理最好使用Winhex软件来进行清零操作。本任务中，将要清数据的硬盘接入数据恢复机后，通过数据编辑软件Winhex对硬盘进行全部写0操作，可以轻松清除数据。

任务实施

根据本次任务分析结果，利用Winhex软件通过如下步骤来轻松清除磁盘上的数据：

步骤一：启动Winhex软件并打开编辑磁盘对话框。

将需要销毁数据的80GB硬盘接上计算机，开机后启动Winhex软件，单击“Tools”→“Open Disk”或按<F9>键打开如图3-36所示的编辑磁盘对话框。

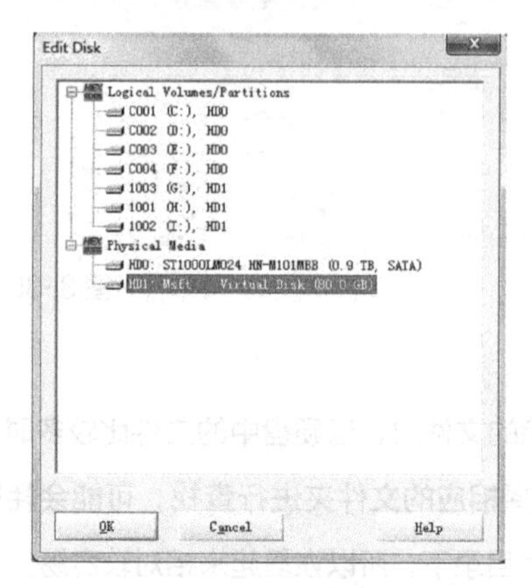

图3-36 编辑磁盘对话框

步骤二：选择要销毁数据的硬盘。

在对话框中选中要销毁数据的80GB的HD1，单击“OK”按钮则会打开磁盘，在十六进制区单击鼠标，再按<Ctrl+A>组合键选中磁盘的所有扇区，如图3-37所示。

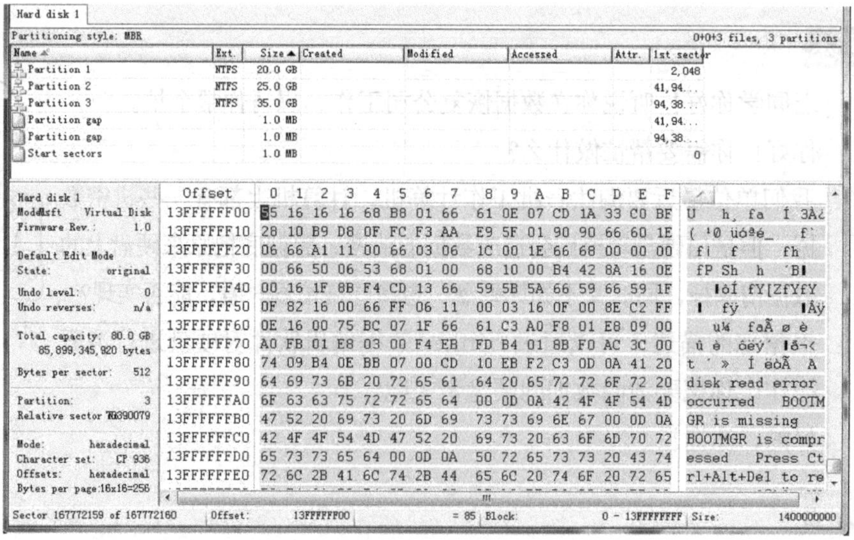

Hard disk 1

Partitioning style: MBR　　0+0+3 files, 3 partitions

Name	Ext.	Size	Created	Modified	Accessed	Attr.	1st sector
Partition 1	NTFS	20.0 GB					2,048
Partition 2	NTFS	25.0 GB					41,94...
Partition 3	NTFS	35.0 GB					94,38...
Partition gap		1.0 MB					41,94...
Partition gap		1.0 MB					94,38...
Start sectors		1.0 MB					0

```
Hard disk 1
Model Msft Virtual Disk
Firmware Rev.:            1.0
Default Edit Mode
State:               original
Undo level:                 0
Undo reverses:            n/a
Total capacity:       80.0 GB
   85,899,345,920 bytes
Bytes per sector:         512
Partition:                  3
Relative sector    [illegible]
Mode:             hexadecimal
Character set:         CP 936
Offsets:          hexadecimal
Bytes per page:16x16=256

Offset      0  1  2  3  4  5  6  7   8  9  A  B  C  D  E  F
13FFFFFF00 55 16 16 16 68 B8 01 66  61 0E 07 CD 1A 33 C0 BF  U   h, fa  Í 3À¿
13FFFFFF10 28 10 B9 D8 0F FC F3 AA  E9 5F 01 90 90 66 60 1E  ( ¹Ø üóªé_   f`
13FFFFFF20 06 66 A1 11 00 66 03 06  1C 00 1E 66 68 00 00 00   f¡  f      fh
13FFFFFF30 00 66 50 06 53 68 01 00  68 10 00 B4 42 8A 16 0E   fP Sh  h  ´B
13FFFFFF40 00 16 1F 8B F4 CD 13 66  59 5B 5A 66 59 66 59 1F     ôÍ fY[ZfYfY
13FFFFFF50 0F 82 16 00 66 FF 06 11  00 03 16 0F 00 8E C2 FF     fÿ        Âÿ
13FFFFFF60 0E 16 00 75 BC 07 1F 66  61 C3 A0 F8 01 E8 09 00     u¼  faÃ ø è
13FFFFFF70 A0 FB 01 E8 03 00 F4 EB  FD B4 01 8B F0 AC 3C 00   û è  ôëý´  ð¬<
13FFFFFF80 74 09 B4 0E BB 07 00 CD  10 EB F2 C3 0D 0A 41 20  t ´ »  Í ëòÃ  A
13FFFFFF90 64 69 73 6B 20 72 65 61  64 20 65 72 72 6F 72 20  disk read error
13FFFFFFA0 6F 63 63 75 72 72 65 64  00 0D 0A 42 4F 4F 54 4D  occurred   BOOTM
13FFFFFFB0 47 52 20 69 73 20 6D 69  73 73 69 6E 67 00 0D 0A  GR is missing
13FFFFFFC0 42 4F 4F 54 4D 47 52 20  69 73 20 63 6F 6D 70 72  BOOTMGR is compr
13FFFFFFD0 65 73 73 65 64 00 0D 0A  50 72 65 73 73 20 43 74  essed   Press Ct
13FFFFFFE0 72 6C 2B 41 6C 74 2B 44  65 6C 20 74 6F 20 72 65  rl+Alt+Del to re

Sector 167772159 of 167772160 | Offset: 13FFFFFF00 | = 85 | Block: 0 - 13FFFFFFFF | Size: 1400000000
```

图3-37 选中所有扇区

步骤三：在填充块对话框的“Fill With hex values”中输入值00。

选择“Edit-Fill Block”菜单命令或按<Ctrl+L>组合键，打开如图3-38所示的填充块对话框，在对话框的“Fill With hex values”中输入值00后，再单击“OK”

按钮。

步骤四：对出现的3个Winhex消息提示框均选择“OK”。

随后会依次出现如图3−39所示的3个Winhex消息提示框，提醒用户注意是否要真得对扇区进行数据块填充，一直单击“OK”按钮。

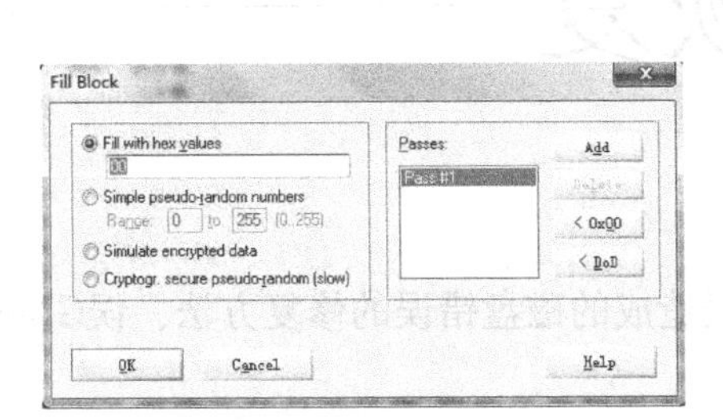

图3-38 填充块对话框

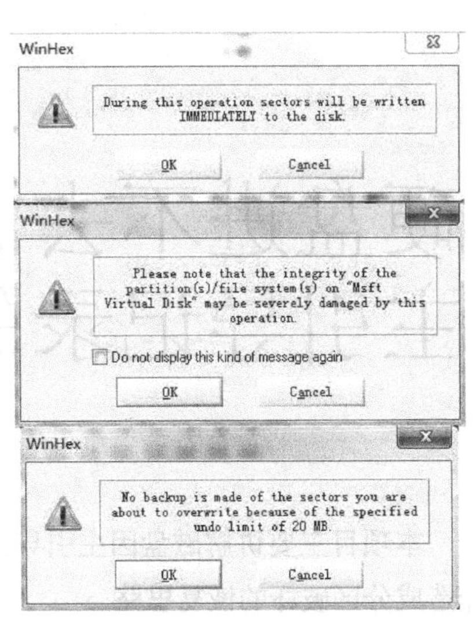

图3-39 填充消息框

温馨提示

利用Winhex数据编辑软件对硬盘数据进行清零操作时，一定要慎用，因为此操作是直接对物理扇区的数据区直接进行改写操作，当用十六进制00对所有字节空间进行填写时，不需要保存就会直接对扇区进行改写，即原磁盘的对应扇区将会即时清除；另一方面，清零操作会对硬盘的每个扇区中的每个字节空间都要进行数据的写入，耗时也比较多，依据机器速度的不同，一般情况下1min大约会清除15GB的磁盘空间。

步骤五：程序用00对所有扇区进行填充。

程序开始用00对扇区中每个字节区域进行填充，并弹出如图3−40所示的正在填充对话框，并显示填充的进度。

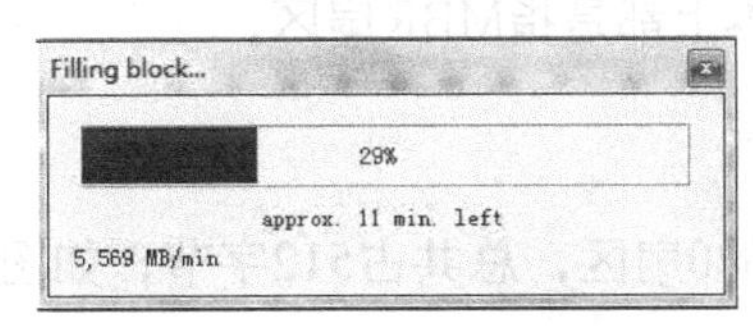

图3-40 正在填充对话框

步骤六：完成硬盘数据的销毁。

等进度到达100%以后，对话框会自动关闭，整个硬盘所有的扇区内全部用00对每个字节进行填充，至此硬盘数据销毁成功。

PROJECT 2 项目 2

硬盘进不去、找不到了——主引导记录的恢复

本项目主要讲解磁盘因主引导记录错误造成的磁盘错误的修复方法、误Ghost操作造成分区破坏的恢复思路。

知识准备

一、主引导记录（MBR）

1. 初识MBR

Windows操作系统是目前的主流操作系统，它能够支持MBR磁盘分区、动态磁盘分区以及GPT磁盘分区；能够支持的文件系统包括FAT12、FAT16、FAT32、NTFS和ExFAT等，其中MBR磁盘分区是应用最广泛的一种磁盘分区结构，它又被称为DOS分区。MBR磁盘分区不仅可以运用于微软的操作系统平台，同时还可以应用于Linux系统、基于x86架构的UNIX系统。

MBR磁盘分区都有一个引导扇区位于磁盘的0柱面0磁头1扇区，即整个磁盘的第一个编号为0的扇区，称为主引导记录（Master Boot Record）扇区，又称MBR扇区，以后所说的MBR基本上都是指MBR扇区。

2. MBR扇区的结构

MBR扇区位于磁盘的0扇区，总共占512字节，如图3−41所示，由引导代码、磁盘签名、分区表和结束标志4部分组成。当MBR扇区被破坏时，通常磁盘接入系统中会显示磁盘需要初始化。

引导代码：扇区中的偏移量0H～1B7H处，共440字节。

磁盘签名：扇区中的偏移量1B8H～1BBH处，共4个字节，是Windows系统对硬

盘初始化时写入的一个磁盘标签。

分区表：扇区中的偏移量1BEH～1FDH处，共64个字节称为DPT（Disk Partition Table，硬盘分区表）。

结束标志：扇区中的偏移量的1FEH～1FFH处的最后两个字节“55 AA”，标志着MBR扇区的结束。

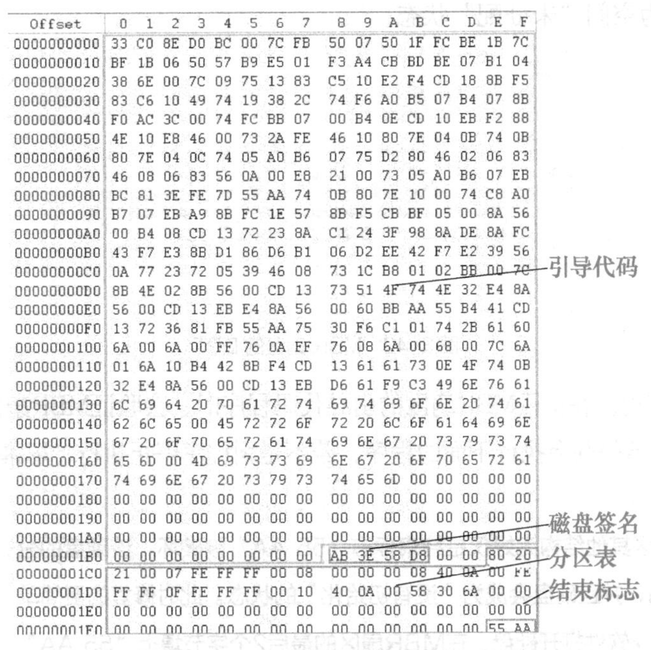

Offset	0	1	2	3	4	5	6	7	8	9	A	B	C	D	E	F
0000000000	33	C0	8E	D0	BC	00	7C	FB	50	07	50	1F	FC	BE	1B	7C
0000000010	BF	1B	06	50	57	B9	E5	01	F3	A4	CB	BD	BE	07	B1	04
0000000020	38	6E	00	7C	09	75	13	83	C5	10	E2	F4	CD	18	8B	F5
0000000030	83	C6	10	49	74	19	38	2C	74	F6	A0	B5	07	B4	07	8B
0000000040	F0	AC	3C	00	74	FC	BB	07	00	B4	0E	CD	10	EB	F2	88
0000000050	4E	10	E8	46	00	73	2A	FE	46	10	80	7E	04	0B	74	0B
0000000060	80	7E	04	0C	74	05	A0	B6	07	75	D2	80	46	02	06	83
0000000070	46	08	06	83	56	0A	00	E8	21	00	73	05	A0	B6	07	EB
0000000080	BC	81	3E	FE	7D	55	AA	74	0B	80	7E	10	00	74	C8	A0
0000000090	B7	07	EB	A9	8B	FC	1E	57	8B	F5	CB	BF	05	00	8A	56
00000000A0	00	B4	08	CD	13	72	23	8A	C1	24	3F	98	8A	DE	8A	FC
00000000B0	43	F7	E3	8B	D1	86	D6	B1	06	D2	EE	42	F7	E2	39	56
00000000C0	0A	77	23	72	05	39	46	08	73	1C	B8	01	02	BB	00	7C
00000000D0	8B	4E	02	8B	56	00	CD	13	73	51	4F	74	4E	32	E4	8A
00000000E0	56	00	CD	13	EB	E4	8A	56	00	60	BB	AA	55	B4	41	CD
00000000F0	13	72	36	81	FB	55	AA	75	30	F6	C1	01	74	2B	61	60
0000000100	6A	00	6A	00	FF	76	0A	FF	76	08	6A	00	68	00	7C	6A
0000000110	01	6A	10	B4	42	8B	F4	CD	13	61	61	73	0E	4F	74	0B
0000000120	32	E4	8A	56	00	CD	13	EB	D6	61	F9	C3	49	6E	76	61
0000000130	6C	69	64	20	70	61	72	74	69	74	69	6F	6E	20	74	61
0000000140	62	6C	65	00	45	72	72	6F	72	20	6C	6F	61	64	69	6E
0000000150	67	20	6F	70	65	72	61	74	69	6E	67	20	73	79	73	74
0000000160	65	6D	00	4D	69	73	73	69	6E	67	20	6F	70	65	72	61
0000000170	74	69	6E	67	20	73	79	73	74	65	6D	00	00	00	00	00
0000000180	00	00	00	00	00	00	00	00	00	00	00	00	00	00	00	00
0000000190	00	00	00	00	00	00	00	00	00	00	00	00	00	00	00	00
00000001A0	00	00	00	00	00	00	00	00	00	00	00	00	00	00	00	00
00000001B0	00	00	00	00	00	00	00	00	AB	3E	58	D8	00	00	80	20
00000001C0	21	00	07	FE	FF	FF	00	08	00	00	00	08	40	0A	00	FE
00000001D0	FF	FF	0F	FE	FF	FF	00	10	40	0A	00	58	30	6A	00	00
00000001E0	00	00	00	00	00	00	00	00	00	00	00	00	00	00	00	00
00000001F0	00	00	00	00	00	00	00	00	00	00	00	00	00	00	55	AA

图 3-41 MBR 扇区结构

3. MBR扇区的作用

MBR扇区在计算机引导过程中起着关键性的作用。当按下计算机的电源键以后，开始执行主板的BIOS程序，进行系统的自检和硬件资源的配置，再按CMOS中设定的系统引导顺序进行引导系统，这期间需要MBR扇区参与进来。具体如何工作？下面看一看MBR的具体作用。

引导代码的作用。计算机主板的BIOS程序在整个系统自检通过后，立即将MBR扇区整体读取到内存中，将系统执行权交付给内存中MBR扇区的引导代码程序。引导代码程序首先将自己复制到一个相对安全的内存地址中，防止被随后读入的其他程序覆盖而引起计算机死机。之后引导代码程序判断内存中的MBR扇区的最后两个字节是否为“55 AA”，如果不是则报引导错误提示。如果是“55 AA”，则引导代码程序会到分区表中查找是否有活动分区，若有活动分区，则读取活动分区的引导扇区在磁盘中的地址，将该引导扇区复制到内存中并判断其合法性；若引导扇区合法，交回执行权于引导扇区，由它去引导操作系统，MBR引导代码的使命宣布结束。

Windows磁盘签名的作用。Windows系统依靠磁盘签名来识别硬盘，如果硬盘的磁盘签名丢失，Windows系统就会认为该硬盘没有初始化，一般情况下当磁盘签名被清空后，重启系统后挂载的硬盘的磁盘签名会自动修复。

分区表（DPT）的作用。如图3-42所示的分区表在MBR扇区中占64个字节，是系统用来管理硬盘分区的，它记录着磁盘中各个分区的文件系统类型、起始位置和分区大小等信息，如果分区表被清除了，其他结构不作任何修改，当重新挂载硬盘时会发现分区已经没有了，硬盘成为空间“未分配”状态。

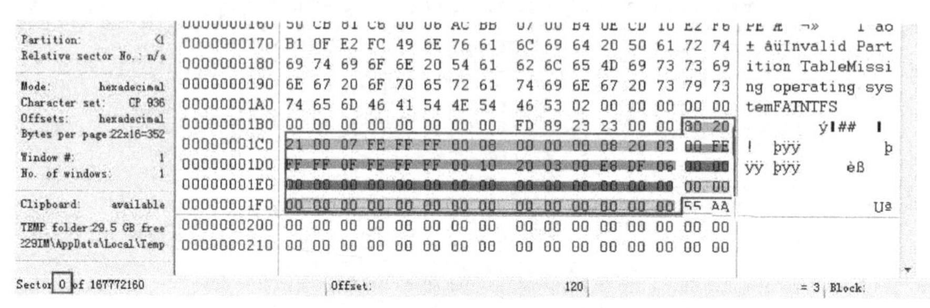

图3-42　MBR扇区的DPT

结束标志的作用。在执行MBR扇区的引导代码程序时，会验证MBR扇区最后两个字节是不是“55 AA”，若是则会执行下面的程序，若不是则程序停止执行，屏幕提示出错信息。

温馨提示

如果一块MBR扇区其他结构完好仅是结束标志“55 AA”被破坏，该硬盘的分区也是无法读取的，并且硬盘会成为“没有初始化”的状态。此时修复的最简单方法就是用Winhex软件打开硬盘，在MBR扇区的最后2个字节填上“55 AA”后保存修改，再重新加载硬盘则故障修复；千万不能在磁盘管理中对该硬盘进行初始化，若进行初始化操作将会清除DPT，分区也随之丢失。

4. DPT分析

DPT即磁盘分区表，将64个字节中以16个字节为一个分区表项来描述磁盘的分区情况，如图3-43所示。

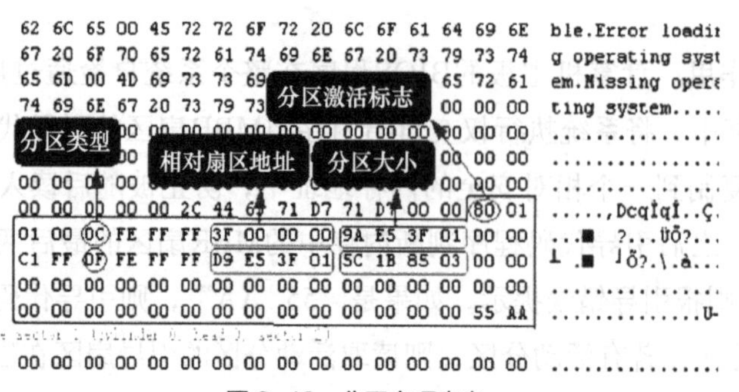

图3-43　分区表项意义

每个DPT的分区表项中的各位所表示的含义如下：

第1位为引导标志：其中值为80时表示为活动分区，值为00表示为非活动分区。

第2位为开始磁头。第3位为起始扇区。第4位为起始柱面。

第5位为分区的类型描述：07表示为NTFS文件系统，0B或0C表示为FAT32文件系统，0F表示为扩展分区。

第6位为结束磁头。第7位为结束扇区。第8位为结束柱面。第9～12位为分区的起始扇区。第13～16位表示分区的大小。

二、DBR简单分析

NTFS文件系统的引导扇区是$Boot的第一个扇区，习惯上都称该扇区为DBR扇区，它在操作系统的引导过程中起着至关重要的作用，当DBR扇区被破坏后，系统将不能正常启动。

NTFS文件系统的DBR扇区的结构，如图3-44所示，包括跳转指令、OEM代号、BPB参数、引导程序和结束标志。

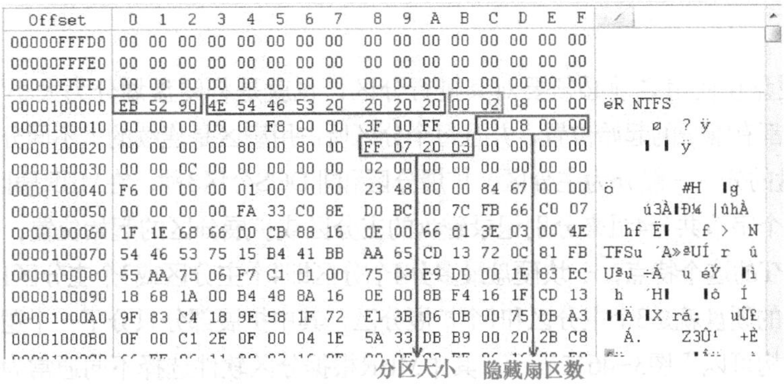

```
Offset      0  1  2  3  4  5  6  7   8  9  A  B  C  D  E  F
00000FFFD0  00 00 00 00 00 00 00 00  00 00 00 00 00 00 00 00
00000FFFE0  00 00 00 00 00 00 00 00  00 00 00 00 00 00 00 00
00000FFFF0  00 00 00 00 00 00 00 00  00 00 00 00 00 00 00 00
0000100000  EB 52 90 4E 54 46 53 20  20 20 20 00 02 08 00 00  ëR NTFS
0000100010  00 00 00 00 00 F8 00 00  3F 00 FF 00 00 08 00 00       ø  ? ÿ
0000100020  00 00 00 00 80 00 80 00  FF 07 20 03 00 00 00 00      ▌ ▌ ÿ
0000100030  00 00 0C 00 00 00 00 00  02 00 00 00 00 00 00 00
0000100040  F6 00 00 00 01 00 00 00  23 48 00 00 84 67 00 00  ö       #H  ▌g
0000100050  00 00 00 00 FA 33 C0 8E  D0 BC 00 7C FB 66 C0 07      ú3À▌Ð¼ |ûhÀ
0000100060  1F 1E 68 66 00 CB 88 16  0E 00 66 81 3E 03 00 4E    hf Ë▌   f >  N
0000100070  54 46 53 75 15 B4 41 BB  AA 65 CD 13 72 0C 81 FB  TFSu ´A»ªUÍ r  û
0000100080  55 AA 75 06 F7 C1 01 00  75 03 E9 DD 00 1E 83 EC  Uªu ÷Á  u éÝ  ▌ì
0000100090  18 68 1A 00 B4 48 8A 16  0E 00 8B F4 16 1F CD 13   h  ´H▌    ▌ô  Í
00001000A0  9F 83 C4 18 9E 58 1F 72  E1 3B 06 0B 00 75 DB A3  ▌▌Ä ▌X rá;    uÛ£
00001000B0  0F 00 C1 2E 0F 00 04 1E  5A 33 DB B9 00 20 2B C8    Á.    Z3Û¹  +È
```

分区大小　隐藏扇区数

图3-44　DBR扇区

跳转指令：它将程序执行流程跳转到引导程序处，从DBR的00H～02H处，共占3个字节即十六进制代码EB 52 90。

OEM代号：它的内容由创建该文件系统的OEM厂商具体设定，从DBR的03H～0AH处，共占8个字节，没有多少实际意思，可以用Winhex对其进行修改。

BPB（BIOS参数块）：即BIOS Parameter Block的缩写，从DBR的0BH偏移处开始到53H偏移处结束，共73个字节，共记录着文件系统的相关信息，具体偏移量的信息表示不同的意义，重点了解以下几个偏移量的实际含义。

0BH～0CH：每扇区字节数，即逻辑扇区的大小，通常为512字节，也可以是1024字节、2048字节和4096字节。

0DH～0DH：每簇扇区数，占1个字节，它记录着文件系统的簇大小，一般默认的每簇占8个扇区；并且在NTFS文件系统中所有的簇从0开始进行编号，即从分区的第一个扇区开始编簇号。

1CH～1FH：隐藏扇区数，占4个字节，表示分区之前所使用的扇区数，即主分区的MBR到分区DBR之间所占的扇区数，或扩展分区中的EBR到分区DBR之间的扇区数。

28H～2FH：扇区总数，是分区的总扇区数即分区的大小，在NTFS的BPB中记录的分区大小要比MBR的DPT中记录的分区大小少一个扇区，这一个扇区是留给DBR备份使用的。其中隐藏扇区数和分区大小的值在手工恢复MBR时非常重要。

引导程序：NTFS的DBR引导程序占用（54H～1FDH）共426个字节，负责完成将系统文件NTLDR装入，对于一个没有安装操作系统的分区，引导程序通常是无用的。

结束标志："55AA"用来标识DBR的结束。

温馨提示

如果一块MBR扇区中仅DPT被破坏，造成该硬盘的分区也是无法读取，硬盘处于"未分配"状态。此时修复的最简单方法就是用Winhex软件打开硬盘，通过查找各分区的DBR信息，从DBR中读取各分区的起始位置和分区大小及分区类型，分别填入到DBT的相应位置，重启计算机就可轻松实现分区的恢复。

三、认识磁盘的逻辑架构

一块新硬盘在使用之前必须要对其进行分区，也就是将硬盘划分为大小不一的逻辑区域，每个分区都有唯一的起始位置，并且每个分区所占用扇区是连续的，不同分区之间互不交错。MBR磁盘的分区一般分为主分区、扩展分区和非DOS分区3种，在MBR扇区（即0扇区）的DPT中用64个字节共分4组来分别记录磁盘的主分区或扩展分区的起始位置、分区大小等信息，正因为DPT的这个特点，一块硬盘最多分4个分区即4个主分区或3个主分区1个扩展分区。如图3-45所示的硬盘就是3个主分区和1个扩展分区，其中扩展部分只分了一个逻辑盘，则整个硬盘的逻辑结构可以用图3-46来表示。其中MBR根据分区软件选择不同通常为63个扇区，也有2 048个扇区的，各分区又由DBR扇区和数据区所组成，每个分区的DBR通常都会有一个与之完全相同的备份存于分区中。若是NTFS文件系统，则DBR扇区的备份是在本分区的最后一个扇区；若是FAT32文件系统，则DBR的备份会放在本分区DBR扇区后的第6个扇区位置处。对于主分区各个分区是连在一起的，扩展分区有自己MBR信息，通常称为EMBR，即扩展MBR，图3-46中的实线方框所表示的是主分区，虚线方框所表示的为扩展分区。

磁盘 2 基本 465.76 GB 联机	系统 (H:) 50.00 GB NTFS 状态良好 (活动, 主分区)	软件 (J:) 100.00 GB NTFS 状态良好 (主分区)	文档 (K:) 120.00 GB NTFS 状态良好 (主分区)	娱乐 (I:) 195.75 GB NTFS 状态良好 (逻辑驱动器)

图 3-45　三主一扩分区

MBR
DBR扇区
分区1数据
DBR扇区备份
DBR扇区
分区2数据
DBR扇区备份
DBR扇区
分区3数据
DBR扇区备份
EBR（虚拟MBR）
DBR扇区
分区4数据
DBR扇区备份

图 3-46　三主一扩磁盘逻辑结构

如果想多分几个盘，则只能通过扩展分区划分逻辑盘的形式来增加逻辑的磁盘数量。如图3-47所示，磁盘有1个主分区加1个扩展分区组成，再将扩展分区分3个逻辑盘，从而解决分区数量分割限制的问题。整个磁盘的逻辑结构如图3-48所示。

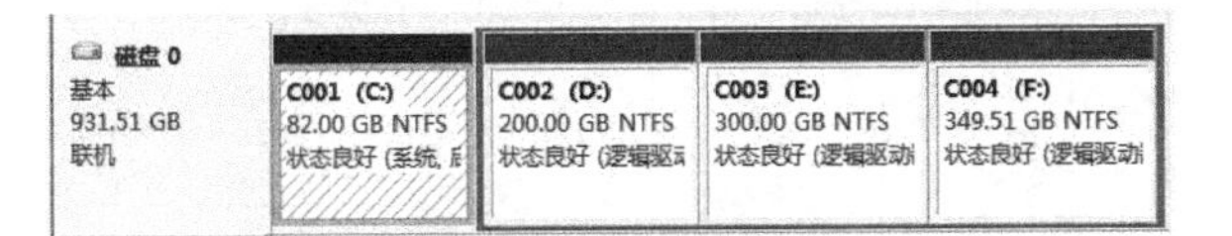

图 3-47 一主一扩三逻辑分区

图 3-48 一主三扩磁盘逻辑结构

从以上的两类硬盘分区类型可以得出这样的一个规律，像图3-45中前3个分区都是主分区，则它们共用一个MBR，且3个相同的主分区之间没有间隙，各个分区之间的分界线就是各分区的引导扇区。对于扩展分区则有自己的虚拟MBR，即EBR；EBR的结构类似于MBR的结构，但又和MBR有所区别，区别在于在扩展分区中划分逻辑盘时，每个逻辑分区间是有分区间隙的，即每个逻辑分区都有自己的虚拟MBR，且MBR中的分区表只记录本分区信息和指向与之相邻的下一分区的分区信息。可以通过Winhex打开两种不同类型的分区模式下的MBR及EBR的情形。如图3-49所示的MBR即是“一主分区+一扩展分区（三逻辑分区）”的情形，主分区的MBR从0扇区开始，分区间隙为1.0MB即1024KB，每扇区为512B，则1KB为2个扇区，所以分区间隙为2048个扇区。

WinHex - [Hard disk 0]

File Edit Search Navigation View Tools Specialist Options Window Help

Hard disk 0

Partitioning style: MBR　　0+0+5 files, 4 partitions

Name	Ext.	Size	Created	Modified	Accesse	Attr.	1st sector
Partition 1	NTFS	82.0 GB					2,048
Partition 2	NTFS	200 GB					171,972,608
Partition 3	NTFS	300 GB					591,407,104
Partition 4	NTFS	350 GB					1,220,556,800
Unpartitionable space		0.7 MB					1,953,523,712
Partition gap		1.0 MB					171,970,560
Partition gap		1.0 MB					591,405,056
Partition gap		1.0 MB					1,220,554,752
Start sectors		1.0 MB					0

分区间隙

Hard disk 0　Offset　0 1 2 3 4 5 6 7 8 9 10 11 12 13 14 15

00001048576　EB 52 90 4E 54 46 53 20 20 20 20 00 02 08 00 00　ëR NTFS

图 3-49 一主一扩的磁盘分区间隙

四、磁盘误Ghost操作分析

Ghost操作是指运用赛门铁克公司的Ghost软件将装好的操作系统进行镜像克隆从而对操作系统进行备份，在操作系统出现故障时可以通过备份的镜像文件对系统进行快速地恢复安装，可以有效地节约系统安装时间。

误Ghost操作是指用户在使用Ghost恢复系统时，选择了错误的选项所造成的非系统安装分区也被全部还原。正确的操作选择是“Local”→“Partition”→“From Image”，如图3-50所示，从弹出的选择文件的对话框中，找到指定路径的指定扩展名为“.GHO”的系统镜像文件，打开镜像文件后，再选择好需要通过还原安装系统的分区后，单击“OK”按钮后，系统即可自动实现安装且不会影响非系统所在的分区。错误操作的选择是“Local”→“Disk”→“From Image”，如图3-51所示。从弹出的选择文件对话框中，找到系统镜像文件，打开镜像文件后，再选择好需要通过原安装系统的磁盘后，单击“OK”按钮后，系统即可自动实现安装，但原磁盘的分区将会全部删除，整个磁盘将会变成一个分区，通常此操作过程称为误Ghost操作。

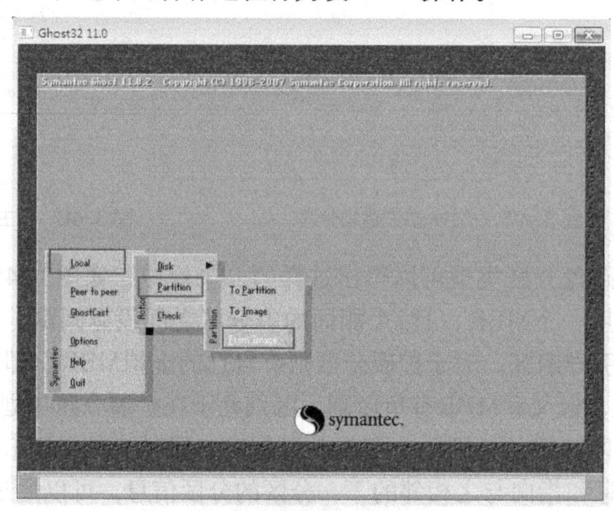

图3-50　从镜像文件到分区模式

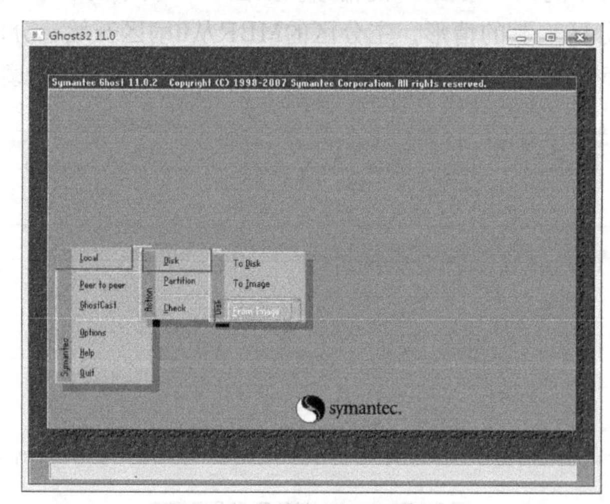

图3-51　从镜像文件到磁盘模式

误Ghost安装系统以后，用户的硬盘则会变成一个大小为整个硬盘大小的分区，原先的分区将全部丢失，原来其他分区的数据也无法直接查看。但实际上硬盘原来的第一个分区之后的分区还是存在的，如图3-52所示。只是因为主MBR的改变、原第一个分区DBR扇区被修改、原第一分区的大部分数据被重装系统时覆盖重写入新数据，后面几个分区的DBR及DBR备份、EBR、数据区是没有被覆盖重写的，只有找到原来分区DBR，通过DBR中的相关信息来回填主MBR的DPT，就能够将丢失的分区找回来，分区中的数据可以完全重现。

误Ghost前		误Ghost后		原始信息实际存在
MBR	发生改变	MBR	相同	MBR
DBR扇区		DBR扇区		DBR扇区
分区1数据		分区1数据		分区1数据
DBR扇区备份		误Ghost后		DBR扇区备份
DBR扇区				DBR扇区
分区2数据				分区2数据
DBR扇区备份				DBR扇区备份
DBR扇区				DBR扇区
分区3数据				分区3数据
DBR扇区备份				DBR扇区备份
EBR（虚拟MBR）				EBR（虚拟MBR）
DBR扇区				DBR扇区
分区4数据				分区4数据
DBR扇区备份		DBR扇区备份		DBR扇区备份

图 3-52 误 Ghost 前后磁盘逻辑结构

温馨提示

通过Ghost还原系统时，无论是对第一分区进行还原，还是误Ghost造成对整个磁盘进行还原，在还原系统时都会将大量的系统文件重新写入第一分区，造成对原有数据的覆盖，这样被覆盖部分的数据是无法进行恢复的，所以在安装系统时一定要先确定哪个分区的数据是不再需要的，以免造成不必要的损失。

任务1 磁盘提示初始化的修复

任务描述

客户：你好！这是一个故障硬盘，请你帮我修复一下好吗？

熊熊：您好！能描述一下故障现象吗？

客户：今天在计算机开机启动的过程中突然断电，通电后再次启动计算机，计算机显示“Dsik Boot Failure，Insert System Disk And Presenter.”，就停止在这个界面，无法正常启动系统。

熊熊：根据您的描述，我们先进行检测查找故障的类型，然后电话告知您修复需要的费用及时间，这样行吗？

客户：好的，谢谢！

任务分析

根据客户的描述，此硬盘的故障可能由两种原因所造成的。一是磁盘连接中有问题或数据线接触不良，造成磁盘不能正常读写；二是磁盘的系统所在分区的主引导记录损坏，造成分区丢失。在本任务中，将故障硬盘连接到数据恢复机，磁盘可以正常加载到数据恢复机上并提示磁盘需要初始化，说明接口是良好的；通过系统的磁盘管理控制台打开磁盘如图3-53所示，看到的一块“黑盘”，初步判断是主引导记录损坏造成分区的丢失。

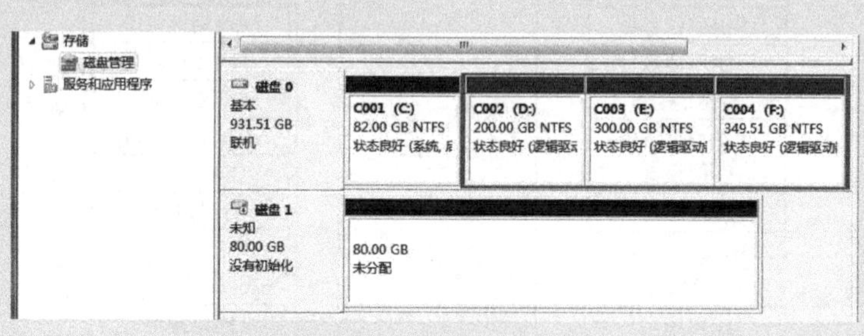

图 3-53　磁盘管理

任务实施

根据分析，故障是由主引导记录损坏所致，通过Disk Genius软件按照如下的步骤进行主引导记录的恢复。

步骤一：通过维修平台的磁盘管理查看故障硬盘。

从客户计算机上拆下硬盘，查看硬盘标签，了解硬盘品牌及型号，将硬盘接入维修平台，硬盘加电状态无异常，在“我的计算机”中没有发现新硬盘加入，进入磁盘管理，看到磁盘1无分区，如图3-54所示。

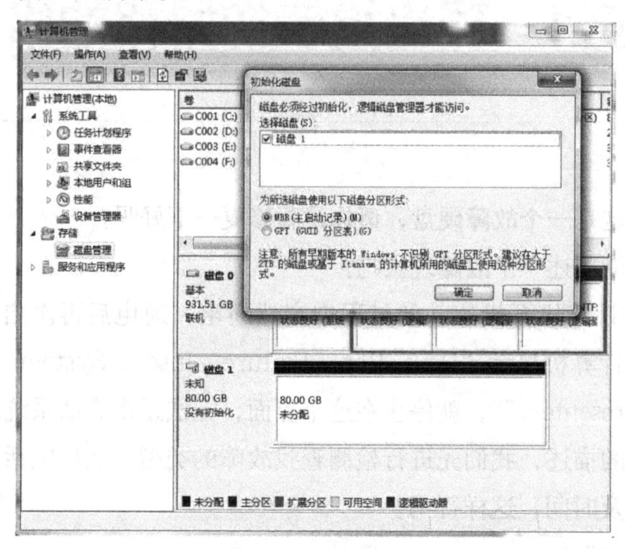

图 3-54　磁盘初始化

温馨提示

当磁盘由于种种原因造成MBR被破坏的故障盘，在接入到数据恢复机上时会提示磁盘需要初始化操作，此时千万不要进行初始化操作，否则会对MBR进行重建，对磁盘的数据恢复操作带来更大的困难。

步骤二：启动Disk Genius软件查看故障盘的扇区信息。

在图3-54中单击“取消”按钮，不要进行初始化。启动维修平台中的Disk Genius软件，在右边窗格中的HD1磁盘上单击鼠标右键，选择“打开16进制扇区编辑”打开如图3-55所示的扇区信息，发现磁盘1的0扇区全是“FF”，即MBR扇区被破坏。

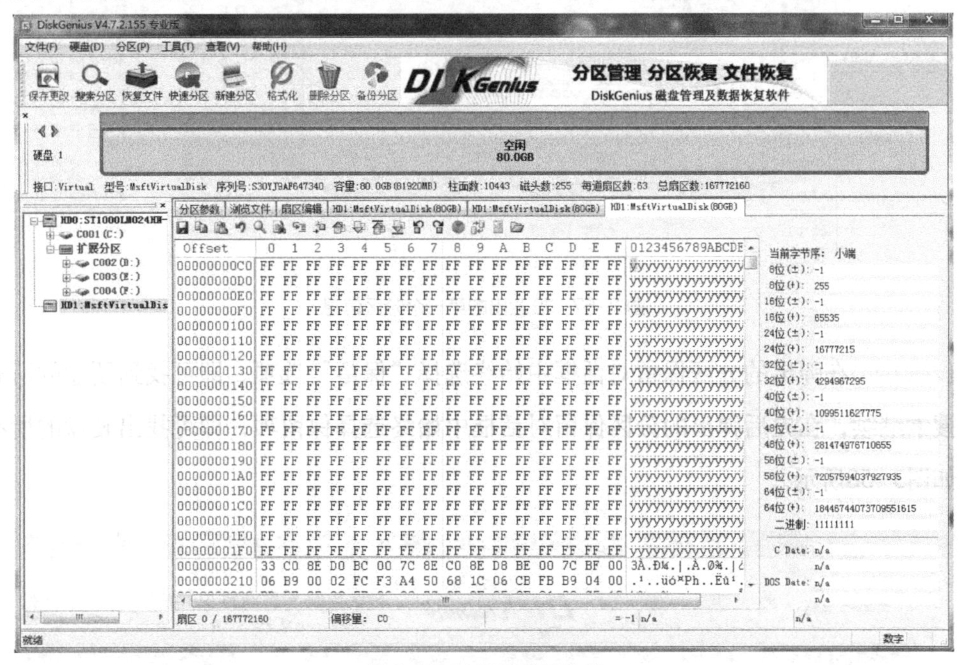

图3-55 MBR扇区信息

步骤三：利用“搜索分区”工具进行全盘搜索。

选中磁盘1后单击工具栏中的“搜索分区”按钮，弹出如图3-56所示的搜索分区范围选择对话框，选择“整个硬盘”后开始搜索。

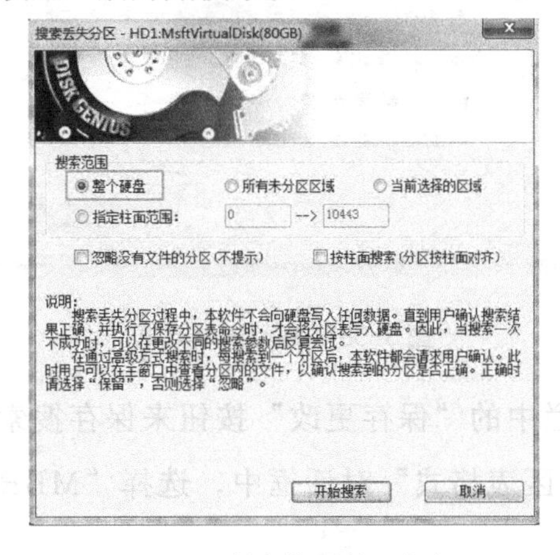

图3-56 搜索范围选择对话框

步骤四：搜索过程中出现第一个分区信息，如图3-57所示，单击“保留”按钮。

图 3-57 搜索出的第一个分区信息

步骤五：在弹出的分区保留对话框中始终选择“保留”选项，即可找到硬盘的所有分区，搜索继续，在先后弹出的分区保留对话框中始终选择保留项，即可找出硬盘的所有分区，如图3-58所示。

图 3-58 搜索完成提示框

步骤六：单击工具栏中的“保存更改”按钮来保存搜索到的分区。从弹出的如图3-59所示的“选择分区表格式”对话框中，选择“MBR”选项后单击“确定”按钮。

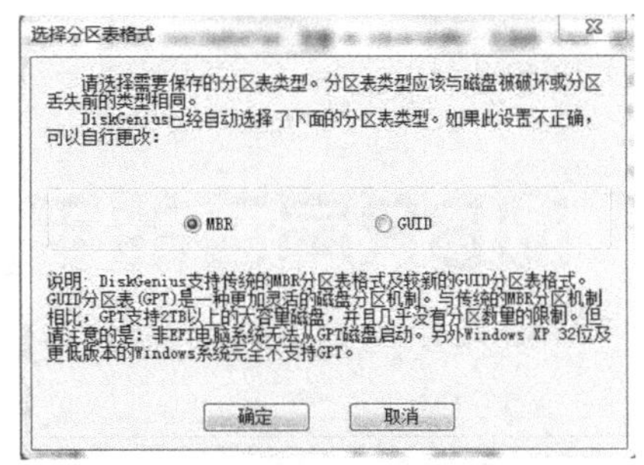

图 3-59　选择分区格式对话框

步骤七：在Windows资源管理器中确认已恢复的故障盘。

关闭Disk Genius，在Windows资源管理器中可以看到磁盘1被恢复的分区（G盘、H盘和I盘）及分区的数据也正常恢复，如图3-60所示。

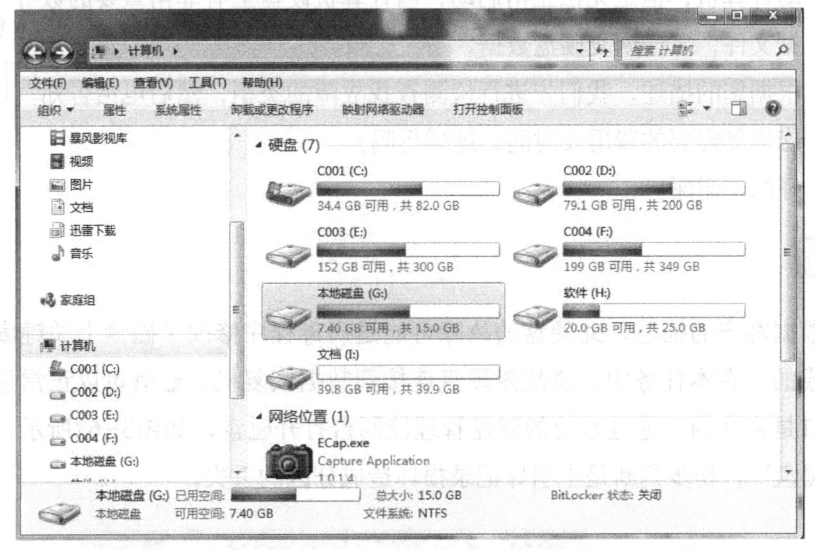

图 3-60　分区修复

步骤八：将成功恢复的硬盘接入客户机。

将修复的硬盘从维修平台取下，接入客户机，加电开机，顺利进入Windows 7操作系统的引导界面，如图3-61所示，至此硬盘完美恢复。

图 3-61　Windows 7 操作系统引导

任务2　MBR扇区的手工重建

任务描述

客户：你好！这是一个故障硬盘，请你帮我修复一下好吗？

熊熊：您好！能描述一下故障现象吗？

客户：今天从互联网上下载安装了一个小软件，安装结束后提示重新启动计算机，但是无法正常启动，因计算机硬盘上有非常重要的数据文件，急需恢复硬盘数据。

熊熊：根据您的描述，我们先进行检测查找故障的类型，然后电话告知您修复需要的费用及时间，这样行吗？

客户：好的，谢谢！

任务分析

根据客户的描述，此硬盘的故障可能是病毒程序修改了磁盘上关键扇区的数据造成的。在本任务中，将故障硬盘连接到数据恢复机，磁盘可以正常加载，说明接口是良好的；通过系统的磁盘管理控制台打开磁盘，如图3-62所示，看到一块“黑盘”，初步判断是主引导记录损坏造成分区的丢失。

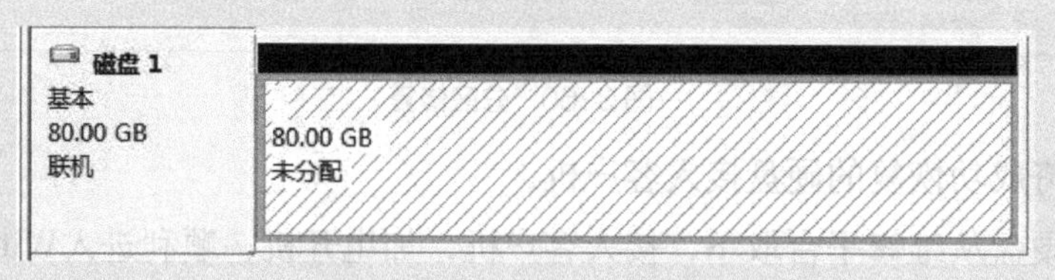

图3-62　未分配的“黑盘”

任务实施

根据分析，故障是由主引导记录损坏所致，通过Winhex数据编辑软件按照如下步骤进行主引导记录的恢复。

步骤一：通过Winhex软件查看故障硬盘MBR扇区信息。

从客户计算机上拆下硬盘，查看硬盘标签，了解硬盘品牌及型号，将硬盘接入维修平台，硬盘加电状态无异常，用Winhex打开硬盘，发现MBR扇区的DPT信息和结束标志全被病毒清零了，如图3-63所示。

```
Hard disk 1
Partitioning style: ?
Name            Ext.   Size     Created   Modified   Accessed   Attr.   1st sector
Partition 1     NTFS   25.0 GB                                          2,048
Partition 3     NTFS   27.0 GB                                          111,1...
Partition 2     NTFS   28.0 GB                                          52,43...
Partition gap          1.0 MB                                           167,7...
Start sectors          1.0 MB                                           0

Hard disk 1
Modelsft       Virtual Disk
Firmware Rev.:         1.0
Default Edit Mode
State:            original
Undo level:              0
Undo reverses:         n/a
Total capacity:    80.0 GB
  85,899,345,920 bytes
Bytes per sector:      512
Partition:              <1
Relative sector No.:   n/a
Mode:          hexadecimal
Character set:      CP 936
Offsets:       hexadecimal
Bytes per page:23x16=368
Window #:                1
No. of windows:          1
Clipboard:       available
TEMP folder:29.5 GB free
229IM\AppData\Local\Temp

Offset      0  1  2  3  4  5  6  7   8  9  A  B  C  D  E  F
00000000C0  AA 75 6E FF 76 00 E8 8D  00 75 17 FA B0 D1 E6 64   ªunÿv è  u ú°Ñæd
00000000D0  E8 83 00 B0 DF E6 60 E8  7C 00 B0 FF E6 64 E8 75   è  °ßæ`è| °ÿædèu
00000000E0  00 FB B8 00 BB CD 1A 66  23 C0 75 3B 66 81 FB 54    û, »Í f#Àu;f ûT
00000000F0  43 50 41 75 32 81 F9 02  01 72 2C 66 68 07 BB 00   CPAu2 ù  r,fh »
0000000100  00 66 68 00 02 00 00 66  68 08 00 00 00 66 53 66    fh    fh    fSf
0000000110  53 66 55 66 68 00 00 00  00 66 68 00 7C 00 00 66   SfUfh    fh |  f
0000000120  61 68 00 00 07 CD 1A 5A  32 F6 EA 00 7C 00 00 CD   ah   Í Z2öê |
0000000130  18 A0 B7 07 EB 08 A0 B6  07 EB 03 A0 B5 07 32 E4     · ë ¶ ë µ
0000000140  05 00 07 8B F0 AC 3C 00  74 09 BB 07 00 B4 0E CD     ð¬< t »
0000000150  10 EB F2 F4 EB FD 2B C9  E4 64 EB 00 24 02 E0 F8    ëòôëý+Éäd $
0000000160  24 02 C3 49 6E 76 61 6C  69 64 20 70 61 72 74 69   $ ÃInvalid parti
0000000170  74 69 6F 6E 20 74 61 62  6C 65 00 45 72 72 6F 72   tion table Error
0000000180  20 6C 6F 61 64 69 6E 67  20 6F 70 65 72 61 74 69    loading operati
0000000190  6E 67 20 73 79 73 74 65  6D 00 4D 69 73 73 69 6E   ng system Missin
00000001A0  67 20 6F 70 65 72 61 74  69 6E 67 20 73 79 73 74   g operating syst
00000001B0  65 6D 00 00 00 63 7B 9A  F9 18 98 8F 00 00 00 00   em   c{ ù
00000001C0  00 00 00 00 00 00 00 00  00 00 00 00 00 00 00 00
00000001D0  00 00 00 00 00 00 00 00  00 00 00 00 00 00 00 00
00000001E0  00 00 00 00 00 00 00 00  00 00 00 00 00 00 00 00
00000001F0  00 00 00 00 00 00 00 00  00 00 00 00 00 00 00 00
0000000200  00 00 00 00 00 00 00 00  00 00 00 00 00 00 00 00
0000000210  00 00 00 00 00 00 00 00  00 00 00 00 00 00 00 00
0000000220  00 00 00 00 00 00 00 00  00 00 00 00 00 00 00 00

Data Interpreter
8 Bit (?: -86
16 Bit (?: 30122
32 Bit (?: -9538134

Sector 0 of 167772160    Offset:    C0    = 170  Block:
```

图 3-63 清空的 DPT

步骤二：**通过数据解释器读出分区1的起始位置和大小。**

从Winhex的名称窗口可以看出此硬盘有3个丢失的NTFS分区，分别为25GB、28GB和27GB；在名称窗口单击“Partition 1”，则直接定位到分区1的DBR位置，从分区1的DBR扇区的1CH～1FH处读取了分区 1 的起始位置、28H～2FH处读取分区的大小；如图3-64所示，通过数据解释器读出分区1的起始位置为2 048、分区1大小为52 430 847。

```
Hard disk 1
Partitioning style: ?
Name            Ext.   Size     Created   Modified   Accessed   Attr.   1st sector
Partition 1     NTFS   25.0 GB                                          2,048
Partition 3     NTFS   27.0 GB                                          111,155,200
Partition 2     NTFS   28.0 GB                                          52,432,896
Partition gap          1.0 MB                                           167,770,112
Start sectors          1.0 MB                                           0

Hard disk 1
Modelsft       Virtual Disk
Firmware Rev.:         1.0
Default Edit Mode
State:            original
Undo level:              0
Undo reverses:         n/a
Total capacity:    80.0 GB
  85,899,345,920 bytes
Bytes per sector:      512
Partition:               1
Relative sector No.:     0
Mode:          hexadecimal
Character set:      CP 936

Offset      0  1  2  3  4  5  6  7   8  9  A  B  C  D  E  F
0000100000  EB 52 90 4E 54 46 53 20  20 20 20 00 02 08 00 00   ëR NTFS
0000100010  00 00 00 00 00 F8 00 00  3F 00 FF 00 00 08 00 00        ø   ? ÿ
0000100020  00 00 00 00 80 00 80 00  FF 07 20 03 00 00 00 00          ÿ
0000100030  00 00 0C 00 00 00 00 00  02 00 00 00 00 00 00 00
0000100040  F6 00 00 00 01 00 00 00  23 48 00 00 84 67 00 00
0000100050  00 00 00 00 FA 33 C0 8E  D0 BC 00 7C FB 68 C0 07
0000100060  1F 1E 68 66 00 CB 88 16  0E 00 66 81 3E 03 00 4E
0000100070  54 46 53 75 15 B4 41 BB  AA 55 CD 13 72 0C 81 FB
0000100080  55 AA 75 06 F7 C1 01 00  75 03 E9 DD 00 1E 83 EC   Uªu ÷Á  u éÝ   ì
0000100090  18 68 1A 00 B4 48 8A 16  0E 00 8B F4 16 1F CD 13    h  ´H    ô  Í
00001000A0  9F 83 C4 18 9E 58 1F 72  E1 3B 06 0B 00 75 DB A3     Ä  X rá;   uÛ£
00001000B0  0F 00 C1 2E 0F 00 04 1E  5A 33 DB B9 00 20 2B C8     Á.     Z3Û¹  +È
00001000C0  66 FF 06 11 00 03 16 0F  00 8E C2 FF 06 16 00 E8   fÿ        Âÿ   è
00001000D0  4B 00 2B C8 77 EF B8 00  BB CD 1A 66 23 C0 75 2D   K +Èwï¸ »Í f#Àu-

Data Interpreter
8 Bit (?: -1
16 Bit (?: 2047
32 Bit (?: 52430847

Sector 2048 of 167772160    Offset:    100028    = 255  Block:    n/a  Size:
```

图 3-64 DBR 中读取分区位置、大小信息

步骤三：编辑MBR扇区的DPT信息。

按<Ctrl+G>组合键，跳转到0扇区，即MBR扇区，在分区激活标志处填上80，在分区类型处填上NTFS分区类型标识07，在分区相对地址处通过“数据解释器”输入2048后按<Enter>键，分区大小处通过“数据解释器”输入分区大小52430847，如图3-65所示，即可实现分区1（Partition 1）的恢复。

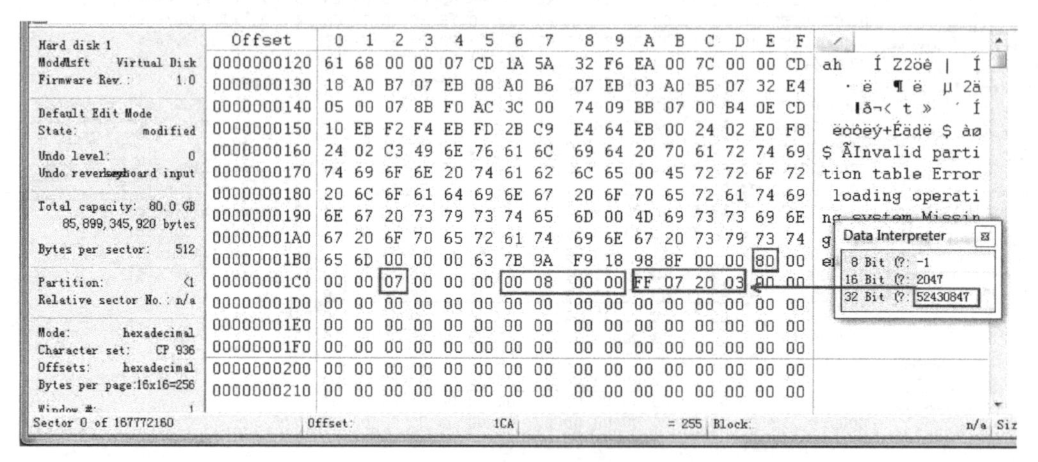

图3-65　分区DPT填写

步骤四：通过数据解释器分别读取Partition 2和Partition 3的大小。

在名称窗口单击“Partition 2”，定位到分区2的DBR中，通过数据解释器从DBR的对应位置读取分区的起始位置为52 432 896，分区2的大小为58 722 303；在名称窗口单击“Partition 3”，定位到分区3的DBR中，通过数据解释器从DBR的相应位置读取分区3的起始位置为111 155 200，分区3的大小为56 614 911。

步骤五：分别设置第2和第3分区的文件类型和大小。

按<Ctrl+G>组合键，跳回到0扇区，在DPT的第2分区文件类型处填入07，通过数据解释器填入分区2的起始位置为52 432 896，分区2的大小为58 722 303；在第3分区文件类型处填入07，通过数据解释器填入分区3的起始位置为111 155 200，分区3的大小为56 614 911，如图3-66所示。

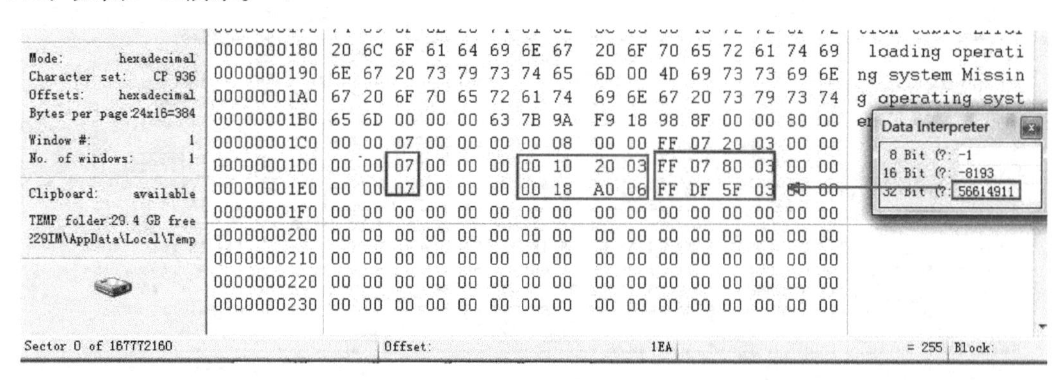

图3-66　分区DPT信息

步骤六：编辑扇区的结束标志。

在MBR扇区的最后两个字节处填上扇区的结束标志55AA后，保存信息，重启维修平台计算机，在磁盘管理中可以清楚地看到硬盘的3个分区，至此硬盘完美恢复，如图3-67所示。

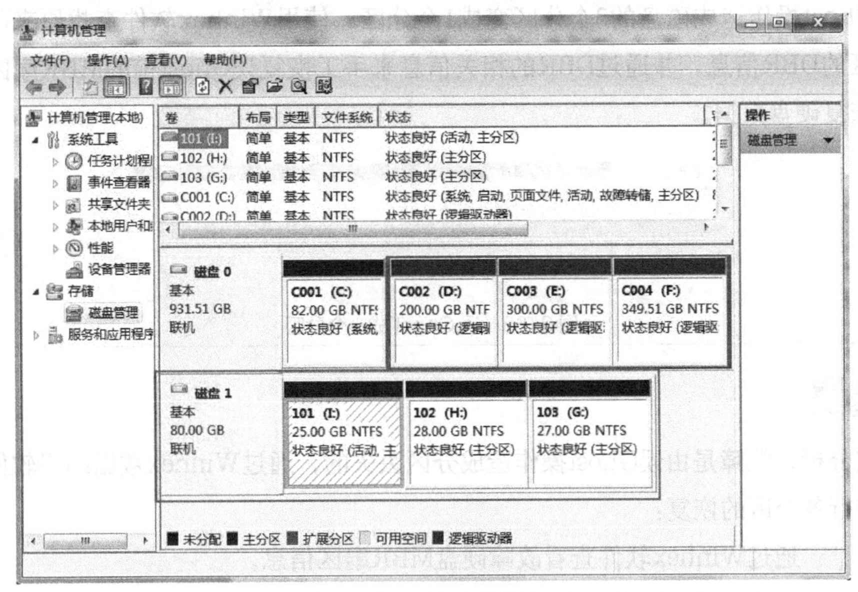

图3-67 磁盘管理器

任务3 磁盘系统误Ghost的修复

任务描述

客户：你好！这是一个故障硬盘，请你帮我修复一下好吗？

熊熊：您好！能描述一下故障现象吗？

客户：昨天计算机中病毒了，向朋友借了一个启动U盘来安装操作系统，在安装过程中由于误选择从镜像到磁盘，将磁盘变成一个区，但硬盘上有非常重要的数据文件，急需对硬盘进行数据恢复。

熊熊：根据您的描述，我们先进行检测查找故障的类型，然后电话告知您修复需要的费用及时间，这样行吗？

客户：好的，谢谢！

任务分析

根据客户的描述，在选用Ghost软件安装系统时，由于选择错误，误把系统还原安装到整个硬盘，原来500GB硬盘的3个分区变成1个分区了，如图3-68所示。

原硬盘的第二个分区和第三个分区中有非常重要的数据，要对硬盘进行恢复。本任务中，将故障硬盘连接到数据恢复机，磁盘可以正常加载；通过系统的磁盘管理控制台打开磁盘，如图3–68所示。看到的整个磁盘为一个分区。对于一块由于误Ghost操作造成磁盘的3个分区变成1个分区，使用Winhex软件查找原来硬盘各分区的DBR信息，并通过DBR的相关信息来手工恢复误Ghost前的MBR扇区信息来恢复硬盘数据。

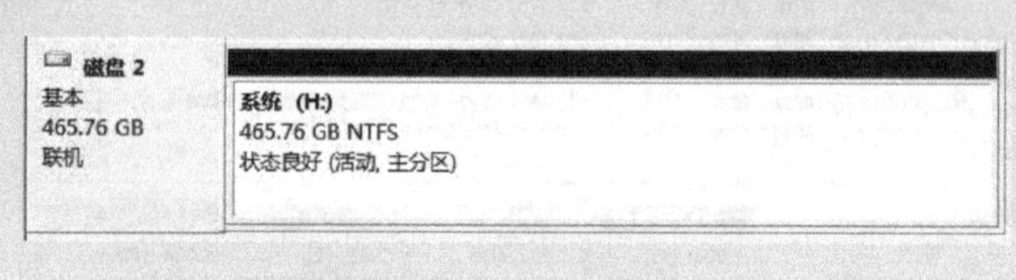

图3-68　误 Ghost 成一个分区

任务实施

根据分析，故障是由误Ghost操作造成分区丢失的，通过Winhex数据编辑软件按照如下步骤进行各分区的恢复：

步骤一：通过Winhex软件查看故障硬盘MBR扇区信息。

从客户计算机上拆下硬盘，查看硬盘标签，了解硬盘品牌及型号，将硬盘接入维修平台，硬盘加电状态无异常，用Winhex打开硬盘，发现磁盘只有一个分区，且MBR扇区的DPT中只有一个分区项，如图3–69所示。

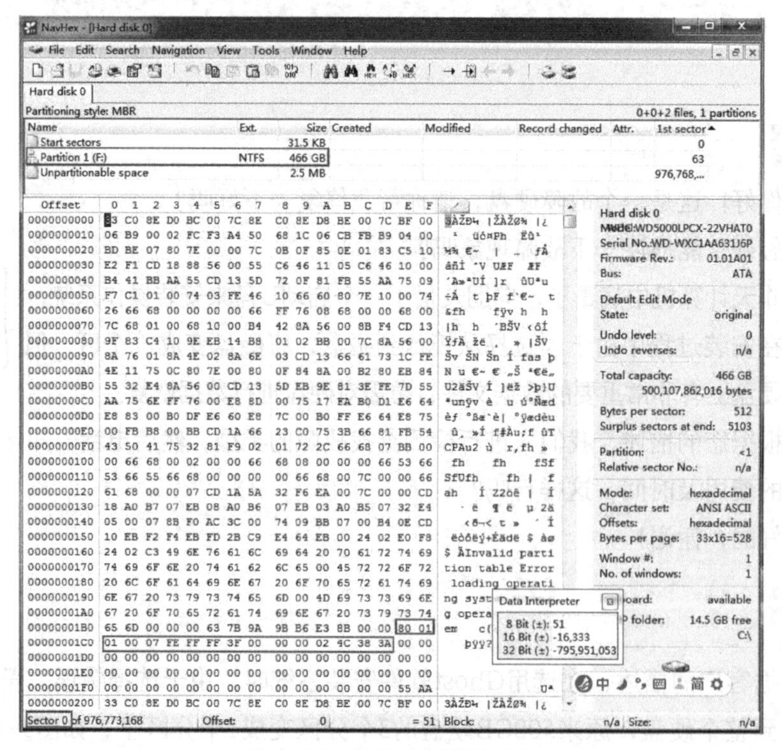

图3-69　误 Ghost 后的 DPT

步骤二：查找分区三的DBR扇区备份。

跳到最后一个扇区，按<Ctrl+Alt+X>组合键向上查找55AA，搜到如图3-70所示的DBR扇区，从28H偏移量处读到此分区的大小为383 272 959扇区，转换为十六进制为16D847FFH。

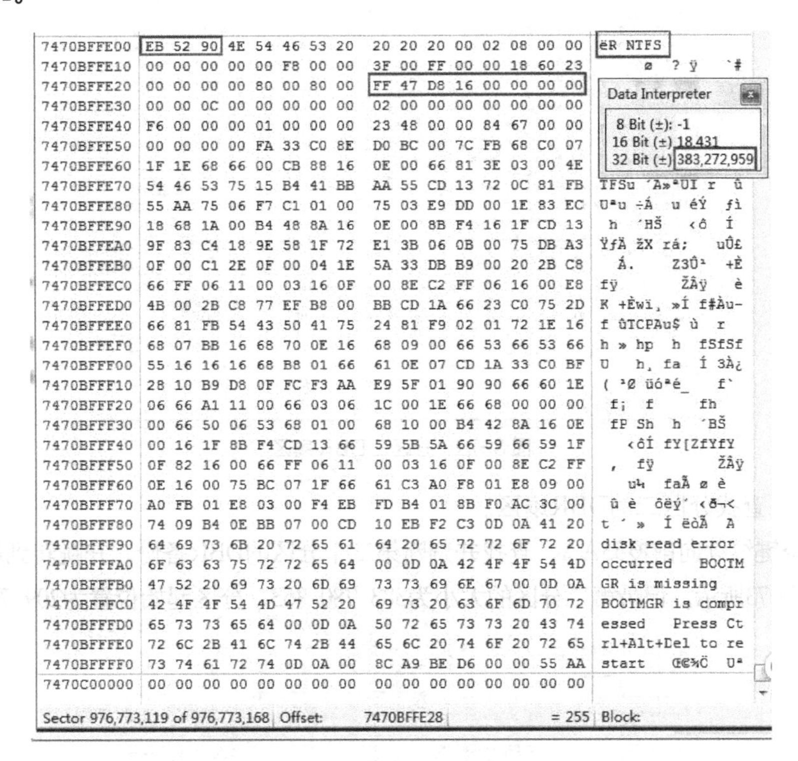

图3-70 分区三DBR扇区备份

步骤三：通过偏移量对话框设置跳转量。

按<Alt+G>组合键，打开如图3-71所示的偏移量对话框，从当前位置向前跳转16D847FFH个扇区。

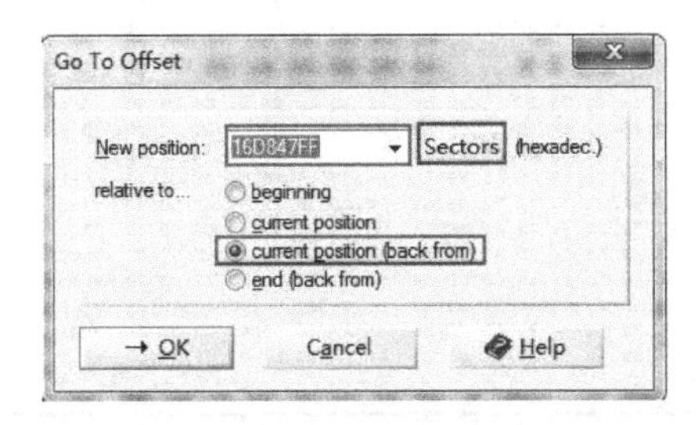

图3-71 跳转到偏移量对话框

步骤四：从分区大小判断此处是原磁盘第三分区的DBR的起始位置。

单击“OK”按钮，跳转到如图3-72所示的扇区，发现也是DBR扇区，则从28H偏移量处读取分区大小，若大小也是383 272 959，说明此处是原磁盘第三个分区的DBR起始位置，记录下此分区起始位置为593 500 160。

```
Offset      0  1  2  3  4  5  6  7   8  9  A  B  C  D  E  F
46C02FFFF0  73 74 61 72 74 0D 0A 00  8C A9 BE D6 00 00 55 AA
46C0300000  EB 52 90 4E 54 46 53 20  20 20 20 00 02 08 00 00
46C0300010  00 00 00 00 00 F8 00 00  3F 00 FF 00 00 18 60 23
46C0300020  00 00 00 00 80 00 80 00  FF 47 D8 16 00 00 00 00
46C0300030  00 00 0C 00 00 00 00 00  02 00 00 00 00 00 00 00
46C0300040  F6 00 00 00 01 00 00 00  23 48 00 00 84 67 00 00
46C0300050  00 00 00 00 FA 33 C0 8E  D0 BC 00 7C FB 68 C0 07
46C0300060  1F 1E 68 66 00 CB 88 16  0E 00 66 81 3E 03 00 4E
46C0300070  54 46 53 75 15 B4 41 BB  AA 55 CD 13 72 0C 81 FB
46C0300080  55 AA 75 06 F7 C1 01 00  75 03 E9 DD 00 1E 83 EC
46C0300090  18 68 1A 00 B4 48 8A 16  0E 00 8B F4 16 1F CD 13
46C03000A0  9F 83 C4 18 9E 58 1F 72  E1 3B 06 0B 00 75 DB A3
46C03000B0  0F 00 C1 2E 0F 00 04 1E  5A 33 DB B9 00 20 2B C8
46C03000C0  66 FF 06 11 00 03 16 0F  00 8E C2 FF 06 16 00 E8
46C03000D0  4B 00 2B C8 77 EF B8 00  BB CD 1A 66 23 C0 75 2D
46C03000E0  66 81 FB 54 43 50 41 75  24 81 F9 02 01 72 1E 16
46C03000F0  68 07 BB 16 68 70 0E 16  68 09 00 66 53 66 53 66
46C0300100  55 16 16 16 68 B8 01 66  61 0E 07 CD 1A 33 C0 BF
46C0300110  28 10 B9 D8 0F FC F3 AA  E9 5F 01 90 90 66 60 1E
46C0300120  06 66 A1 11 00 66 03 06  1C 00 1E 66 68 00 00 00
46C0300130  00 66 50 06 53 68 01 00  68 10 00 B4 42 8A 16 0E
46C0300140  00 16 1F 8B F4 CD 13 66  59 5B 5A 66 59 66 59 1F
46C0300150  0F 82 16 00 66 FF 06 11  00 03 16 0F 00 8E C2 FF
46C0300160  0E 16 00 75 BC 07 1F 66  61 C3 A0 F8 01 E8 09 00
46C0300170  A0 FB 01 E8 03 00 F4 EB  FD B4 01 8B F0 AC 3C 00
46C0300180  74 09 B4 0E BB 07 00 CD  10 EB F2 C3 0D 0A 41 20
46C0300190  64 69 73 6B 20 72 65 61  64 20 65 72 72 6F 72 20   disk read error
46C03001A0  6F 63 63 75 72 72 65 64  00 0D 0A 42 4F 4F 54 4D   occurred   BOOTM
46C03001B0  47 52 20 69 73 20 6D 69  73 73 69 6E 67 00 0D 0A   GR is missing
46C03001C0  42 4F 4F 54 4D 47 52 20  69 73 20 63 6F 6D 70 72   BOOTMGR is compr
46C03001D0  65 73 73 65 64 00 0D 0A  50 72 65 73 73 20 43 74   essed   Press Ct
46C03001E0  72 6C 2B 41 6C 74 2B 44  65 6C 20 74 6F 20 72 65   rl+Alt+Del to re
46C03001F0  73 74 61 72 74 0D 0A 00  8C A9 BE D6 00 00 55 AA   start
46C0300200  07 00 42 00 4F 00 4F 00  54 00 4D 00 47 00 52 00

Data Interpreter
8 Bit (±): -1
16 Bit (±) 18,431
32 Bit (±) 383,272,959

Sector 593,500,160 of 976,773,168  Offset: 46C0300028  = 255  Block:
```

图 3-72　分区三 DBR 扇区

步骤五：查找分区二的DBR扇区。

按<F3>键继续向前搜55AA，查找并判断第二个分区的DBR备份，并跳转到DBR的原始位置，如图3-73所示。记录第二分区的大小为383 780 863，分区起始位置为209 719 296。

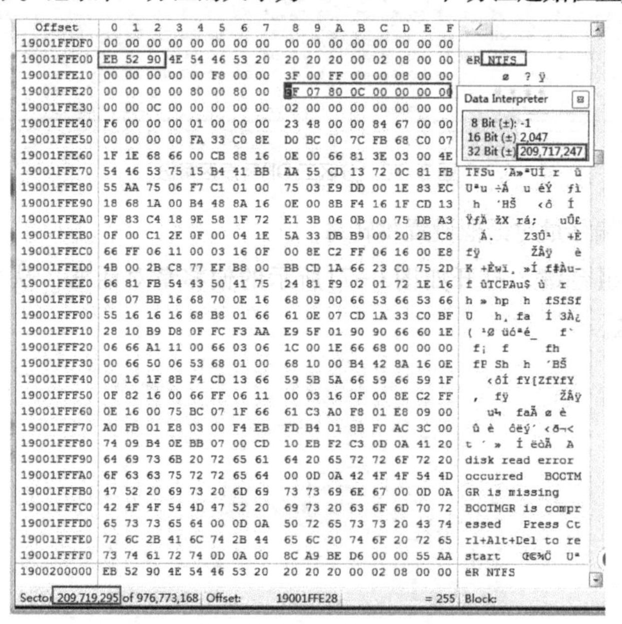

```
Offset      0  1  2  3  4  5  6  7   8  9  A  B  C  D  E  F
19001FFDF0  00 00 00 00 00 00 00 00  00 00 00 00 00 00 00 00
19001FFE00  EB 52 90 4E 54 46 53 20  20 20 20 00 02 08 00 00
19001FFE10  00 00 00 00 00 F8 00 00  3F 00 FF 00 00 08 00 00
19001FFE20  00 00 00 00 80 00 80 00  FF 07 80 0C 00 00 00 00
19001FFE30  00 00 0C 00 00 00 00 00  02 00 00 00 00 00 00 00
19001FFE40  F6 00 00 00 01 00 00 00  23 48 00 00 84 67 00 00
19001FFE50  00 00 00 00 FA 33 C0 8E  D0 BC 00 7C FB 68 C0 07
19001FFE60  1F 1E 68 66 00 CB 88 16  0E 00 66 81 3E 03 00 4E
19001FFE70  54 46 53 75 15 B4 41 BB  AA 55 CD 13 72 0C 81 FB
19001FFE80  55 AA 75 06 F7 C1 01 00  75 03 E9 DD 00 1E 83 EC
19001FFE90  18 68 1A 00 B4 48 8A 16  0E 00 8B F4 16 1F CD 13
19001FFEA0  9F 83 C4 18 9E 58 1F 72  E1 3B 06 0B 00 75 DB A3
19001FFEB0  0F 00 C1 2E 0F 00 04 1E  5A 33 DB B9 00 20 2B C8
19001FFEC0  66 FF 06 11 00 03 16 0F  00 8E C2 FF 06 16 00 E8
19001FFED0  4B 00 2B C8 77 EF B8 00  BB CD 1A 66 23 C0 75 2D
19001FFEE0  66 81 FB 54 43 50 41 75  24 81 F9 02 01 72 1E 16
19001FFEF0  68 07 BB 16 68 70 0E 16  68 09 00 66 53 66 53 66
19001FFF00  55 16 16 16 68 B8 01 66  61 0E 07 CD 1A 33 C0 BF
19001FFF10  28 10 B9 D8 0F FC F3 AA  E9 5F 01 90 90 66 60 1E
19001FFF20  06 66 A1 11 00 66 03 06  1C 00 1E 66 68 00 00 00
19001FFF30  00 66 50 06 53 68 01 00  68 10 00 B4 42 8A 16 0E
19001FFF40  00 16 1F 8B F4 CD 13 66  59 5B 5A 66 59 66 59 1F
19001FFF50  0F 82 16 00 66 FF 06 11  00 03 16 0F 00 8E C2 FF
19001FFF60  0E 16 00 75 BC 07 1F 66  61 C3 A0 F8 01 E8 09 00
19001FFF70  A0 FB 01 E8 03 00 F4 EB  FD B4 01 8B F0 AC 3C 00
19001FFF80  74 09 B4 0E BB 07 00 CD  10 EB F2 C3 0D 0A 41 20
19001FFF90  64 69 73 6B 20 72 65 61  64 20 65 72 72 6F 72 20   disk read error
19001FFFA0  6F 63 63 75 72 72 65 64  00 0D 0A 42 4F 4F 54 4D   occurred   BOOTM
19001FFFB0  47 52 20 69 73 20 6D 69  73 73 69 6E 67 00 0D 0A   GR is missing
19001FFFC0  42 4F 4F 54 4D 47 52 20  69 73 20 63 6F 6D 70 72   BOOTMGR is compr
19001FFFD0  65 73 73 65 64 00 0D 0A  50 72 65 73 73 20 43 74   essed   Press Ct
19001FFFE0  72 6C 2B 41 6C 74 2B 44  65 6C 20 74 6F 20 72 65   rl+Alt+Del to re
19001FFFF0  73 74 61 72 74 0D 0A 00  8C A9 BE D6 00 00 55 AA   start
1900200000  EB 52 90 4E 54 46 53 20  20 20 20 00 02 08 00 00

Data Interpreter
8 Bit (±): -1
16 Bit (±) 2,047
32 Bit (±) 209,717,247

Sector 209,719,295 of 976,773,168  Offset: 19001FFE28  = 255  Block:
```

图 3-73　分区二 DBR 扇区

步骤六：查找分区一的DBR扇区。

继续向前搜55AA，查找DBR扇区，查找到如图3-74所示的DBR扇区，此扇区为原磁盘第一分区的DBR备份，从28H偏移量读出分区的大小为209 717 247，从1CH处读出第一分区的DBR起始位置为2 048。

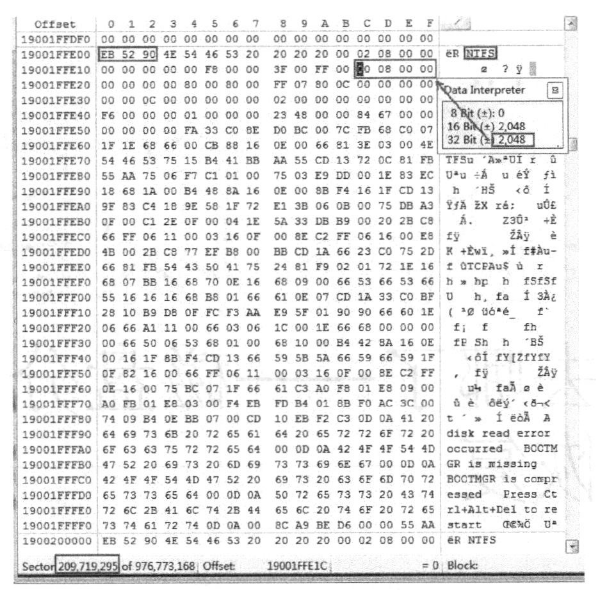

图 3-74 分区一 DBR 扇区

步骤七：记录下搜索到的各分区的起始位置和大小通过以上搜索DBR的过程，并记录下来如图3-75所示的各分区的起始位置和大小，跳转到MBR扇区，用这些值来填DPT的值。

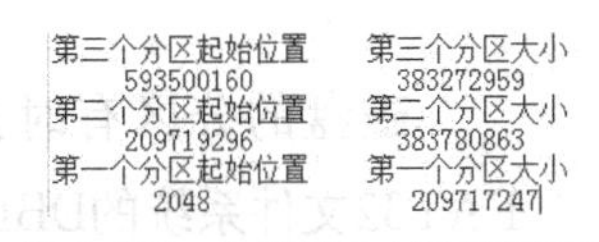

图 3-75 各分区大小及起始扇区

步骤八：设置MBR扇区的DPT 3个分区类型、分区起始位置处和分区大小。

通过数据解释器，在MBR扇区的DPT 3个分区分区类型、分区起始位置和分区大小处分别填写上述值，如图3-76所示。

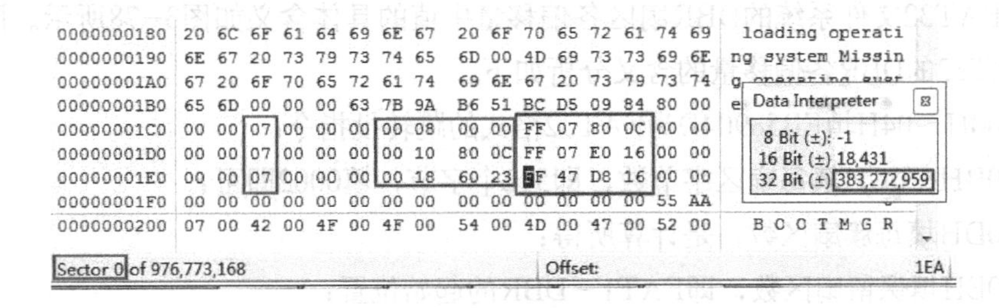

图 3-76 恢复后的 DPT

步骤九：保存修改的数据，完成分区恢复。

所有信息填写完以后，保存对数据的修改，重新启动计算机，会弹出一个磁盘需要格式化，直接格式化就可以了，由于误Ghost操作进行数据重写覆盖，原来磁盘的第一分区将会丢失，无法恢复，最终恢复后的磁盘如图3-77所示。

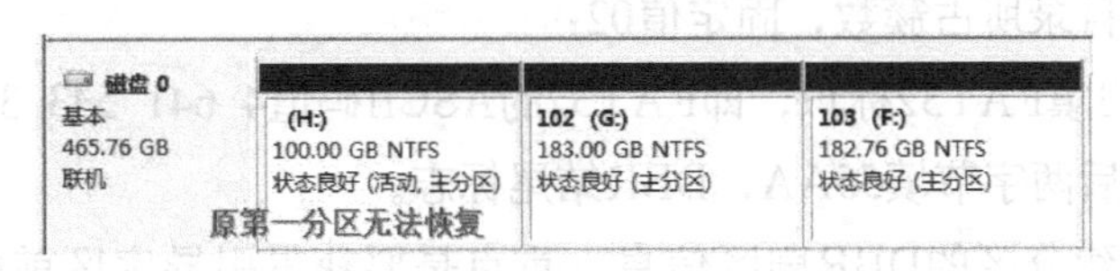

图 3-77 恢复后的分区

PROJECT 3 项目3

分区去哪了——磁盘分区数据恢复

磁盘的分区有时会看不见了，从而造成数据丢失。本项目主要讲解NTFS、FAT32文件系统的DBR恢复方法；磁盘的格式化恢复方法及数据删除的恢复方法。

知识准备

一、FAT32文件系统DBR分析

FAT32文件系统的DBR扇区各偏移量中值的具体含义如图3-78所示。图3-78中的FAT32的DBR各偏移量的含义分析如下。

00H～04H填EB58904D为FAT32格式的跳转批指令；

0BH～0CH填每扇区字节数，即512个字节，填0002即可；

0DH填每簇扇区数，是计算所得；

0EH填保留扇区数，即FAT1－DBR的起始位置；

10H填FAT表个数，即02；

15H填媒体类型，固定值F8；

1CH～1FH填DBR前面已用扇区数；

20H～23H填分区的实际大小；

24H～28H填FAT大小，即每FAT占用的扇区数；

2CH填根目录所占簇数，固定值02；

52H～56H填FAT32标识，即FAT32的ASCII码值4 641 543 332；

扇区的最后两字节填55AA，DBR结尾标志。

要手工重建分区的DBR扇区信息，重点是要获得引导扇区前面已用的扇区数、分区的实际大小、每FAT占用的扇区数、每簇扇区数、保留扇区数这5个值。

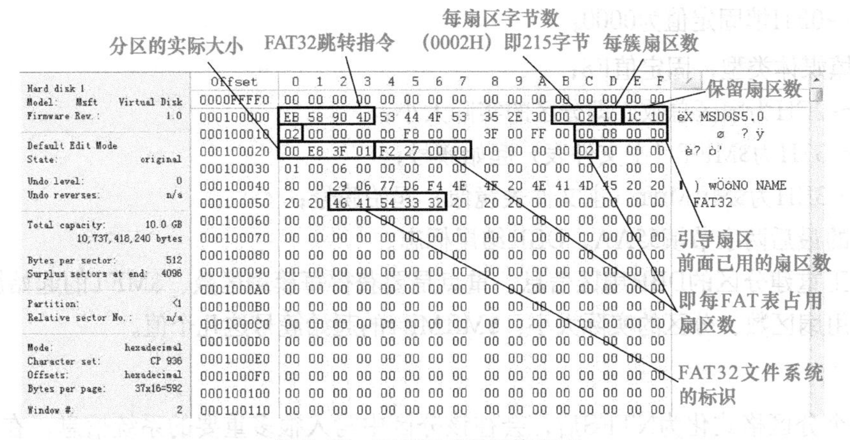

图 3-78　FAT32 文件系统 DBR

二、NTFS文件系统的DBR分析

NTFS文件系统的DBR扇区各偏移量中值的具体含义如图3-79所示。图3-79中NTFS的DBR各关键偏移量的含义分析如下。

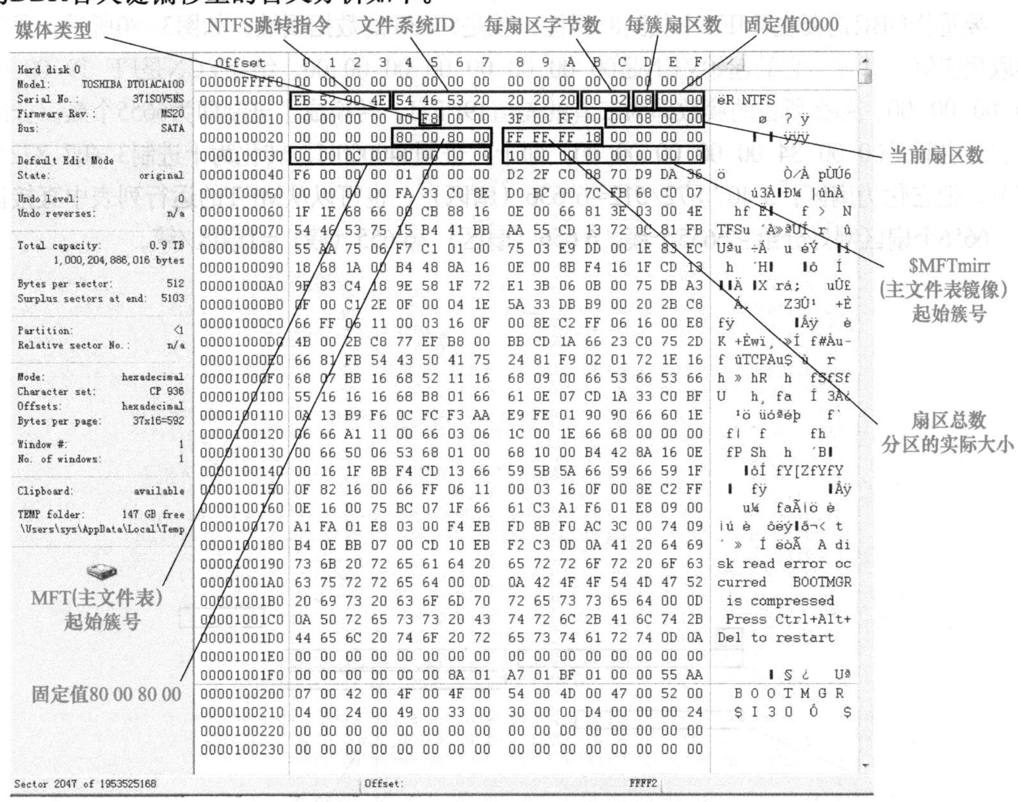

图 3-79　NTFS 文件系统 DBR

00H～04H填EB5290为NTFS文件系统DBR的跳转批指令；

03H～0AH为文件系统ID号；

0BH～0CH填每扇区字节数，即512个字节，填0002即可；

0DH填每簇扇区数，可以从$Boot扇区读到；

0EH～0FH填固定值为0000；

15H填媒体类型，固定值F8；

28H～2FH为扇区总数，即分区的实际大小；

30H～37H为$MFT（主文件表）起始簇号；

38H～3EH为$MftMirr（主文件表镜像）起始簇号；

扇区的最后两字节填55AA，DBR结尾标志。

要手工重建分区的DBR扇区信息，重点是要获得每簇扇区数、$MFT的起始簇号、分区前面已用扇区数、分区的实际大小、$MftMirr的起始簇号这几个值。

三、$MFT元文件分析

在一个分区格式化为NTFS后，会往该分区中写入很多重要的系统信息，在NTFS文件系统中称为元文件。元文件用户是不能访问的，文件名第一个字符为“$”，文件隐藏且用户无法访问和修改。$MFT文件是主文件表本身，是每个文件的索引；$MFTMirr文件是MFT镜像，是主文件表的部分镜像。

1. 每簇扇区数计算

要重构DBR需要在$MFT中找到80属性，就是$MFT的数据属性，如图3-80所示，通过读取相应值来计算。它的起始VCN是00 00 00 00 00 00 00 00，结束VCN是FF 19 00 00 00 00 00 00。那么所占的簇数即为二者的差值19FFH，转换成十进制即为6655个簇。分配给它的空间是00 00 34 00 00 00 00 00，即十六进制340000H，转化为十进制3 407 872个字节，把它化为扇区：3 407 872/512=6 656（扇区），也可以从MFT的运行列表中直接读取。6656个扇区刚好分给它6655个簇，6 656（扇区）/6 655（簇）=1扇区/簇。

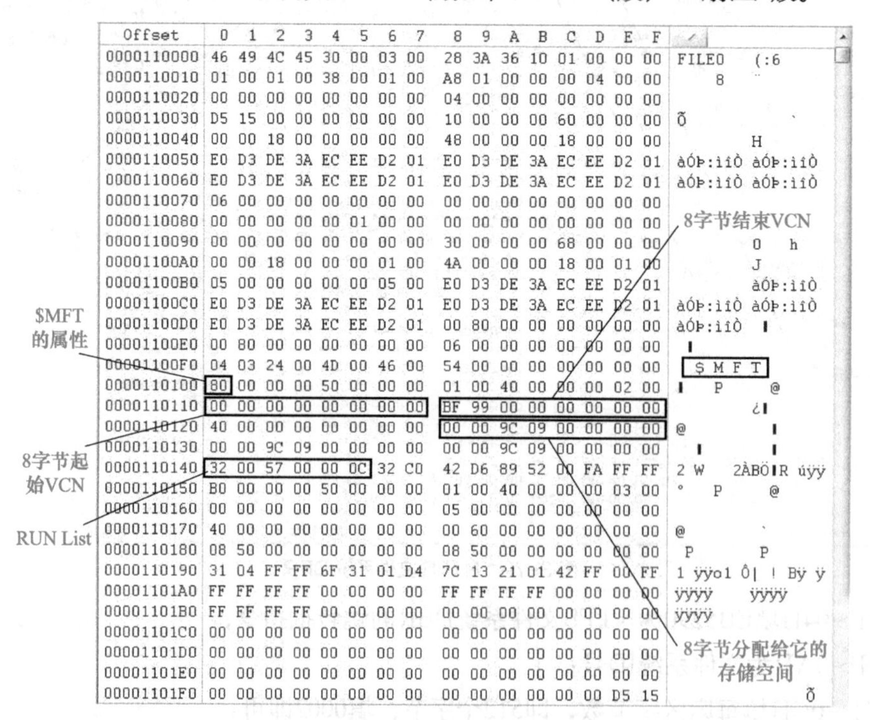

图3-80　MFT扇区

2. $MFT运行列表（Run List）

MFT的80H属性的最后部分是运行列表，如图3−81所示。在运行列表中记录了$MFT所占的簇数，用于计算每簇扇区数，同时记录了$MFT在分区中的起始簇号，如图3−82所示。

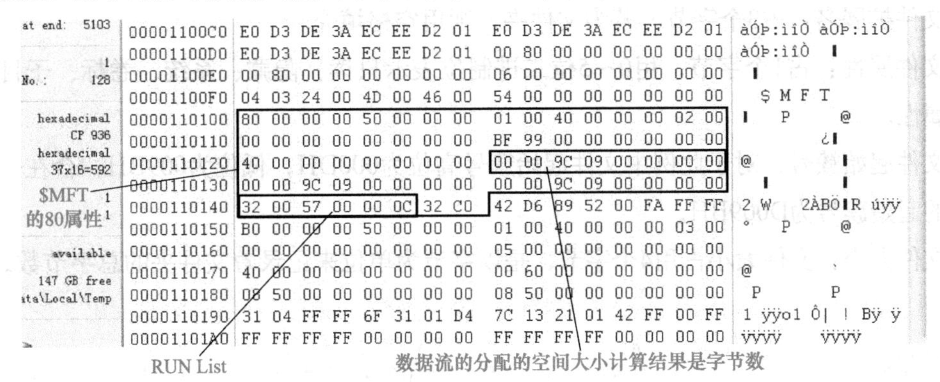

图3-81　MFT的80属性

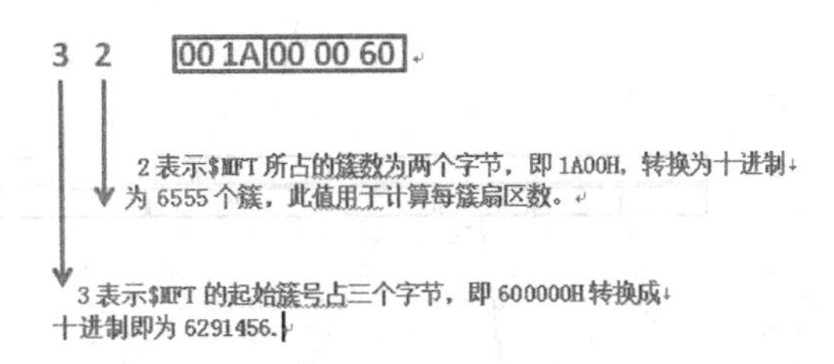

图3-82　Run List分析

3. $MFTMirrr运行列表（Run List）

$MFTMirr的80H属性的最后部分是运行列表，如图3−83所示。在运行列表中记录了$MFTMirr所占的簇数，同时记录了$MFTMirr在分区中的起始簇号；图3−83中执行列表为11 01 02，11表示$MFTMirr占（01）1个的簇数，$MFTMirr的起始簇号为（02）2号簇。

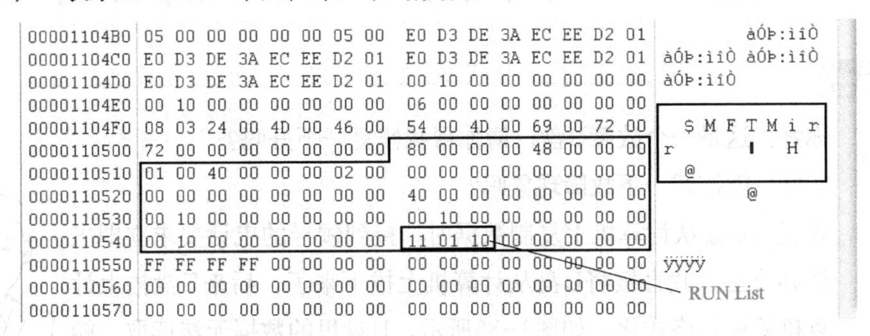

图3-83　MFT镜像的Run List

四、FAT32文件系统目录项分析

下面重点来分析短文件名目录项，一条文件目录项占32个字节，在Winhex中看也就是两行数据，如图3−84所示，各字段的具体含义如下。

主文件名：占8个字节，若文件名用不完8个节节，后面用空格（即20H）填充，且第一字节还用来表示目录项的分配状态，“00”表示该目录项从未使用过；“E5”表示目录项曾经使用过，目前已删除文件。

文件扩展名：占3个字节，若为文件夹，则用空格填充。

文件属性：占1个字节，用0～5位二进制位表示只读、隐藏、系统、卷标、子目录和存档属性。

文件起始簇号：对于此例中文件起始簇号高位为000DH，低位为009BH，合在一起即文件的起始簇号为D009BH。

文件大小：文件大小占用4个字节，是以字节为单位来记录着文件夹的总字节数。

主文件名　文件的扩展名　文件属性　文件创建时间

Hard disk 1
Model: Msft Virtual Disk
Firmware Rev.: 1.0
Default Edit Mode
State: original
Undo level: 0
Undo reverses: n/a
Total capacity: 10.0 GB
10,737,418,240 bytes
Bytes per sector: 512
Surplus sectors at end: 4096
Partition: 1
Relative sector No.: 17022784
Mode: hexadecimal
Character set: CP 936
Sector 17024832 of 20971520

Offset	0	1	2	3	4	5	6	7	8	9	A	B	C	D	E	F	
2078E7F60	41	B5	6B	51	52	1F	4F	2E	00	6A	00	0F	00	D2	70	00	AµkQR O. j Òp
2078E7F70	67	00	00	00	FF	FF	FF	FF	FF	FF	00	00	FF	FF	FF	FF	g ÿÿÿÿÿÿ ÿÿÿÿ
2078E7F80	B6	CE	BD	A3	CE	B0	20	20	4A	50	47	20	00	65	72	6F	¶Î½£Î° JPG ero
2078E7F90	8D	4A	D2	4A	0D	00	1A	65	8D	4A	8C	08	16	7C	02	00	JÒJ e J |
2078E7FA0	41	B5	6B	51	52	1F	4F	FD	56	5B	8D	0F	00	CA	C1	88	AµkQR OýV[ÊÁ
2078E7FB0	24	52	2E	00	6A	00	70	00	67	00	00	00	00	00	FF	FF	$R. j p g ÿÿ
2078E7FC0	B6	CE	BB	A3	CE	B0	7E	31	4A	50	47	20	00	66	72	6F	¶Î»£Î°~1JPG fro
2078E7FD0	8D	4A	D1	4A	0D	00	CE	68	8D	4A	A6	00	CD	BA	02	00	JÑJ Îh J¦ Íº
2078E7FE0	32	30	31	37	30	36	30	37	44	4F	43	20	10	65	72	6F	20170607DOC ero
2078E7FF0	8D	4A	D2	4A	0D	00	07	69	8D	4A	9B	00	00	2C	00	00	JÒJ i J ,
2078E8000	00	00	00	00	00	00	00	00	00	00	00	00	00	00	00	00	
2078E8010	00	00	00	00	00	00	00	00	00	00	00	00	00	00	00	00	
2078E8020	00	00	00	00	00	00	00	00	00	00	00	00	00	00	00	00	
2078E8030	00	00	00	00	00	00	00	00	00	00	00	00	00	00	00	00	
2078E8040	00	00	00	00	00	00	00	00	00	00	00	00	00	00	00	00	

Offset: 2078E8046 = 0 Block: 2078E7FB0 - 2078E7FB0 Size:

文件大小（字节）

文件创建日期　文件最近访问日期　文件起始簇号高位　文件修改时间　文件修改日期　文件起始簇号低位

图 3-84　FAT32 目录项

任务1　FAT32文件系统DBR扇区的恢复

任务描述

客户：你好！这是一个故障U盘，请你帮我修复一下好吗？

熊熊：您好！能描述一下故障现象吗？

客户：昨天用U盘从计算机上复制数据时，接到领导的电话要求立即去他办公室，我直接将U盘从计算机上拔下来了，后来U盘插上计算机后提示格式化，如图3-85所示，U盘里的数据无法读取，能帮我恢复出来吗？

熊熊：根据您的描述，我们先进行检测查找故障的类型，然后电话告知您修复需要的费用及时间，这样行吗？

客户：好的，谢谢！

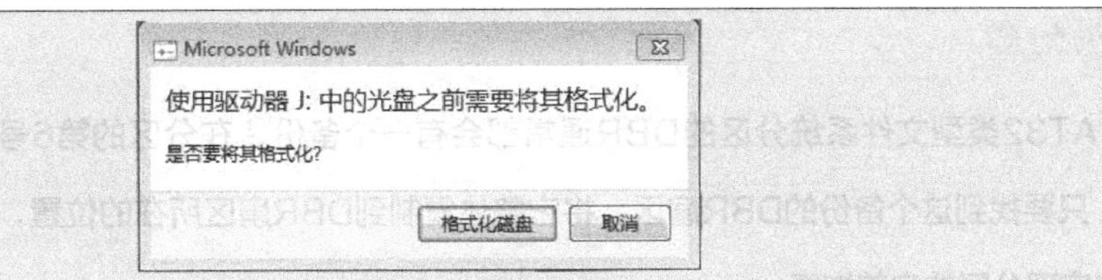

图 3-85 磁盘提示格式化

任务分析

根据客户的描述，磁盘提示格式化，大多数都是由于磁盘分区中的DBR扇区被破坏导致的，只要通过软件来修复DBR扇区信息就可以解决磁盘提示格式化的错误。本任务中，将故障U盘连接到数据恢复机上，通过Winhex软件将U盘的DBR扇区进行恢复，应该可以使U盘的分区正常打开并能读写分区中的数据。

任务实施

根据分析，故障是由磁盘DBR扇区遭破坏，通过Winhex数据编辑软件按照如下的步骤通过两种不同方法对分区进行恢复。

一、利用DBR备份来恢复DBR扇区，从而恢复分区

步骤一：通过Winhex软件查看故障U盘的文件系统格式和DBR的位置。

将U盘接到维修平台，用Winhex软件打开U盘，如图3-86所示，U盘的文件系统为FAT32格式，DBR所在第63扇区全被FF所填写。

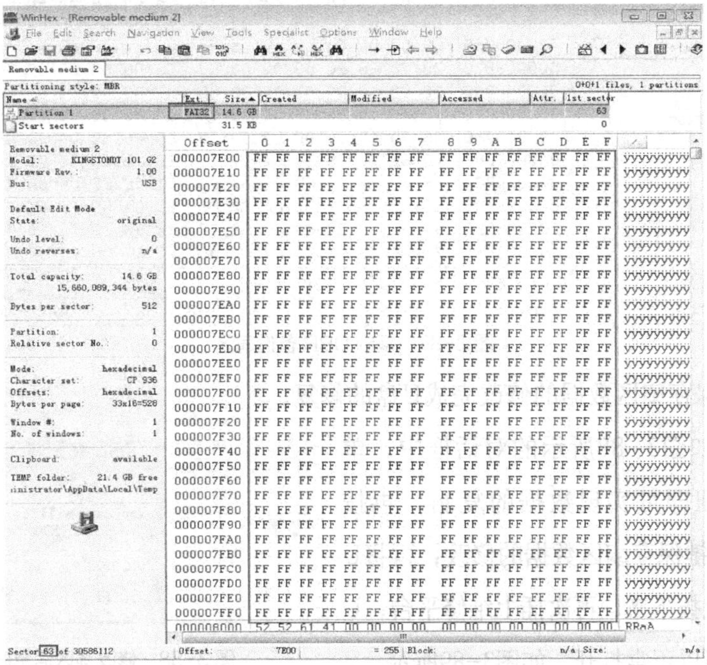

```
WinHex - [Removable medium 2]
File  Edit  Search  Navigation  View  Tools  Specialist  Options  Window  Help
Removable medium 2
Partitioning style: MBR                                          0+0+1 files, 1 partitions
Name             Ext.    Size    Created   Modified   Accessed   Attr.   1st sector
Partition 1      FAT32   14.6 GB                                         63
Start sectors            31.5 KB                                         0

Removable medium 2                     Offset      0  1  2  3  4  5  6  7   8  9  A  B  C  D  E  F
Model:            KINGSTONDT 101 G2    000007E00   FF FF FF FF FF FF FF FF  FF FF FF FF FF FF FF FF  ÿÿÿÿÿÿÿÿÿ
Firmware Rev.:    1.00                 000007E10   FF FF FF FF FF FF FF FF  FF FF FF FF FF FF FF FF  ÿÿÿÿÿÿÿÿÿ
Bus:              USB                  000007E20   FF FF FF FF FF FF FF FF  FF FF FF FF FF FF FF FF  ÿÿÿÿÿÿÿÿÿ
Default Edit Mode                      000007E30   FF FF FF FF FF FF FF FF  FF FF FF FF FF FF FF FF  ÿÿÿÿÿÿÿÿÿ
State:            original             000007E40   FF FF FF FF FF FF FF FF  FF FF FF FF FF FF FF FF  ÿÿÿÿÿÿÿÿÿ
Undo level:       0                    000007E50   FF FF FF FF FF FF FF FF  FF FF FF FF FF FF FF FF  ÿÿÿÿÿÿÿÿÿ
Undo reverses:    n/a                  000007E60   FF FF FF FF FF FF FF FF  FF FF FF FF FF FF FF FF  ÿÿÿÿÿÿÿÿÿ
Total capacity:   14.6 GB              000007E70   FF FF FF FF FF FF FF FF  FF FF FF FF FF FF FF FF  ÿÿÿÿÿÿÿÿÿ
   15,660,089,344 bytes                000007E80   FF FF FF FF FF FF FF FF  FF FF FF FF FF FF FF FF  ÿÿÿÿÿÿÿÿÿ
Bytes per sector: 512                  000007E90   FF FF FF FF FF FF FF FF  FF FF FF FF FF FF FF FF  ÿÿÿÿÿÿÿÿÿ
Partition:        1                    000007EA0   FF FF FF FF FF FF FF FF  FF FF FF FF FF FF FF FF  ÿÿÿÿÿÿÿÿÿ
Relative sector No.: 0                 000007EB0   FF FF FF FF FF FF FF FF  FF FF FF FF FF FF FF FF  ÿÿÿÿÿÿÿÿÿ
Mode:             hexadecimal          000007EC0   FF FF FF FF FF FF FF FF  FF FF FF FF FF FF FF FF  ÿÿÿÿÿÿÿÿÿ
Character set:    CP 936               000007ED0   FF FF FF FF FF FF FF FF  FF FF FF FF FF FF FF FF  ÿÿÿÿÿÿÿÿÿ
Offsets:          hexadecimal          000007EE0   FF FF FF FF FF FF FF FF  FF FF FF FF FF FF FF FF  ÿÿÿÿÿÿÿÿÿ
Bytes per page:   33x16=528            000007EF0   FF FF FF FF FF FF FF FF  FF FF FF FF FF FF FF FF  ÿÿÿÿÿÿÿÿÿ
Window #:         1                    000007F00   FF FF FF FF FF FF FF FF  FF FF FF FF FF FF FF FF  ÿÿÿÿÿÿÿÿÿ
No. of windows:   1                    000007F10   FF FF FF FF FF FF FF FF  FF FF FF FF FF FF FF FF  ÿÿÿÿÿÿÿÿÿ
Clipboard:        available            000007F20   FF FF FF FF FF FF FF FF  FF FF FF FF FF FF FF FF  ÿÿÿÿÿÿÿÿÿ
TEMP folder:      21.4 GB free         000007F30   FF FF FF FF FF FF FF FF  FF FF FF FF FF FF FF FF  ÿÿÿÿÿÿÿÿÿ
ninistrator\AppData\Local\Temp         000007F40   FF FF FF FF FF FF FF FF  FF FF FF FF FF FF FF FF  ÿÿÿÿÿÿÿÿÿ
                                       000007F50   FF FF FF FF FF FF FF FF  FF FF FF FF FF FF FF FF  ÿÿÿÿÿÿÿÿÿ
                                       000007F60   FF FF FF FF FF FF FF FF  FF FF FF FF FF FF FF FF  ÿÿÿÿÿÿÿÿÿ
                                       000007F70   FF FF FF FF FF FF FF FF  FF FF FF FF FF FF FF FF  ÿÿÿÿÿÿÿÿÿ
                                       000007F80   FF FF FF FF FF FF FF FF  FF FF FF FF FF FF FF FF  ÿÿÿÿÿÿÿÿÿ
                                       000007F90   FF FF FF FF FF FF FF FF  FF FF FF FF FF FF FF FF  ÿÿÿÿÿÿÿÿÿ
                                       000007FA0   FF FF FF FF FF FF FF FF  FF FF FF FF FF FF FF FF  ÿÿÿÿÿÿÿÿÿ
                                       000007FB0   FF FF FF FF FF FF FF FF  FF FF FF FF FF FF FF FF  ÿÿÿÿÿÿÿÿÿ
                                       000007FC0   FF FF FF FF FF FF FF FF  FF FF FF FF FF FF FF FF  ÿÿÿÿÿÿÿÿÿ
                                       000007FD0   FF FF FF FF FF FF FF FF  FF FF FF FF FF FF FF FF  ÿÿÿÿÿÿÿÿÿ
                                       000007FE0   FF FF FF FF FF FF FF FF  FF FF FF FF FF FF FF FF  ÿÿÿÿÿÿÿÿÿ
                                       000007FF0   FF FF FF FF FF FF FF FF  FF FF FF FF FF FF FF FF  ÿÿÿÿÿÿÿÿÿ
                                       000008000   52 52 61 41 00 00 00 00  00 00 00 00 00 00 00 00  RRaA
Sector 63 of 30588112    Offset:   7E00    = 255  Block:   n/a  Size:   n/a
```

图 3-86 被破坏的 DBR 扇区

经验分享

在FAT32类型文件系统分区的DBR通常都会有一个备份，在分区的第6号扇区，只要找到这个备份的DBR扇区，将它整体复制到DBR扇区所在的位置，就可以实现分区的完美恢复。

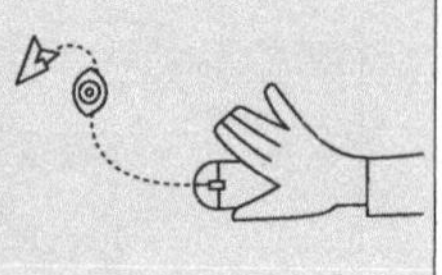

步骤二：利用DBR备份编辑DBR信息。

按<Ctrl+G>组合键打开跳转到扇区对话框，直接跳到69扇区，选中整个扇区如图3-87所示。按<Ctrl+C>组合键进行复制，跳转到63扇区，再按<Ctrl+B>组合键进行整个数据块粘贴。

Removable medium 2
Model: KINGSTONDT 101 G2
Firmware Rev.: 1.00
Bus: USB

Default Edit Mode
State: original

Undo level: 0
Undo reverses: n/a

Total capacity: 14.6 GB
15,660,089,344 bytes

Bytes per sector: 512

Partition: 1
Relative sector No.: 6

Mode: hexadecimal
Character set: CP 936
Offsets: hexadecimal
Bytes per page: 33x16=528

Window #: 1
No. of windows: 1

Clipboard: available

TEMP folder: 21.4 GB free
inistrator\AppData\Local\Temp

Offset	0	1	2	3	4	5	6	7	8	9	A	B	C	D	E	F
000008A00	EB	58	90	4D	53	44	4F	53	35	2E	30	00	02	10	72	0B
000008A10	02	00	00	00	00	F8	00	00	3F	00	FF	00	3F	00	00	00
000008A20	C1	B4	D2	01	47	3A	00	00	00	00	00	00	02	00	00	00
000008A30	01	00	06	00	00	00	00	00	00	00	00	00	00	00	00	00
000008A40	80	00	29	C6	F9	BD	1E	4E	4F	20	4E	41	4D	45	20	20
000008A50	20	20	46	41	54	33	32	20	20	20	33	C9	8E	D1	BC	F4
000008A60	7B	8E	C1	8E	D9	BD	00	7C	88	4E	02	8A	56	40	B4	41
000008A70	BB	AA	55	CD	13	72	10	81	FB	55	AA	75	0A	F6	C1	01
000008A80	74	05	FE	46	02	EB	2D	8A	56	40	B4	08	CD	13	73	05
000008A90	B9	FF	FF	8A	F1	66	0F	B6	C6	40	66	0F	B6	D1	80	E2
000008AA0	3F	F7	E2	86	CD	C0	ED	06	41	66	0F	B7	C9	66	F7	E1
000008AB0	66	89	46	F8	83	7E	16	00	75	38	83	7E	2A	00	77	32
000008AC0	66	8B	46	1C	66	83	C0	0C	BB	00	80	B9	01	00	E8	2B
000008AD0	00	E9	2C	03	A0	FA	7D	B4	7D	8B	F0	AC	84	C0	74	17
000008AE0	3C	FF	74	09	B4	0E	BB	07	00	CD	10	EB	EE	A0	FB	7D
000008AF0	EB	E5	A0	F9	7D	EB	E0	98	CD	16	CD	19	66	60	80	7E
000008B00	02	00	0F	84	20	00	66	6A	00	66	50	06	53	66	68	10
000008B10	00	01	00	B4	42	8A	56	40	8B	F4	CD	13	66	58	66	58
000008B20	66	58	66	58	EB	33	66	3B	46	F8	72	03	F9	EB	2A	66
000008B30	33	D2	66	0F	B7	4E	18	66	F7	F1	FE	C2	8A	CA	66	8B
000008B40	D0	66	C1	EA	10	F7	76	1A	86	D6	8A	56	40	8A	E8	C0
000008B50	E4	06	0A	CC	B8	01	02	CD	13	66	61	0F	82	75	FF	81
000008B60	C3	00	02	66	40	49	75	94	C3	42	4F	4F	54	4D	47	52
000008B70	20	20	20	20	00	00	00	00	00	00	00	00	00	00	00	00
000008B80	00	00	00	00	00	00	00	00	00	00	00	00	00	00	00	00
000008B90	00	00	00	00	00	00	00	00	00	00	00	00	00	00	00	00
000008BA0	00	00	00	00	00	00	00	00	00	00	00	00	0D	0A	52	65
000008BB0	6D	6F	76	65	20	64	69	73	6B	73	20	6F	72	20	6F	74
000008BC0	68	65	72	20	6D	65	64	69	61	2E	FF	0D	0A	44	69	73
000008BD0	6B	20	65	72	72	6F	72	FF	0D	0A	50	72	65	73	73	20
000008BE0	61	6E	79	20	6B	65	79	20	74	6F	20	72	65	73	74	61
000008BF0	72	74	0D	0A	00	00	00	00	00	AC	CB	D8	00	00	55	AA
000008C00	52	52	61	41	00	00	00	00	00	00	00	00	00	00	00	00

Sector 69 of 30586112 | Offset: 8BFF | = 170 | Block: 8A00 - 8BFF | Size:

图3-87　复制DBR备份扇区

步骤三：保存扇区数据的修改完成U盘的修复。

从弹出的如图3-88所示的对话框中，单击“OK”按钮即可实现数据的复制，再按<Ctrl+S>组合键保存扇区数据的修改；再将U盘从维修平台上拔下来，再次插上维修平台，U盘得以修复，可以正常打开，如图3-89所示。

图3-88　修改扇区信息确认对话框

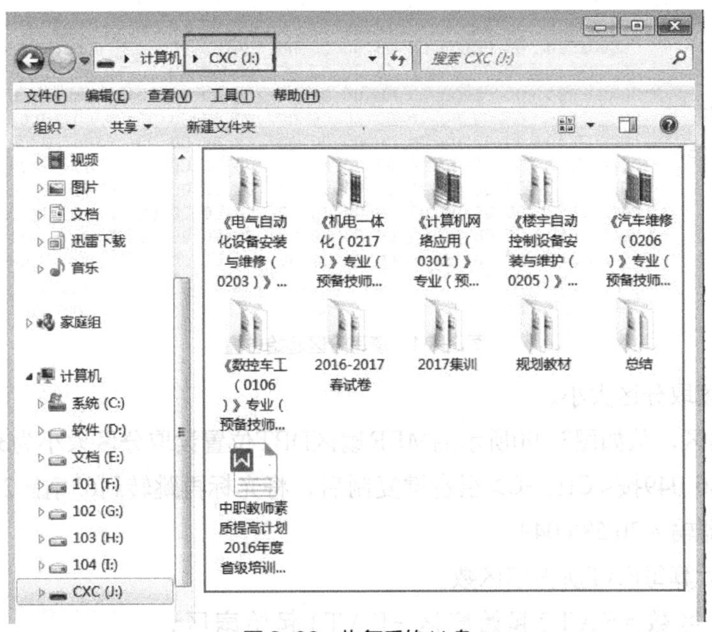

图 3-89 恢复后的 U 盘

温馨提示

在实际工作中，往往DBR及DBR的备份的扇区同时遭到破坏时，此时无法通过DBR备份来恢复DBR扇区，只能通过手工填写DBR扇区关键的信息来实现分区的恢复；手工填写DBR需要对DBR扇区的各偏移量的意义理解后，才能进行计算填写。

二、通过计算手工重建FAT32文件系统的DBR扇区

步骤一：通过Winhex软件打开U盘。

将U盘连接到维修平台，用Winhex软件打开U盘，跳转到63扇区，将63扇区全部清零，并在偏移量00H～03H处填写EB58904D，在0BH～0CH处填写0002。

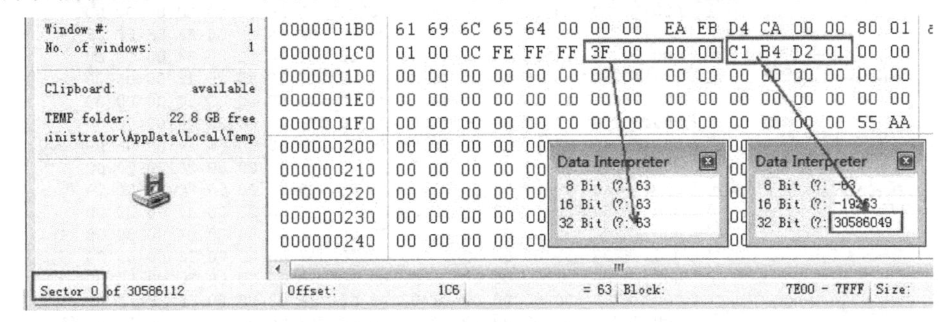

图 3-90 读取分区起始位置和大小

步骤二：读取并填写分区起始位置。

读取引导扇区前面已用扇区数。跳转到0扇区，从如图3-90所示的MBR扇区DPT位置读取引导扇区前面已用的63扇区，选中63按<Ctrl+C>组合键复制后，再跳转到63扇区将光标1CH处，利用数据解释器输入63，如图3-91所示。

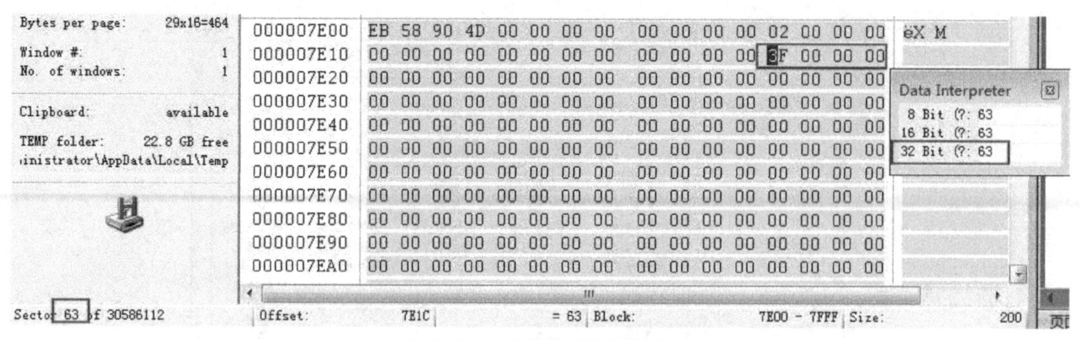

图 3-91 填写分区起始位置

步骤三：读取分区大小。

跳转到0扇区，从如图3-90所示的MBR扇区DPT位置读取分区大小为30 586 049的扇区，选中30 586 049按<Ctrl+C>组合键复制后，将光标再跳转到63扇区20H～2CH处，利用数据解释器输入30 586 049。

步骤四：计算每FAT所占扇区数。

每FAT扇区数=FAT2起始扇区−FAT1起始扇区，FAT1、FAT2起始扇区，可以通过<Ctrl+Alt+X>组合键打开，如图3-92所示的十六进制值查找“F8FFFF”所在的扇区，且此值要在扇区的起始位置，才是FAT1分配表的真正扇区，如图3-93所示。记录下此时的扇区值，按<F3>键接着向下搜索，进一步找到FAT2分配表的起始扇区。如此例中读出FAT1的起始扇区值为2 993，FAT2的起始扇区值为17 912，则每FAT所占扇区数=17 912−2 993=14 919，将光标定位到63扇区的24H处，利用数据解释器输入14 919。

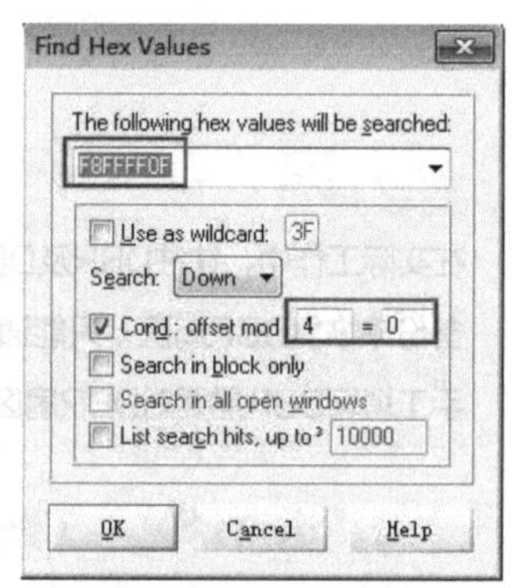

图 3-92 查找十六进制对话框

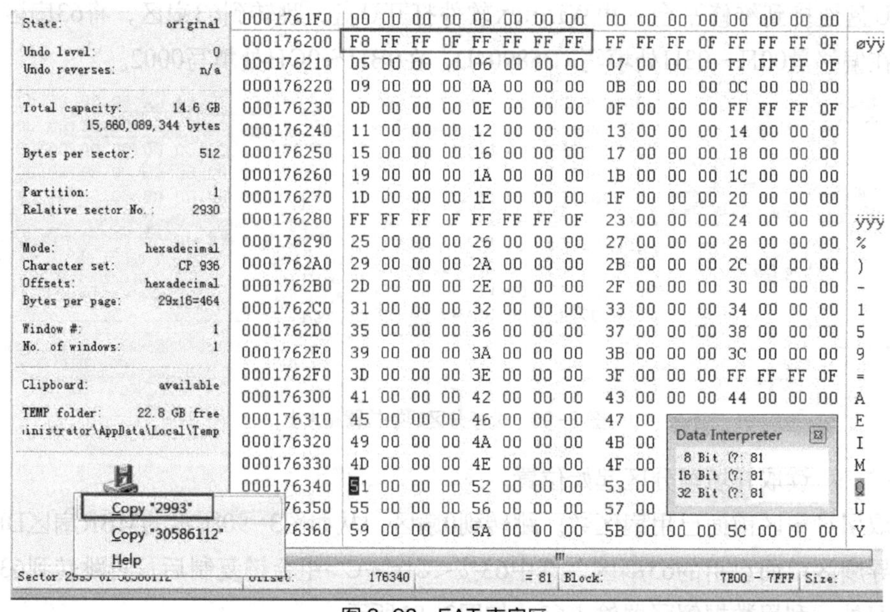

图 3-93 FAT 表扇区

步骤五：计算每簇扇区数。

每簇扇区数＝（分区实际可用大小扇区数－每FAT扇区数×2）÷（每FAT扇区数×512÷4），结果向下取整即为每簇扇区数，此U盘的每簇扇区数＝（30 586 049－14 919×2）÷（14 919×512÷4）＝16.001，则由此得出该分区每簇扇区数为16，将光标定位到63扇区的偏移量0DH处，利用数据解释器填入16，即十六进制的10。

温馨提示

值得注意的是每簇扇区数必为1、2、4、8、16、32、64其中的一个数值，即为2的幂的形式，且FAT32分区簇最大为32KB。

步骤六：计算保留扇区数。

保留扇区数=FAT1起始位置-DBR起始位置，此U盘的保留扇区数=2 993-63=2 930，将光标定位到63扇区的偏移量0EH～0FH处，如图3-94所示，利用数据解释器填入2 930即可。

```
Window #:                 1   000007DE0  00 00 00 00 00 00 00 00  00 00 00 00 00 00 00 00
No. of windows:           1   000007DF0  00 00 00 00 00 00 00 00  00 00 00 00 00 00 00 00
                              000007E00  EB 58 90 4D 00 00 00 00  00 00 00 00 02 10 72 0B
Clipboard:        available   000007E10  00 00 00 00 00 00 00 00  00 00 00 00 3F 00 00 00
TEMP folder:   23.0 GB free   000007E20  C1 B4 D2 01 47 3A 00 00  00 00 00 00 00 00 00 00
ministrator\AppData\Local\Temp 000007E30 00 00 00 00 00 00 00 00  00 00
                              000007E40  00 00 00 00 00 00 00 00  00 00   Data Interpreter
                              000007E50  00 00 00 00 00 00 00 00  00 00    8 Bit (?: 114
                              000007E60  00 00 00 00 00 00 00 00  00 00   16 Bit (?: 2930
                              000007E70  00 00 00 00 00 00 00 00  00 00   32 Bit (?: 2930
Sector 63 of 30586112         Offset:   7E0E     = 114  Block:      n/a  Size:
```

图3-94　填写保留扇区数

步骤七：编辑FAT表的个数、媒体类型和根目录所占簇数。

跳转到63扇区，在偏移量10H处直接填上FAT表的个数02；在偏移量15H处直接填上媒体类型F8；在偏移量2CH处直接填上根目录所占簇数，固定值02。

步骤八：编辑FAT32标识和DBR的结尾标志。

跳转到63扇区，在偏移量52H～56H处直接填上FAT32标识，即FAT32这5个字符的ASCII码值4 641 543 332；在该扇区的最后两个字节处直接填上DBR的结尾标志55AA。

步骤九：保存修改的扇区信息。

将以上DBR扇区的关键偏移位置的对应值填入以后，如图3-95所示，按<Ctrl+S>组合键保存对扇区信息的修改。

步骤十：完成U盘的修复。

从维修平台上拔掉U盘，再将U盘插到维修平台上，发现U盘不再提示格式化了，并可以正常打开、读写文件，如图3-96所示。

Offset	0	1	2	3	4	5	6	7	8	9	A	B	C	D	E	F
0007E00	EB	58	90	4D	00	00	00	00	00	00	00	00	02	10	72	0B
0007E10	02	00	00	00	00	F8	00	00	00	00	00	00	3F	00	00	00
0007E20	C1	B4	D2	01	47	3A	00	00	00	00	00	00	02	00	00	00
0007E30	00	00	00	00	00	00	00	00	00	00	00	00	00	00	00	00
0007E40	00	00	00	00	00	00	00	00	00	00	00	00	00	00	00	00
0007E50	00	00	00	00	46	41	54	33	32	00	00	00	00	00	00	00
0007E60	00	00	00	00	00	00	00	00	00	00	00	00	00	00	00	00
0007E70	00	00	00	00	00	00	00	00	00	00	00	00	00	00	00	00
0007E80	00	00	00	00	00	00	00	00	00	00	00	00	00	00	00	00
0007E90	00	00	00	00	00	00	00	00	00	00	00	00	00	00	00	00
0007EA0	00	00	00	00	00	00	00	00	00	00	00	00	00	00	00	00
0007EB0	00	00	00	00	00	00	00	00	00	00	00	00	00	00	00	00
0007EC0	00	00	00	00	00	00	00	00	00	00	00	00	00	00	00	00
0007ED0	00	00	00	00	00	00	00	00	00	00	00	00	00	00	00	00
0007EE0	00	00	00	00	00	00	00	00	00	00	00	00	00	00	00	00
0007EF0	00	00	00	00	00	00	00	00	00	00	00	00	00	00	00	00
0007F00	00	00	00	00	00	00	00	00	00	00	00	00	00	00	00	00
0007F10	00	00	00	00	00	00	00	00	00	00	00	00	00	00	00	00
0007F20	00	00	00	00	00	00	00	00	00	00	00	00	00	00	00	00
0007F30	00	00	00	00	00	00	00	00	00	00	00	00	00	00	00	00
0007F40	00	00	00	00	00	00	00	00	00	00	00	00	00	00	00	00
0007F50	00	00	00	00	00	00	00	00	00	00	00	00	00	00	00	00
0007F60	00	00	00	00	00	00	00	00	00	00	00	00	00	00	00	00
0007F70	00	00	00	00	00	00	00	00	00	00	00	00	00	00	00	00
0007F80	00	00	00	00	00	00	00	00	00	00	00	00	00	00	00	00
0007F90	00	00	00	00	00	00	00	00	00	00	00	00	00	00	00	00
0007FA0	00	00	00	00	00	00	00	00	00	00	00	00	00	00	00	00
0007FB0	00	00	00	00	00	00	00	00	00	00	00	00	00	00	00	00
0007FC0	00	00	00	00	00	00	00	00	00	00	00	00	00	00	00	00
0007FD0	00	00	00	00	00	00	00	00	00	00	00	00	00	00	00	00
0007FE0	00	00	00	00	00	00	00	00	00	00	00	00	00	00	00	00
0007FF0	00	00	00	00	00	00	00	00	00	00	00	00	00	00	55	AA

图3-95　DBR扇区重构

图3-96　恢复后的U盘

任务2 NTFS文件系统DBR扇区的恢复

任务描述

客户：你好！这是一个故障U盘，请你帮我修复一下好吗？

熊熊：您好！能描述一下故障现象吗？

客户：昨天正在向计算机的H盘导入数据时突然断电，来电时重新开启计算机，发现H盘提示磁盘未格式化，如图3-97所示，硬盘H盘上的数据无法读取，能帮我恢复出来吗？

熊熊：根据您的描述，我们先进行检测查找故障的类型，然后电话告知您修复需要的费用及时间，这样行吗？

客户：好的，谢谢！

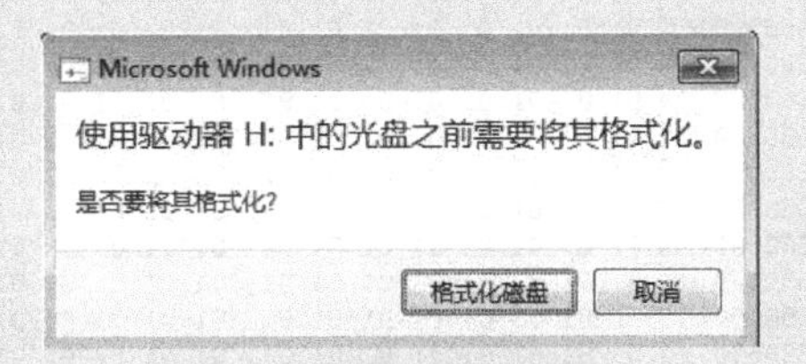

图3-97 磁盘提示格式化

任务分析

根据客户的描述，磁盘提示格式化，大多数都是由于磁盘分区中的DBR扇区被破坏导致的，只要通过软件来修复DBR扇区信息就可以解决磁盘提示格式化的错误。本任务中，将故障硬盘连接到数据恢复机上，通过Winhex软件将H盘的DBR扇区进行恢复，应该可以使磁盘中的对应分区正常打开，并能读写分区中的数据。

任务实施

根据分析，故障原因是磁盘DBR扇区遭破坏。通过Winhex数据编辑软件按照如下的步骤通过2种不同的方法对分区进行恢复。

一、利用DBR备份来恢复DBR扇区，从而恢复分区

步骤一：通过Winhex软件打开硬盘。

将故障硬盘从客户计算机上拆下来接入到维修平台，用Winhex软件打开硬盘，如图3-98所示。硬盘的第三分区（Partition 3）文件系统类型显示为“？”号，该分区的DBR扇区全是01，即DBR扇区被破坏。

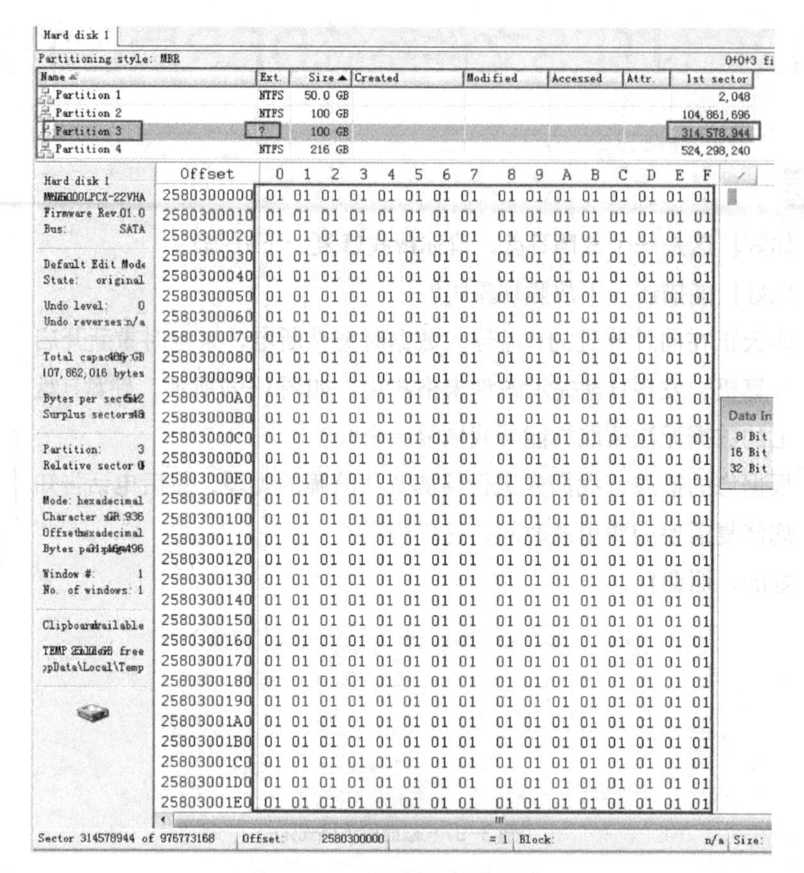

图 3-98　被破坏的 DBR 扇区

经验分享

在NTFS类型文件系统分区的DBR通常都会有一个备份，该备份是分区的最后一个扇区，只要找到这个备份的DBR扇区，将它整体复制到DBR扇区所在位置，就可以实现分区的完美恢复。

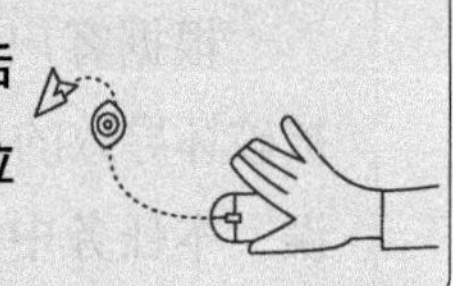

步骤二：读取分区3的大小。

按<Ctrl+G>组合键打开跳转到扇区对话框，直接跳到0扇区，如图3−99所示。选中整个扇区MBR的DBT中读取分区3的大小为209 717 248个扇区，十六进制即为C800800H。

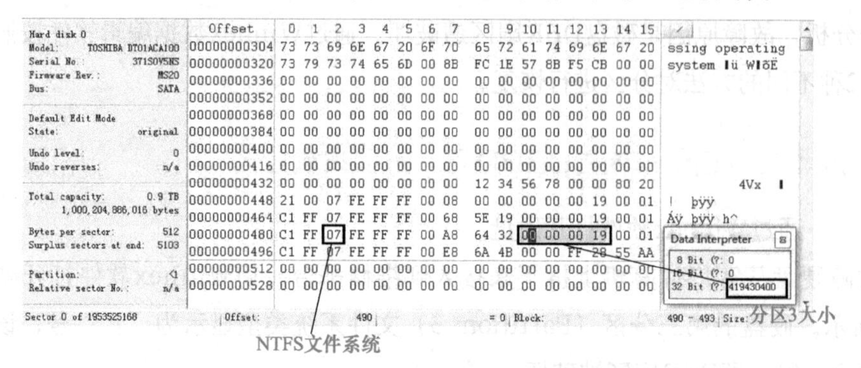

图 3-99　填写分区 DPT

温馨提示

DPT中的分区大小信息的十六进制信息为C800800H，是由于32位表示分区大小，且数据的高位在偏移量的高位，也可以在运行窗口输入“Calc”打开系统计算器程序，并使用程序员计算器直接将209717248转换为十六进制。

步骤三：在跳转到偏移量对话框中，输入跳转偏移扇区数，选择偏移量类型为Sectors，偏移类型为current position。

从分区窗口单击“Partition 3”直接跳到分区3的起始扇区；按<Alt+G>组合键打开如图3-100所示的跳转到偏移量对话框，输入跳转偏移扇区数“C800800”、选择偏移量类型为扇区（Sectors），偏移类型为当前位置（Current Position），单击“OK”按钮即跳转到本分区的最后一个扇区处。

步骤四：验证是否为DBR备份扇区。

将光标定位到此扇区的偏移量28H处，如图3-101所示。分区大小为209 717 247个扇区，与DPT中读到的分区与上值相差一个扇区，表明此扇区是分区的DBR备份。

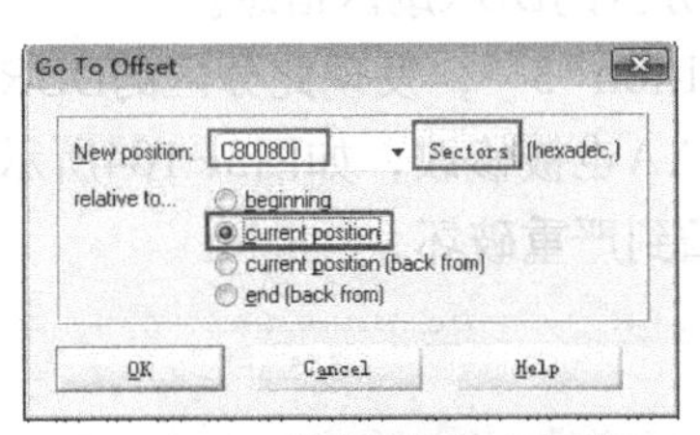

图3-100 跳转到偏移量对话框

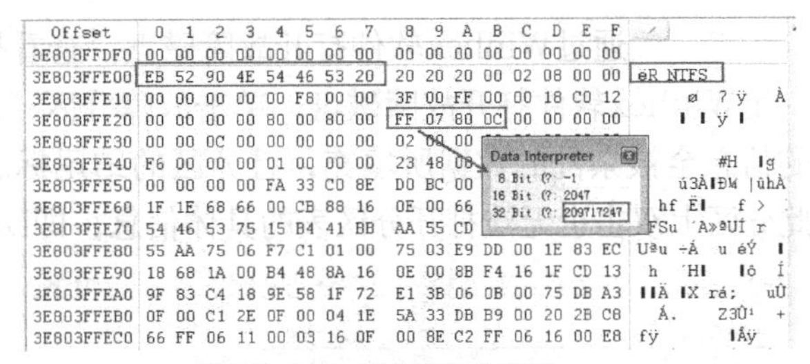

图3-101 验证DBR扇区

步骤五：复制DBR备份扇区的内容，粘贴到分区3的起始位置。

验证确认后，将此扇区整体选择后进行复制，再定位到分区3的起始位置，按<Ctrl+B>组合键进行数据块整体粘贴后，再按<Ctrl+S>组合键保存对扇区的修改。

步骤六：完成硬盘修复。

退出Winhex软件，将硬盘从维修平台上卸载下来，再次重新加载硬盘，H盘得以修复，可以正常打开并可以读、写数据，如图3-102所示。

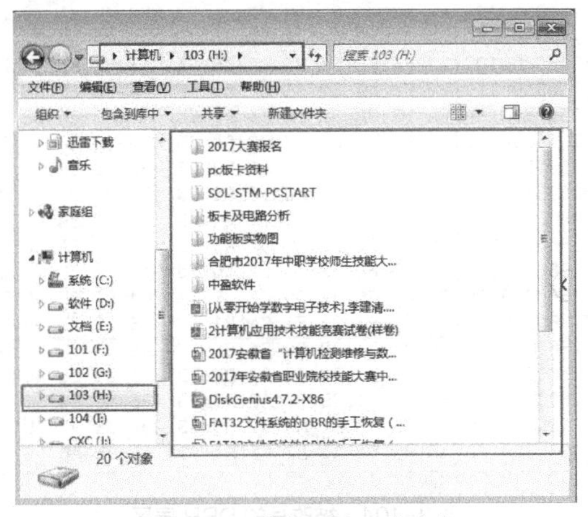

图3-102 恢复后的H盘内容

温馨提示

在实际工作中，往往DBR及DBR的备份扇区同时遭到破坏时，无法通过DBR备份来恢复DBR扇区，只能通过手工填写DBR扇区关键的信息来实现分区的恢复；手工填写DBR需要对DBR扇区的各偏移量的意义理解后，才能进行计算填写。

二、通过计算手工重建NTFS文件系统的DBR扇区

步骤一：通过磁盘管理工具查看故障盘文件系统类型等信息。

将故障硬盘接上维修平台，通过磁盘管理工具可以看到如图3-103所示，H盘的文件系统类型变为RAW，磁盘卷标也丢失。

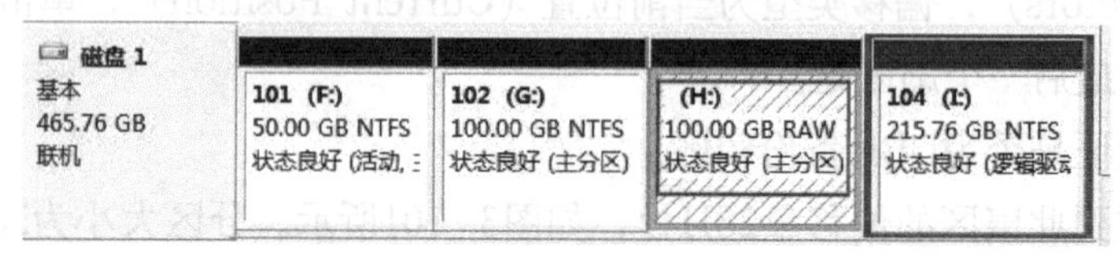

图 3-103　文件系统遭破坏的 H 盘

步骤二：通过Winhex软件打开故障磁盘，查看故障分区的DBR扇区信息。

用Winhex软件打开故障磁盘，单击故障分区“Partition 3”，发现此分区的DBR扇区的信息全被杂乱的数据所填充，且分区的结尾标志55AA也被修改，如图3-104所示。在此分区上双击也无法打开分区表的具体信息，即DBR遭到严重破坏。

Name	Ext.	Size	Created	Modified	Accessed	Attr.	1st sector
Partition 1	NTFS	50.0 GB					2,048
Partition 2	NTFS	100 GB					104,8...
Partition 3	?	100 GB					314,5...
Partition 4	NTFS	216 GB					524,2...

Hard disk 1	
Model WDC	WD5000LPCX-22VHA
Firmware Rev.:	01.0
Bus:	SATA
Default Edit Mode	
State:	original
Undo level:	0
Undo reverses:	n/a
Total capacity:	466 GB
	500,107,862,016 bytes
Bytes per sector:	512
Surplus sectors at end:	48
Partition:	3
Relative sector No.:	0
Mode:	hexadecimal
Character set:	CP 936
Offsets:	hexadecimal
Bytes per page:	31x16=496
Window #:	1
No. of windows:	1
Clipboard:	160 B
TEMP folder:	22.9 GB free
inistrator\AppData\Local\Temp	

```
Offset      0  1  2  3  4  5  6  7   8  9  A  B  C  D  E  F
2580300030 76 37 AE BD 8F 3A BB 8E  3A BD 8F 3C BB 8E 3C E4
2580300040 B2 FF 45 F0 30 AF B3 6E  87 DC A6 3B F0 BD 33 EB
2580300050 4A 32 1B 0F 32 92 EA 32  3A E4 B2 FF 45 B2 13 71
2580300060 BC 03 30 F8 65 0D F0 35  AE F1 D8 33 35 2F EB 36
2580300070 32 25 D8 A6 4E F0 84 AE  F1 D5 33 35 2F E3 35 25
2580300080 D8 A6 40 F0 68 AE F1 D5  33 35 2F E3 35 25 D8 A7
2580300090 81 F0 4A AE 6C 46 A6 35  BA 46 75 F0 4C AE 6C 66
25803000A0 A6 35 BA 66 75 B5 2D 32  A6 68 F0 A6 33 BD 44 EA
25803000B0 32 74 F0 AD 33 35 27 88  E3 42 F8 36 32 78 14 2C
25803000C0 90 BD 2C F8 36 42 30 76  34 F9 76 37 AE 32 BD 8F
25803000D0 3A BB 8E 3A BD 8F 3C BB  8E 3C 30 F6 E4 B2 FF 45
25803000E0 F0 DC 33 B2 6C 32 A6 73  BC 4C EA 32 74 F0 AD 33
25803000F0 35 27 88 E3 42 BA 36 78  14 2D 90 F8 36 42 30 76
2580300100 34 F8 76 37 B0 BA 8E 3A  E4 B2 FF 45 EA 32 74 88
2580300110 89 F0 EA 39 F1 EA B1 EB  78 32 25 D6 91 90 64 0D
2580300120 BA 8E 3A 30 F6 E4 B2 FF  45 93 65 F2 82 EA 32 AE
2580300130 82 FD B3 F8 32 38 DE ED  39 32 E6 40 FF 42 14 28
2580300140 E3 41 14 2E 7B A0 A8 93  9E 9B 96 52 82 93 A4 A6
2580300150 9B A6 9B A1 A0 52 86 93  94 9E 97 7F 9B A5 A5 9B
2580300160 3A BB 8E 3A BD 8F 3C BB  8E 3C 30 F6 E4 B2 FF 45
2580300170 F0 DC 33 B2 6C 32 A6 73  BC 4C EA 32 74 F0 AD 33
2580300180 35 27 88 E3 42 BA 36 78  14 2D 90 F8 36 42 30 76
2580300190 34 F8 76 37 B0 BA 8E 3A  E4 B2 FF 45 EA 32 74 88
25803001A0 89 F0 EA 39 F1 EA B1 EB  78 32 25 D6 91 90 64 0D
25803001B0 BA 8E 3A 30 F6 E4 B2 FF  45 93 65 F2 82 EA 32 AE
25803001C0 82 FD B3 F8 32 38 DE ED  39 32 E6 40 FF 42 14 28
25803001D0 E3 41 14 2E 7B A0 A8 93  9E 9B 96 52 82 93 A4 A6
25803001E0 9B A6 9B A1 A0 52 86 93  94 9E 97 7F 9B A5 A5 9B
25803001F0 A0 99 52 A1 A2 97 A4 93  A6 9B A0 99 52 A5 AB A5
```

图 3-104　被改写的 DBR 扇区

温馨提示

当DBR被严重破坏时，通过双击分区是无法打开分区表的具体信息的，也就是说是无法直接打开$MFT和$MftMirr，并从中读取MFT所占的空间大小，当然也无法计算出每簇扇区数，只能通过手工查找的方法来实现。

步骤三：查找定位分区的MFT。

跳转定位到DBR所在扇区，按<Ctrl+Alt+X>组合键，打开如图3−105所示的“Find Hex Vlues”的查找功能，去向下查找“46494C45”关键值，当搜索到右边窗口能看到$MFT字样文本时，说明找到的扇区即为所要查找的扇区，如图3−106所示。

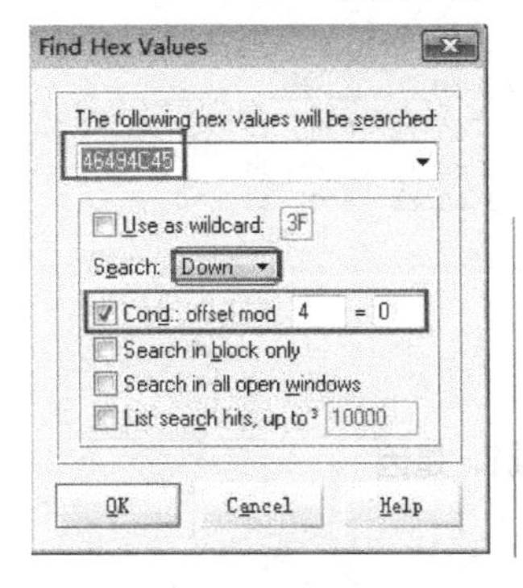

图3−105 查找功能对话框

$MFT所占簇数 $MFT起始簇号 数据流存储空间大小

```
00001100F0  04 03 24 00 4D 00 46 00  54 00 00 00 00 00 00 00    $ M F T
0000110100  80 00 00 00 50 00 00 00  01 00 40 00 00 00 02 00
0000110110  00 00 00 00 00 00 00 00  BF 99 00 00 00 00 00 00
0000110120  40 00 00 00 00 00 00 00  00 00 9C 09 00 00 00 00
0000110130  00 00 9C 09 00 00 00 00  00 00 9C 09 00 00 00 00
0000110140  32 00 57 00 00 0C 32 C0  42 D6 89 52 00 FA FF FF
0000110150  B0 00 00 00 50 00 00 00  01 00 40 00 00 00 03 00
0000110160  00 00 00 00 00 00 00 00  05 00 00 00 00 00 00 00
0000110170  40 00 00 00 00 00 00 00  00 60 00 00 00 00 00 00
0000110180  08 50 00 00 00 00 00 00  08 50 00 00 00 00 00 00
```

图3−106 MFT运行列表

步骤四：计算每簇扇区数。

通过$MFT的80H属性区域，读出“数据流分配的空间大小C0000H”，即十进制768 432个字节，把它化为扇区：768 432/512=1 536（扇区），从图3−106的Run List属性可以读出$MFT所占的簇数为C0H，即十进制192个簇；每簇扇区数=MFT所占扇区数/MFT所占簇数=1 536/192=8，即每簇扇区数为08。

步骤五：确定$MFT的起始簇号。

从图3−106的Run List属性可以读出$MFT的起始簇号为0C0000H，即十进制的786 432号簇。

步骤六：确定$MFTMirr的起始簇号。

按<F3>键继续向下搜索，当搜索到右边窗口能看到$MFTMirr字样文本时，说明找到的扇区即为所要查找的扇区，搜到如图3−107所示的$MFTMirr的扇区，从Run List中读取到$MFTMirr的起始簇号为2号簇。

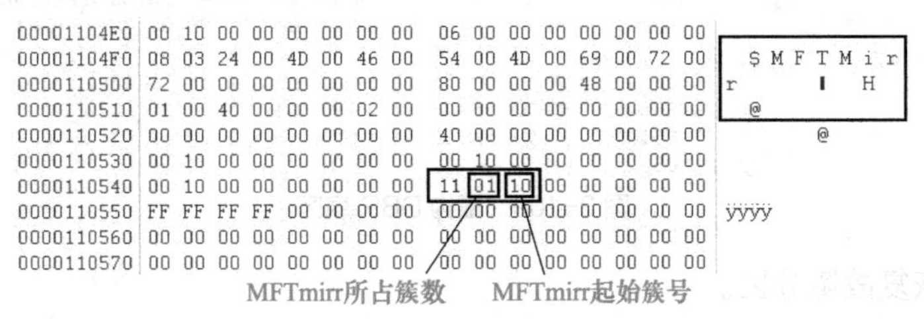

```
00001104E0  00 10 00 00 00 00 00 00  06 00 00 00 00 00 00 00
00001104F0  08 03 24 00 4D 00 46 00  54 00 4D 00 69 00 72 00    $ M F T M i r
0000110500  72 00 00 00 00 00 00 00  80 00 00 00 48 00 00 00  r         H
0000110510  01 00 40 00 00 00 02 00  00 00 00 00 00 00 00 00    @
0000110520  00 00 00 00 00 00 00 00  40 00 00 00 00 00 00 00        @
0000110530  00 10 00 00 00 00 00 00  00 10 00 00 00 00 00 00
0000110540  00 10 00 00 00 00 00 00  11 01 10 00 00 00 00 00
0000110550  FF FF FF FF 00 00 00 00  00 00 00 00 00 00 00 00  ÿÿÿÿ
0000110560  00 00 00 00 00 00 00 00  00 00 00 00 00 00 00 00
0000110570  00 00 00 00 00 00 00 00  00 00 00 00 00 00 00 00
```


图3−107 MFT镜像的运行列表

步骤七：读取分区前面已用扇区数和分区实际大小。

跳转到MBR所在的0扇区，从如图3-108所示的DPT中分别读取分区三前面已用扇区数为314 578 944、扇区的大小为209 717 248，但在DBR中填写大小时要减1，即209 717 247。

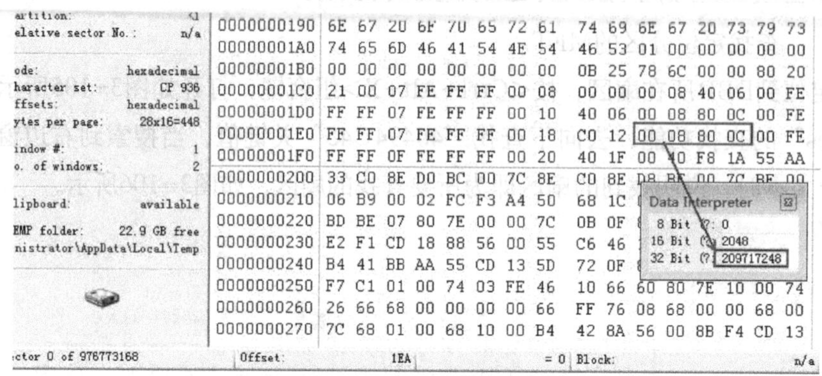

图3-108　读到分区大小

温馨提示

从DPT中读到的分区大小，当分区是NTFS格式时，分区的大小需要减1，是因为分区的最后一个扇区是DBR备份位置，不能用来存放数据。

步骤八：复制一个正常的DBR扇区。

跳转到第一分区的DBR位置，选择整个DBR扇区，按<Ctrl+C>组合键进行复制，再在分区三（Partition 3）上单击，定位到分区三的DBR位置即314 578 944扇区处，按<Ctrl+B>组合键进行粘贴。

步骤九：重建DBR。

将粘贴过来的DBR信息按此分区三的关键信息进行如图3-109所示的DBR扇区修改；用数据解释器，在偏移量0DH处填上每簇扇区数值为8；在偏移量28H处填上分区大小209 717 247；在偏移量30H处填上$MFT起始簇号7 864 632；在偏移量38H处填上$MFTMirr起始簇号3。

图3-109　重构DBR扇区

步骤十：恢复故障分区。

按<Ctrl+S>组合键将所做的修改进行保存，先将故障硬盘脱机后再加载，H盘分区得以恢复，丢失的数据完美重现。

温馨提示

在实际的NTFS的DBR手工重建操作中，除非是没有一个正常的NTFS分区，基本上都是通过复制一个正常分区的DBR到遭破坏的DBR扇区处，再修改几个关键偏移量的值即可实现DBR分区的完整恢复。

任务3　FAT32文件系统分区格式化后的恢复

任务描述

客户：你好！这是一个故障U盘，请你帮我修复一下好吗？

熊熊：您好！能描述一下故障现象吗？

客户：昨天在整理数据时，不小心将U盘格式化了，现在什么文件都没有了，U盘中一个“PC板卡资料”目录下面有一些子目录和一个名为“20170108.doc”的文件，这个文件非常重要，能帮我恢复出来吗？

熊熊：根据您的描述，我们先检测文件的破坏程度，然后电话告知您修复需要的费用及时间，这样行吗？

客户：好的，谢谢！

任务分析

根据客户的描述，U盘格式化后，格式化只是重建了FAT表，并没有改写目录项目中数据流的族链关系，在没有进行重新写入新数据时，在没有新数据写入覆盖时，是完全可以恢复的。本任务中，将故障硬盘连接到数据恢复机上，通过Winhex软件打开U盘，搜索文件名的目录项，通过目录项的数据流簇链关系，可以轻松定位到文件存放位置和大小，并导出需要的文件。

任务实施

根据分析，要进行格式化后文件的恢复，通过Winhex数据编辑软件按照如下的步骤对格式化后分区中指定的文件进行恢复：

步骤一：通过Winhex软件打开盘符为F盘的U盘。

将故障U盘接入到维修平台，用Winhex打开盘符为F盘的U盘，如图3-110所示。

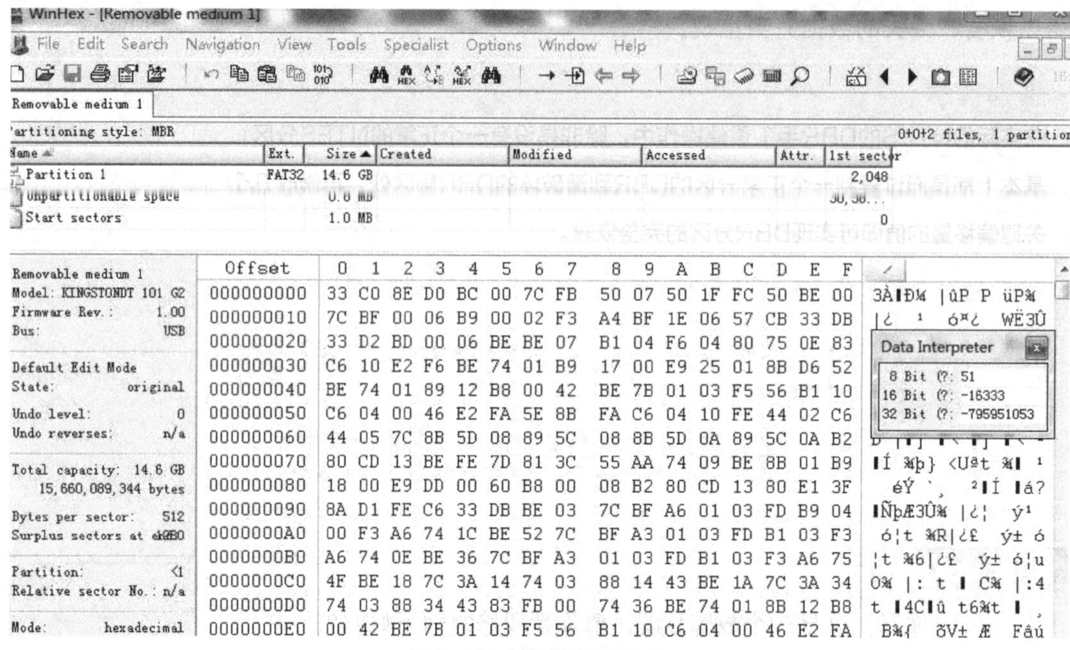

图 3-110　格式化后的分区

温馨提示

FAT32文件系统的分区格式化后，FAT表的簇链全部清零，根目录区中的文件目录项也被清零，所以根目录下的文件就很难恢复了，因为没有目录项就无法知道这些文件名及它们存放的地址；但是子目录下的簇链关系还在，是可以通过簇链关系来恢复文件的，要想成功恢复被格式化后分区中的文件，重点要通过Winhex软件找到文件的目录项，再通过目录项的链接关系定位到文件的具体位置，按文件大小选择文件数据区域后导出文件即可实现数据的恢复。

步骤二：创建一个内容为文件名的文本文档，并将该文本文档拖动到Winhex窗口中。

在桌面新建一个名为"1.txt"文本文档，输入20170108后保存，将文件拖动到Winhex窗口中，则文件名的十六进制数如图3-111所示。

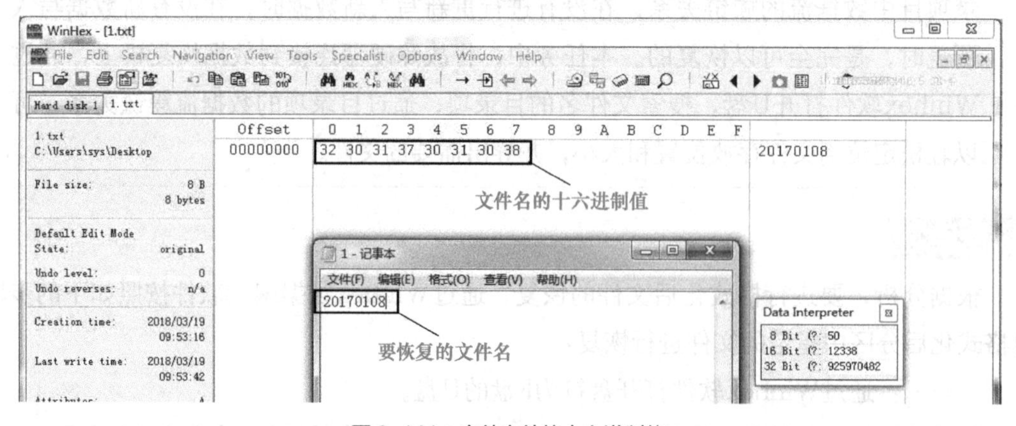

图 3-111　文件文件的十六进制值

步骤三：查找文件名十六进制值。

选中文件名的十六进制值，按<Ctrl+Shift+C>组合键来复制选中的要进行查找的文件名十六进制值。

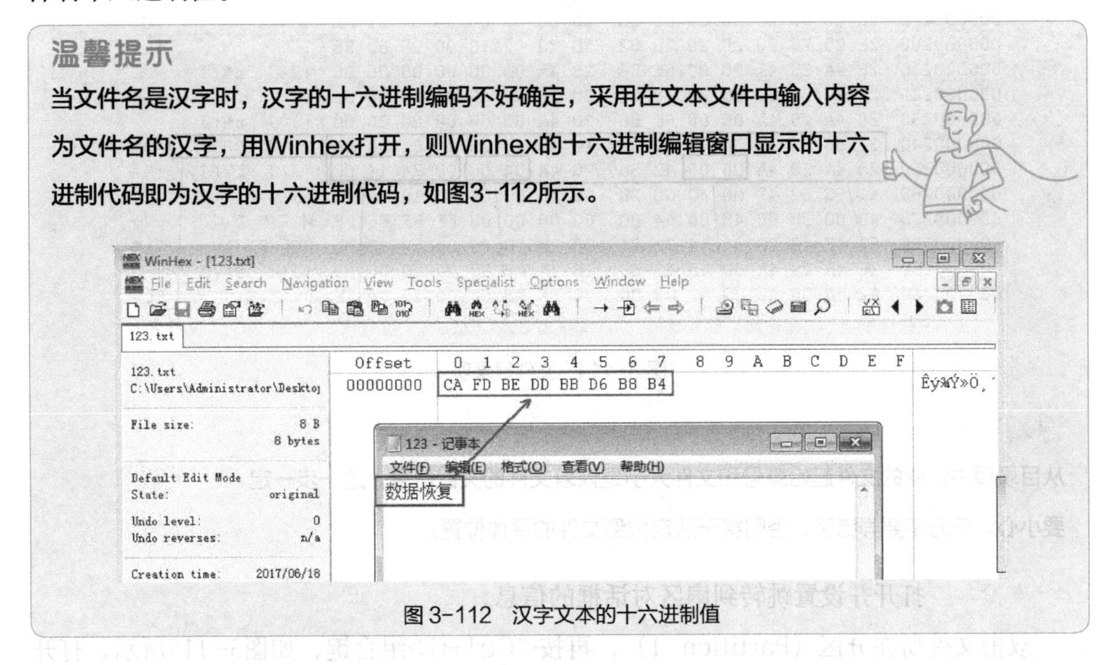

温馨提示

当文件名是汉字时，汉字的十六进制编码不好确定，采用在文本文件中输入内容为文件名的汉字，用Winhex打开，则Winhex的十六进制编辑窗口显示的十六进制代码即为汉字的十六进制代码，如图3-112所示。

图3-112 汉字文本的十六进制值

步骤四：打开并填写搜索十六进制值对话框并搜索。

按<Ctrl+ALT+X>组合键，打开搜索十六进制值对话框，在如图3-113所示的（1）号文本框中，按<Ctrl+V>组合键将文件名的十六进制“3230313730313038”值粘贴过来，向下搜索十六进制值，偏移量Cond：offset mod去掉勾选，进行搜索。

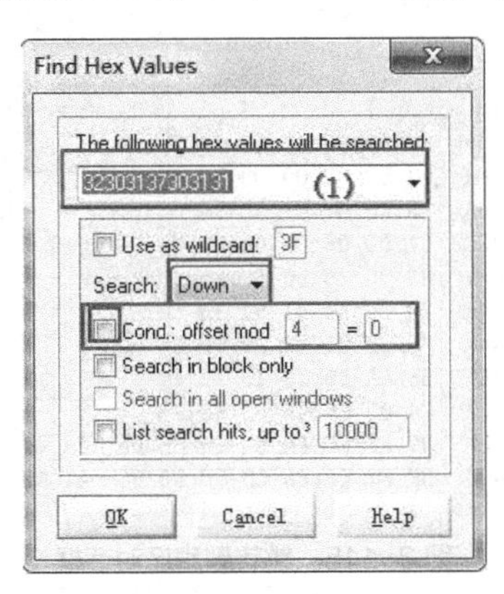

图3-113 查找十六进制值对话框

步骤五：查找文件目录项。

搜到3 230 313 730 313 038所在的扇区，从右侧十六进制编辑窗口，查找到20170108的文件的目录项，如图3-114所示，计算出此文件存入位置的起始簇号和大小。从图3-114中可以读出文件起始簇号为00000004H，用数据解释器可以读出十进制为4，即文件存放的起始簇号为4；文件大小为00147400H，用数据解释器可以读出十进制数为1 340 416，即文件大小为1 340 416个字节。

Offset	0	1	2	3	4	5	6	7	8	9	A	B	C	D	E	F	
0000001F0	00	00	00	00	00	00	00	00	00	00	00	00	00	00	55	AA	Uª
000000200	2E	20	20	20	20	20	20	02	20	20	02	10	00	95	6D	B6	. Im¶
000000210	28	4A	25	4A	00	00	6E	B6	28	4A	03	00	00	00	00	00	(J%J n¶(J
000000220	2E	20	20	20	20	20	20	02	20	20	02	10	00	95	6D	B6	Im¶
000000230	28	4A	25	4A	00	00	6E	B6	28	4A	03	00	00	00	00	00	(J%J n¶(J
000000240	32	30	31	37	30	31	30	38	44	4F	4B	20	10	B2	6D	B6	20170108DOK ²m¶
000000250	28	4A	28	4A	00	00	4C	56	28	4A	04	00	00	74	14	00	(J(J LV(J t
000000260	41	53	00	4F	00	4C	00	2D	00	46	00	0F	00	10	54	00	AS O L - F T
000000270	4D	00	2D	00	48	00	44	00	00	00	00	00	FF	FF	FF	FF	M - H D ÿÿÿÿ
000000280	53	4F	4C	2D	46	54	7E	31	20	20	20	20	00	A8	6E	B6	SOL-FT~1 ¨n¶
000000290	28	4A	28	4A	00	00	47	83	28	4A	A8	00	00	00	00	00	(J(J G(J¨
0000002A0	42	56	00	45	00	52	00	00	00	FF	FF	0F	00	45	FF	FF	BV E R ÿÿ Eÿÿ

文件目录项　文件起始簇号高位　文件起始簇号低位　文件大小　文件名

图 3-114　文件目录项

温馨提示

从目录项中读取的文件起始簇号和文件大小是恢复文件的关键信息，这一步一定要小心，千万不要弄错了，否则将无法定位到文件的具体位置。

步骤六：打开并设置跳转到扇区对话框的信息。

双击文件所在分区（Partition 1），再按<Ctrl+G>组合键，如图3-115所示。打开跳转到扇区对话框，在簇数（Cluster）对话框中输入4号簇后，单击“O K”按钮。

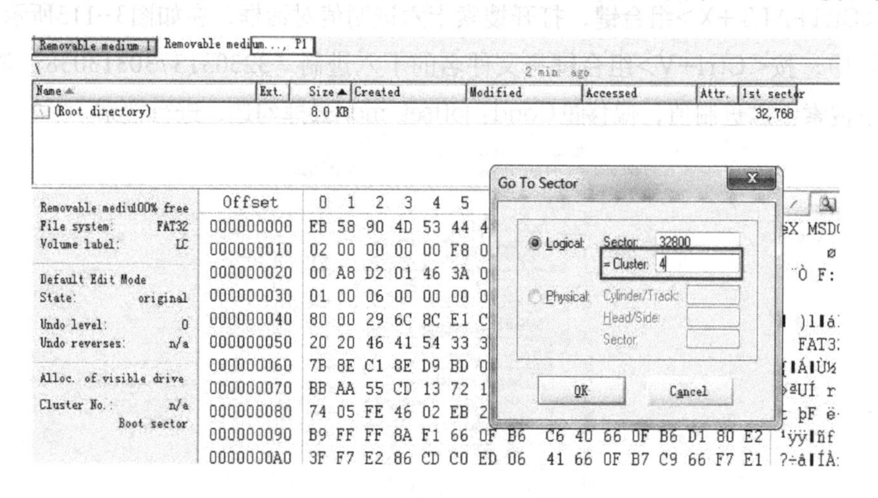

图 3-115　跳转到扇区对话框

步骤七：选择块首。

当跳转到到4号簇，即20170108.doc文件所存放的起始扇区，如图3-116所示。从该扇区的00偏移量处作起始位置，按<Alt+1>组合键进行块首选择。

步骤八：在跳转到偏移量窗口，输入文件大小的总字节数、选择偏移类型为Bytes、偏移方式为从当前位置偏移。

单击偏移量（Offset），弹出如图3-117所示的跳转到偏移量窗口，输入文件大小的总字节数、选择偏移类型（Bytes）和偏移方式，从当前位置偏移，单击“OK”按钮，光标即定位到文件的结尾处的后一个字节。

Offset	0	1	2	3	4	5	6	7	8	9	A	B	C	D	E	F	
00000000	D0	CF	11	E0	A1	B1	1A	E1	00	00	00	00	00	00	00	00	ÐÏ à¡± á
00000010	00	00	00	00	00	00	00	00	3E	00	03	00	FE	FF	09	00	>
00000020	06	00	00	00	00	00	00	00	00	00	00	00	05	00	00	00	
00000030	FE	01	00	00	00	00	00	00	00	10	00	00	01	02	00	00	þ
00000040	01	00	00	00	FE	FF	FF	FF	00	00	00	00	FA	01	00	00	þÿÿÿ
00000050	FB	01	00	00	FC	01	00	00	FD	01	00	00	00	02	00	00	û ü ý
00000060	FF	FF	FF	FF	FF	FF	FF	FF	FF	FF	FF	FF	FF	FF	FF	FF	ÿÿÿÿÿÿÿÿÿ
00000070	FF	FF	FF	FF	FF	FF	FF	FF	FF	FF	FF	FF	FF	FF	FF	FF	ÿÿÿÿÿÿÿÿÿ
00000080	FF	FF	FF	FF	FF	FF	FF	FF	FF	FF	FF	FF	FF	FF	FF	FF	ÿÿÿÿÿÿÿÿÿ
00000090	FF	FF	FF	FF	FF	FF	FF	FF	FF	FF	FF	FF	FF	FF	FF	FF	ÿÿÿÿÿÿÿÿÿ
000000A0	FF	FF	FF	FF	FF	FF	FF	FF	FF	FF	FF	FF	FF	FF	FF	FF	ÿÿÿÿÿÿÿÿÿ
000000B0	FF	FF	FF	FF	FF	FF	FF	FF	FF	FF	FF	FF	FF	FF	FF	FF	ÿÿÿÿÿÿÿÿÿ
000000C0	FF	FF	FF	FF	FF	FF	FF	FF	FF	FF	FF	FF	FF	FF	FF	FF	ÿÿÿÿÿÿÿÿÿ
000000D0	FF	FF	FF	FF	FF	FF	FF	FF	FF	FF	FF	FF	FF	FF	FF	FF	ÿÿÿÿÿÿÿÿÿ
000000E0	FF	FF	FF	FF	FF	FF	FF	FF	FF	FF	FF	FF	FF	FF	FF	FF	ÿÿÿÿÿÿÿÿÿ
000000F0	FF	FF	FF	FF	FF	FF	FF	FF	FF	FF	FF	FF	FF	FF	FF	FF	ÿÿÿÿÿÿÿÿÿ
00000100	FF	FF	FF	FF	FF	FF	FF	FF	FF	FF	FF	FF	FF	FF	FF	FF	ÿÿÿÿÿÿÿÿÿ
00000110	FF	FF	FF	FF	FF	FF	FF	FF	FF	FF	FF	FF	FF	FF	FF	FF	ÿÿÿÿÿÿÿÿÿ
00000120	FF	FF	FF	FF	FF	FF	FF	FF	FF	FF	FF	FF	FF	FF	FF	FF	ÿÿÿÿÿÿÿÿÿ
00000130	FF	FF	FF	FF	FF	FF	FF	FF	FF	FF	FF	FF	FF	FF	FF	FF	ÿÿÿÿÿÿÿÿÿ
00000140	FF	FF	FF	FF	FF	FF	FF	FF	FF	FF	FF	FF	FF	FF	FF	FF	ÿÿÿÿÿÿÿÿÿ
00000150	FF	FF	FF	FF	FF	FF	FF	FF	FF	FF	FF	FF	FF	FF	FF	FF	ÿÿÿÿÿÿÿÿÿ
00000160	FF	FF	FF	FF	FF	FF	FF	FF	FF	FF	FF	FF	FF	FF	FF	FF	ÿÿÿÿÿÿÿÿÿ
00000170	FF	FF	FF	FF	FF	FF	FF	FF	FF	FF	FF	FF	FF	FF	FF	FF	ÿÿÿÿÿÿÿÿÿ
00000180	FF	FF	FF	FF	FF	FF	FF	FF	FF	FF	FF	FF	FF	FF	FF	FF	ÿÿÿÿÿÿÿÿÿ

Offset: 0 = 208 Block: n/a Size:

图 3-116 文件数据据块首选择

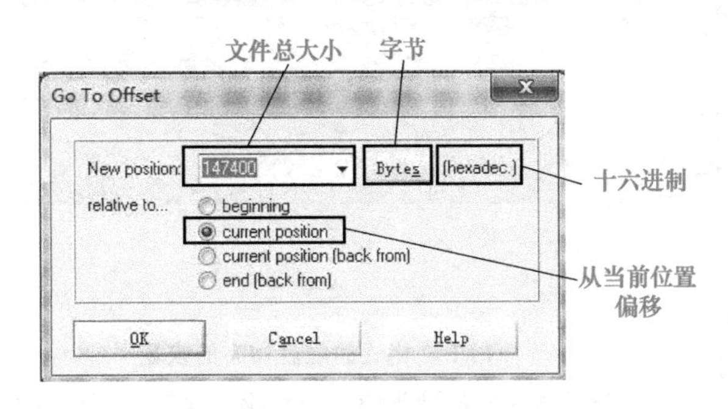

图 3-117 跳转到偏移量对话框

步骤九：选择块尾。

将光标前移一字节，在光标处按<Alt+2>组合键，进行文件内容块尾选择，则选中的区域即为要恢复文件的全部。

步骤十：保存文件。

按<Ctrl+Shift+N>组合键，弹出如图3-118所示的保存文件对话框，选定文件存放的位置并输入要保存的文件名，单击“保存”按钮，即可将要恢复的文件导出。

图 3-118　另存为对话框

步骤十一：比较恢复的文件。

打开导出的同名文件，如图3-119所示，和格式化前的数据完全相同，至此达到数据的完美恢复。

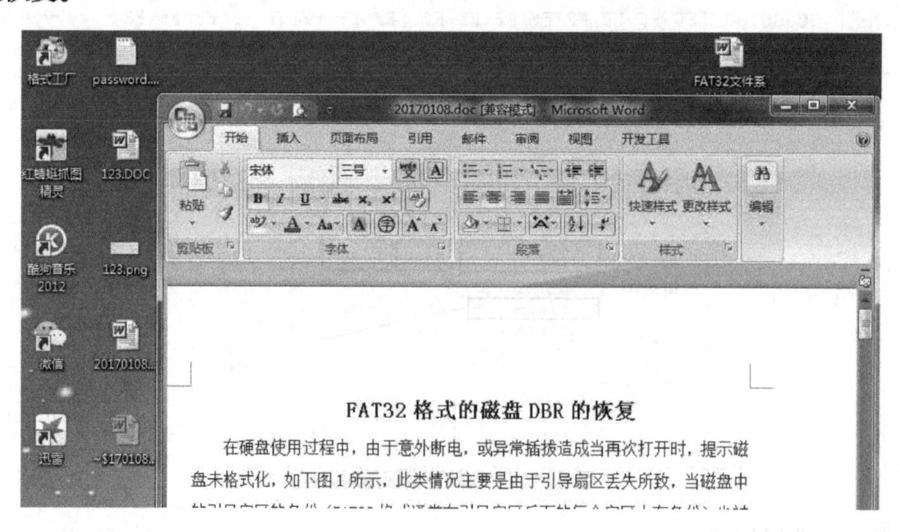

图 3-119　恢复文件内容

温馨提示

采用搜索目录项来定位文件的具体存放位置、通过读取文件大小导出文件的方法来恢复FAT32文件系统下格式化的文件，此法同样适用于FAT32文件系统下文件删除后的恢复。

任务4 NTFS文件系统磁盘文件误删除的恢复

任务描述

客户：你好！这是一个故障硬盘，请你帮我修复一下好吗？

熊熊：您好！能描述一下故障现象吗？

客户：昨天在整理数据时，误将文件系统类型为NTFS格式的磁盘下一个叫“NTFS找文件方法”目录中名为“20170116.jpg”的重要图片文件删除了，而且还清空了回收站，文件现在找不到了，能帮我恢复出来吗？

熊熊：根据您的描述，我们先检测文件的破坏程度，然后电话告知您修复需要的费用及时间，这样行吗？

客户：好的，谢谢！

任务分析

根据客户的描述，由于误删除操作，在没有再写入新数据的情况下，数据区的数据是没有变化的，目录项目中数据流的族链关系还在，是完全可以恢复的。本任务中，将故障硬盘连接到数据恢复机上，通过Winhex软件打开硬盘，搜索文件名的目录项，通过目录项的数据流簇链关系，可以轻松定位到文件存放位置和大小，并导出需要的文件。

任务实施

根据分析，NTFS文件系统分区中的文件被误删除，通过Winhex数据编辑软件按照如下的步骤可以对指定文件进行行恢复。

步骤一：通过Winhex打开故障盘Hard disk1。

将故障硬盘接上维修平台，用Winhex打开G盘所在的Hard disk1，如图3-120所示。

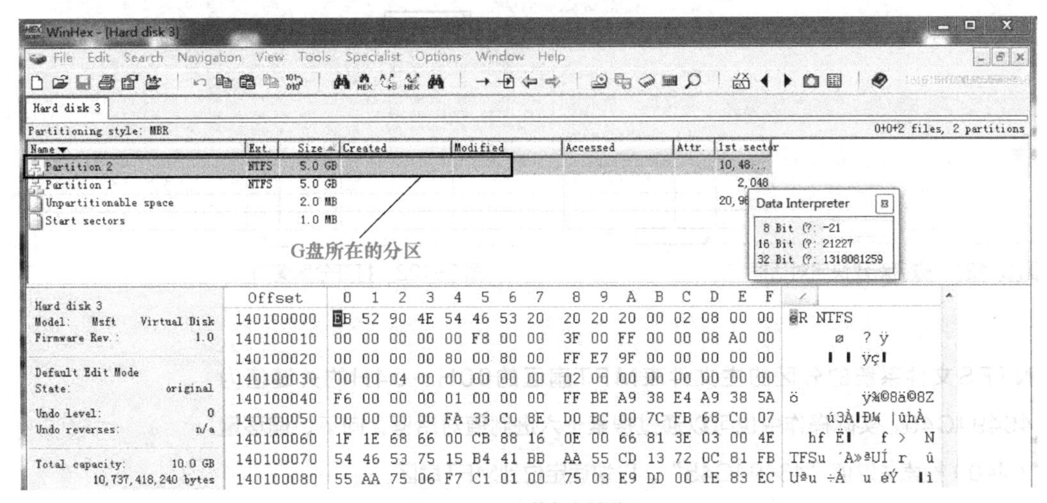

图3-120 磁盘文件分区

温馨提示

NTFS文件系统中文件目录是通过主文件表$MFT存储的，文件名在$MFT的30H属性中管理，文件的数据是在80H属性中进行管理；当文件通过不放入回收站进行删除时，实际上只是将MFT中文件记录的状态字节由01（文件在使用中）变为00（文件被删除），30H属性中的文件名、80H属性中的文件大小、Run List等重要信息都没有任何改变；成功恢复分区中被删除的文件，重点要通过Winhex软件搜索文件名的80H属性，再通过Run List值来定位到文件的具体位置，按文件大小选择文件数据区域后导出文件即可实现数据的恢复。

步骤二：搜索MFT所在的扇区。

双击“Partition 2”在弹出的如图3-121所示的窗口中，单击“建立新快照”（Take new one）按钮打开G盘，再单击$MFT定位到如图3-122所示的MFT所在的扇区，或者按<Ctrl+Alt+X>组合键，打开搜索文本对话框，从当前分区的DBR位置开始，向下搜索十六进制值46494C45，偏移量为“4=0”也可以定位到MFT扇区。

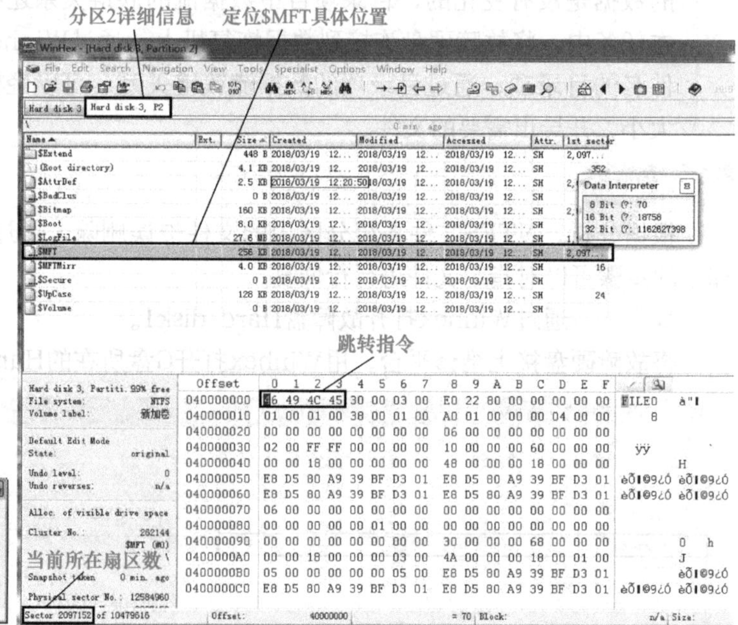

图3-121 磁盘新建快照对话框

图3-122 打开分区窗口

温馨提示

NTFS文件系统的分区的主文件表MFT扇区的00H～04H的关键值为46494C45，实际操作中也可以通过搜索十六进制值对话框，向下、偏移量（4=0）搜索关键值“46494C45”，以快速定位到MFT扇区。

步骤三：编辑查找文本对话框的内容。

按<Ctrl+F>组合键打开如图3-123所示的查找文本（Find Text）对话框，输入要查找的文件名“20170116.jpg”，字符格式“Unicode”，搜索方向“Down”，偏移量“512=0”后，单击“OK”按钮进行查找。

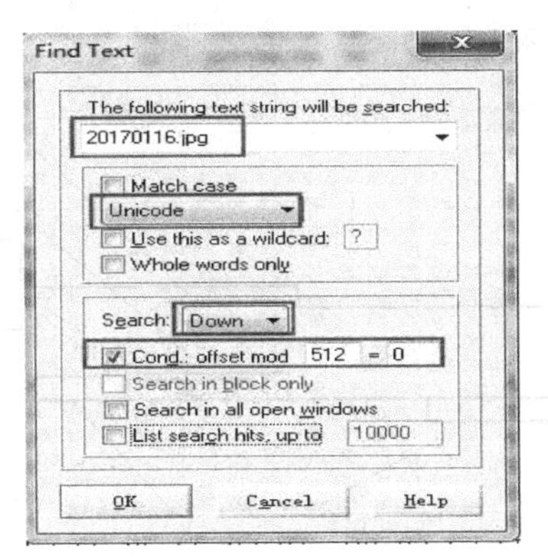

图3-123 查找文本对话框

经验分享

文件名80H属性分析。80H属性是文件的数据属性，该属性容纳着文件的内容，通过运行列表（Run List）来记录文件的起始簇号和文件大小，如图3-124所示。

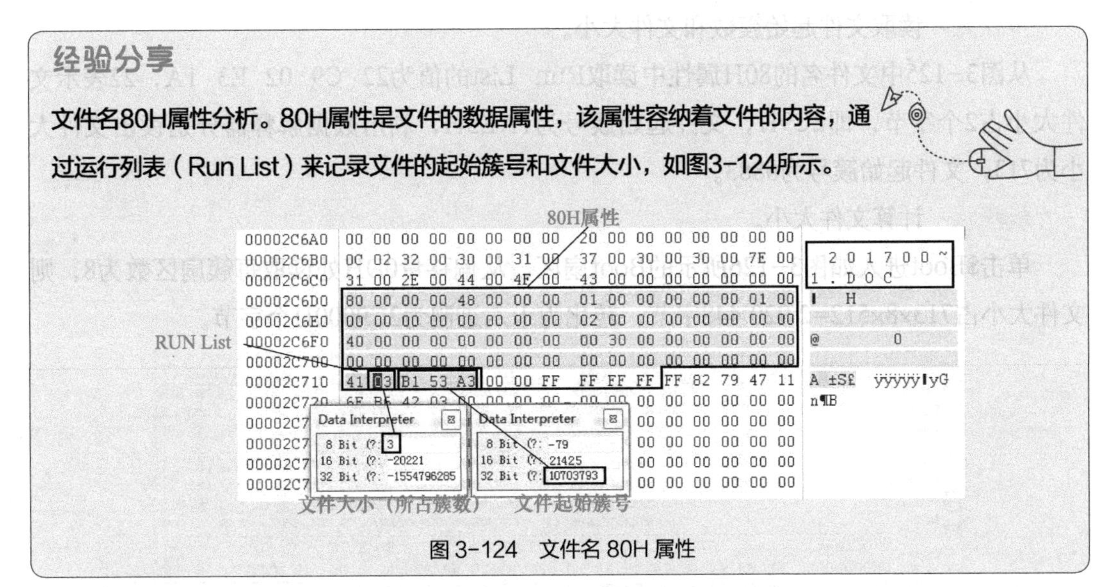

图3-124 文件名80H属性

重点是属性中的Run List，它是记录着文件数据区域的起始簇号和大小，下面通过图3-124的Run List例子来进一步理解它的意义。这个示例中，Run List的值为“41 03 B1 53 A3 00”，因为后面是00H，所以知道已经是结尾。如何解析这个Run List呢？第一个字节是压缩字节，高位和低位相加，4+1=5，表示这个Data Run信息占用5个字节，其中高位表示起始簇号占用多少个字节，低位表示大小占用的字节数。在这里可以看出文件数据区起始簇号占用1个字节，值为03，大小占用4个字节，值为B1 53 A3 00。通过数据解释器可以直接读出解析后，得到这个数据流起始簇号为10 703 793，大小为3个簇。

步骤四：根据文件名的Unicode代码查找到文件可能有好几个，只有文件名出现80H属性且有00FFFFFFFF结尾标识的文件才是要查找的文件。

查找文件名的Unicode代码时，可能会找到好几个文件名，要进行判断，不是的继续按<F3>键向下查找，当出现文件名的80H属性且有00FFFFFFFF文件名结尾标识的才是要找的，如图3-125所示。

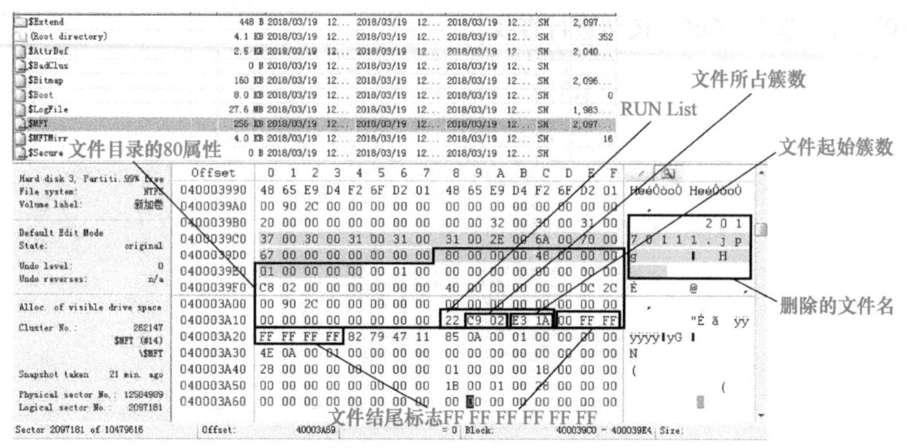

图 3-125　文件属性 Run List

步骤五：读取文件起始簇数和文件大小。

从图3-125中文件名的80H属性中读取Run List的值为22 C9 02 E3 1A，22表示文件大小占2个字节，即2C9H，文件起始簇号为1AE3H，利用数据解释器分别读出文件大小为713，文件起始簇号为6883。

步骤六：计算文件大小。

单击$Boot进入如图3-126所示的Boot扇区，从偏移量0DH处读取每簇扇区数为8，则文件大小占713×8×512=2 920 448字节，转化为十六进制为2C9000H个字节。

图 3-126　Boot 扇区

步骤七：定位文件。

单击$Boot定位到分区的0扇区，按<Ctrl+G>组合键打开“Go To Sector”，如图3-127所示。在跳转簇号文本框中输入6883，单击“OK”按钮则跳转到所找文件的实际起始位置，在此扇区的起始位置单击，再按<Alt+1>组合键选中块首。

步骤八：编辑跳转到偏移量对话框中各项目的内容。

按<Alt+G>组合键打开如图3-128所示的跳转到偏移量对话框，选择跳转类型为字节（Bytes），输入新位置偏移2C9000H个字节数，从当前位置偏移（Current Position），则跳转到文件末尾的后一个字节处。

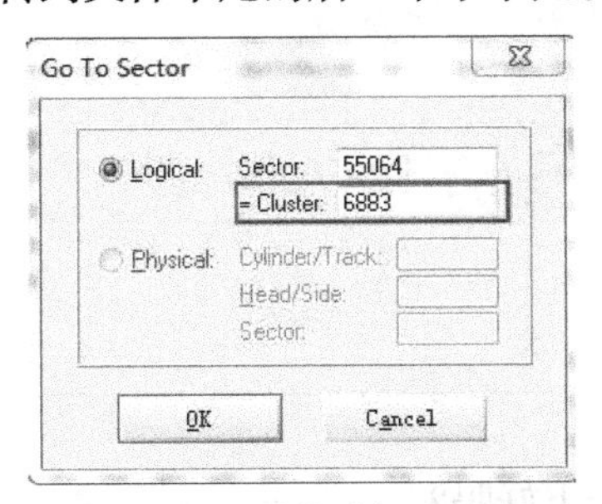

图3-127　跳转到扇区对话框

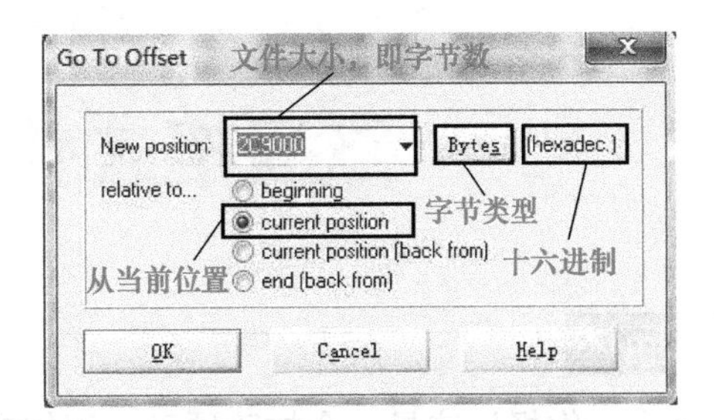

图3-128　跳转到偏移量对话框

步骤九：将查找到文件保存到指定位置。

光标向前移动一个字节后，再按<Alt+2>组合键选中块尾，再按<Ctrl+Shift+N>组合键，将选中的内容写成文件，在弹出的文件名和存放位置处，分别输入文件名"20170116.jpg"和文件存放位置，单击"保存"按钮，可以实现文件导出。

步骤十：确认恢复的文件。

打开刚导出的文件20170116.jpg，如图3-129所示，经确认就是删除的文件，至此被删除的文件完美恢复。

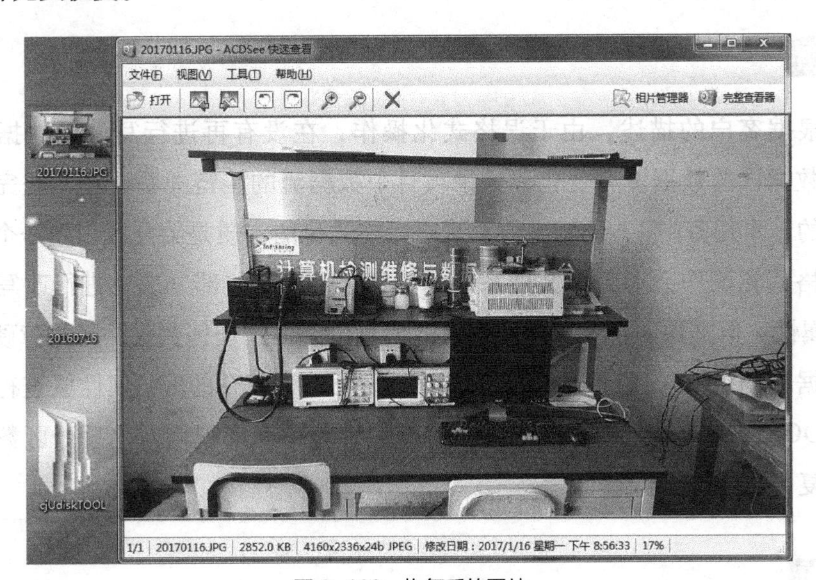

图3-129　恢复后的图片

经验分享

采用搜索目录项来定位文件的具体存放位置、通过读取文件大小来导出文件的方法来恢复NTFS文件系统中彻底删除的文件，此法同样适用于NTFS文件系统的磁盘格式化后的已知文件名的单个文件恢复。

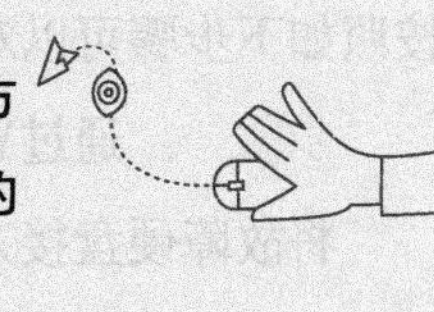

任务5　NTFS文件系统磁盘格式化后整盘恢复

任务描述

客户：你好！这是一个故障硬盘，请你帮我修复一下好吗？

熊熊：您好！能描述一下故障现象吗？

客户：昨天在整理数据时，误将计算机的D盘进行格式化操作，平时的工作文件全部存放在D盘，现在什么文件也找不到了，能帮我恢复出来吗？

熊熊：根据您的描述，我们先检测文件被损坏的程度，然后电话告知您修复需要的费用及时间，这样行吗？

客户：好的，谢谢！

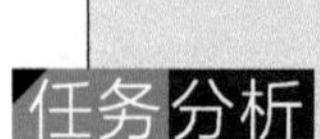

任务分析

根据客户的描述，由于误格式化操作，在没有再进行写入新数据的情况下，数据区的数据没有变化，目录项目中数据流的族链关系还在，是完全可以恢复的。本任务中，NTFS文件系统磁盘格式化的实质是给分区创建一个文件系统，格式化操作会对分区文件系统的$MFT元文件的部分属性进行改写，比如80H属性；但文件的目录项、数据区的信息没有发生任何变化。将故障硬盘连接到数据恢复机上，通过Winhex软件来对分区的$MFT的80H属性值进行重建，再用DOS命令修复文件系统的目录结构后，就可以实现格式化后分区数据的完美恢复。

任务实施

根据分析，故障原因是NTFS文件系统分区被误格式化，通过Winhex数据编辑软件按照如下步骤可以对整个硬盘分区进行恢复。

步骤一：通过Winhex打开被格式化分区的故障盘并查看分区数据。

将故障硬盘接入维修平台，用Winhex打开被格式化的分区所在的Hard　disk1磁盘，双击被格式化的分区“Partition 3”后，单击重建新快照后，打开如图3−130所示的分区3信息，分区数据区中看不到原硬盘的文件夹或文件。

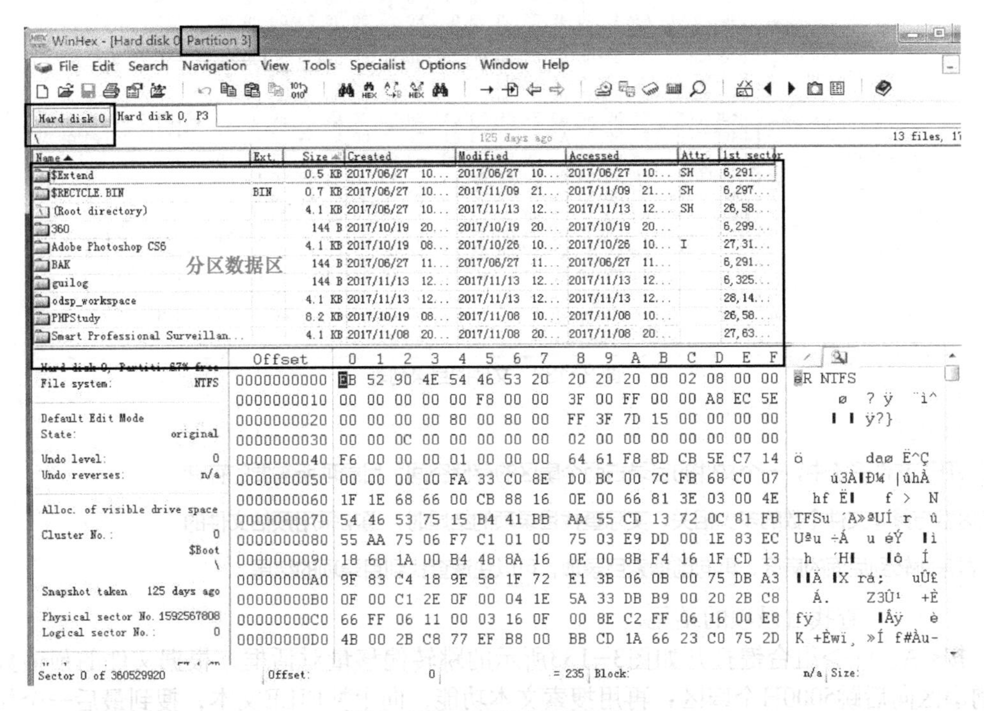

图3−130 打开格式化后的分区

步骤二：查找目录项。

在打开的分区3中，按<Ctrl+F>组合键，打开如图3−131所示的搜索文本对话框，输入FILE（注意一定要大写），进行搜索。

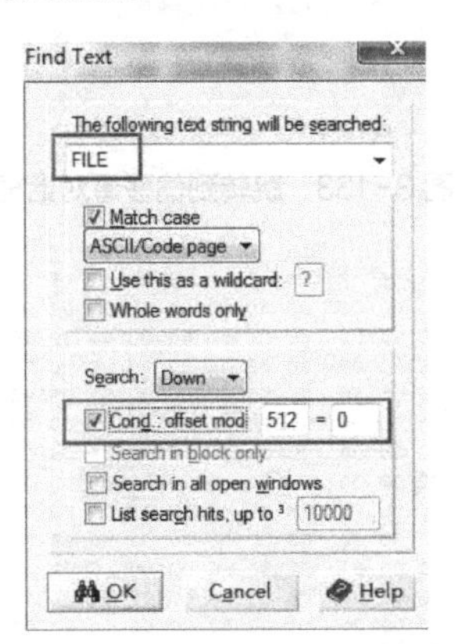

图3−131 查找文件“FILE”对话框

步骤三：查找0号扇区。

搜索到的第一个符合条件的扇区即为文件目录存放的第0号扇区，记录下此时的扇区号，如图3−132所示，是存储文件目录的第0号扇区，即文件目录的起始扇区号为DS1＝6 291 456。

Name	Size	Created	Modified	Accessed	Attr.	1st sector
$Secure	0 B	2018/03/19 12...	2018/03/19 12...	2018/03/19 12...	SH	
$MFTMirr	4.0 KB	2018/03/19 12...	2018/03/19 12...	2018/03/19 12...	SH	16
$MFT	256 KB	2018/03/19 12...	2018/03/19 12...	2018/03/19 12...	SH	2,097...
$LogFile	27.6 MB	2018/03/19 12...	2018/03/19 12...	2018/03/19 12...	SH	1,983...

Logical sector No.: 2097152
Used space: 49.5 MB 51,920,896 bytes
Free space: 4.9 GB 5,313,638,400 bytes
Total capacity: 5.0 GB 5,365,563,392 bytes
Bytes per cluster: 4,096
Free clusters: 1,297,275
Total clusters: 1,309,951
Bytes per sector: 512
Sector count: 10,479,616
Physical disk: 3

Offset	0	1	2	3	4	5	6	7	8	9	A	B	C	D	E	F	
040000000	46	49	4C	45	30	00	03	00	E0	22	80	00	00	00	00	00	FILE0 à"
040000010	01	00	01	00	38	00	01	00	A0	01	00	00	00	04	00	00	8
040000020	00	00	00	00	00	00	00	00	06	00	00	00	00	00	00	00	
040000030	02	00	FF	FF	00	00	00	00	10	00	00	00	60	00	00	00	ÿÿ
040000040	00	00	18	00	00	00	00	00	48	00	00	00	18	00	00	00	H
040000050	E8	D5	80	A9	39	BF	D3	01	E8	D5	80	A9	39	BF	D3	01	èÕ©9¿Ó èÕ©9¿Ó
040000060	E8	D5	80	A9	39	BF	D3	01	E8	D5	80	A9	39	BF	D3	01	èÕ©9¿Ó èÕ©9¿Ó
040000070	06	00	00	00	00	00	00	00	00	00	00	00	00	00	00	00	
040000080	00	00	00	00	00	01	00	00	00	00	00	00	00	00	00	00	
040000090	00	00	00	00	00	00	00	00	30	00	00	00	68	00	00	00	0 h
0400000A0	00	00	18	00	00	00	03	00	4A	00	00	00	18	00	01	00	J
0400000B0	05	00	00	00	00	00	05	00	E8	D5	80	A9	39	BF	D3	01	èÕ©9¿Ó
0400000C0	E8	D5	80	A9	39	BF	D3	01	E8	D5	80	A9	39	BF	D3	01	èÕ©9¿Ó èÕ©9¿Ó
0400000D0	E8	D5	80	A9	39	BF	D3	01	00	40	00	00	00	00	00	00	èÕ©9¿Ó @
0400000E0	00	40	00	00	00	00	00	00	06	00	00	00	00	00	00	00	@
0400000F0	04	03	24	00	4D	00	46	00	54	00	00	00	00	00	00	00	$ M F T

第0号记录

Sector 2097152 of 10479616 Offset: 40000000 = 70 Block: n/a Size:

图 3-132 文件的目录列表

温馨提示

在NTFS文件系统中，一个文件的目录占两个扇区的存储空间，目录项所需要的存储扇区数与具体文件个数的多少相关，实际查找目录项的结尾时，通常采用预估文件的个数来跳转到后面的扇区，再向前搜索目录项，可以快速查找到目录项的结尾。

步骤四：查找目录项的结尾。

按<Alt+G>组合键打开如图3-133所示的跳转偏移量对话框，根据文件的预估数从当前扇区向后跳5000H个扇区；再用搜索文本功能，向上搜FILE文本，搜到最后一个如图3-134所示的目录项存放的物理扇区号DS2＝6 296 062。

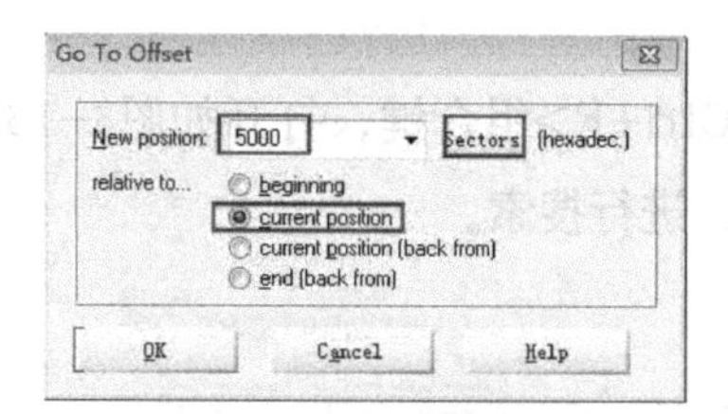

图 3-133 跳转到偏移量对话框

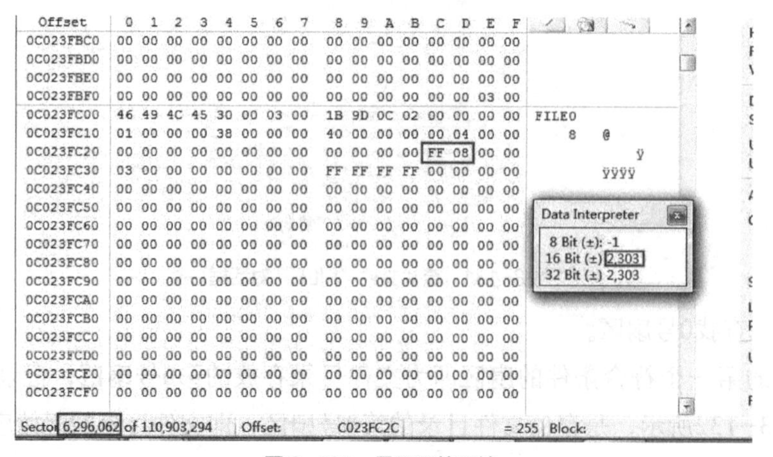

图 3-134 目录项的开始

步骤五：判断文件碎片。

由于每个文件目录项占两个扇区，通过数据解释器读出最后一个文件目录的序号为S=2 303，且DS2−DS1=6 296 062−6 291 456=4606，S=（DS2−DS1）/2=2 303，说明目录项是连续的，即文件目录分别存储在一些连续的区域中，表示目录项中无碎片。

知识链接

$MFT的80H属性分析。如图3−135所示在此常驻属性中有24个字节用来存储数据流分配的空间大小的字节数；Run List中记录了分区中文件存放的起始簇号和文件大小所占的簇数。

当分区被格式化以后，MFT的80H属性值被修改，想恢复原来分区中的数据，必须要通过查找目录项信息，计算出格式化以前数据流存储所占的字节数以及$MFT所占的簇数、$MFT的起始簇号来填写Run List，最后通过重置$MFT的80H属性来恢复原来的目录结构。

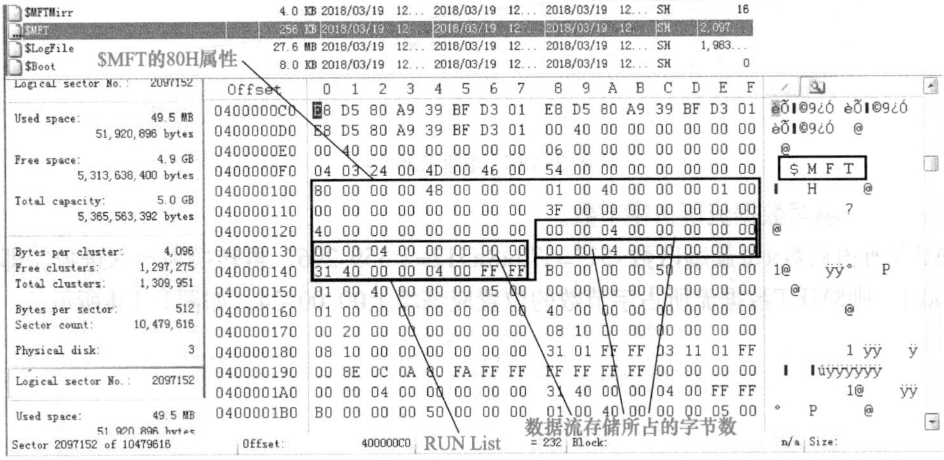

图 3−135　MFT 扇区 80H 属性

步骤六：计算Run List中$MFT所占的簇数。

$MFT所占簇数＝S3×2/每簇扇区数（即MFT的目录总数乘以2表示MFT占用的总扇区数，再除以每簇扇区数来计算）；其中每簇扇区数可以从$Boot扇区的0DH偏移时中直接读出，如图3−136所示，即读出的值为8，即2 303×2/8＝575.75，取整后为576，转换成16进制值后为240H，则Run List中$MFT所占簇数的两字节所填值为40 02。

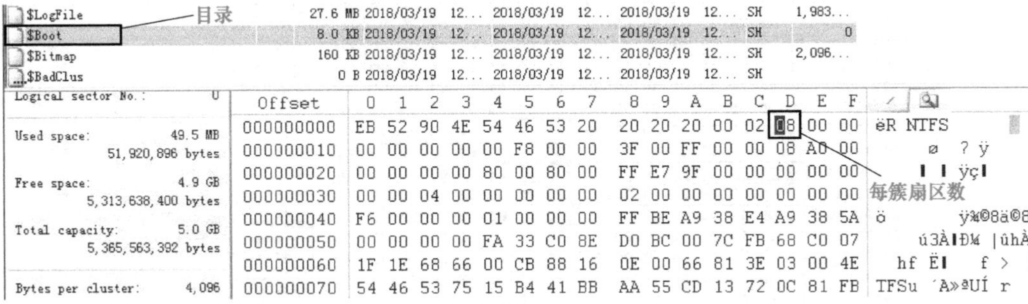

图 3−136　Boot 扇区

步骤七：计算$MFT的起始簇号。

$MFT的起始簇号＝S1/每簇扇区数，即6 291 456/8＝786 432，转换成十六进制为C0000，则Run list中$MFT的起始簇号的值所填的为00 00 0C。

步骤八：确定Run List值。

根据计算所得的$MFT所占簇数和起始簇号，则Run List所填的值应该为32 40 02 00 00 0C，将此值填到$MFT的80H属性的Run List位置，如图3−137所示。

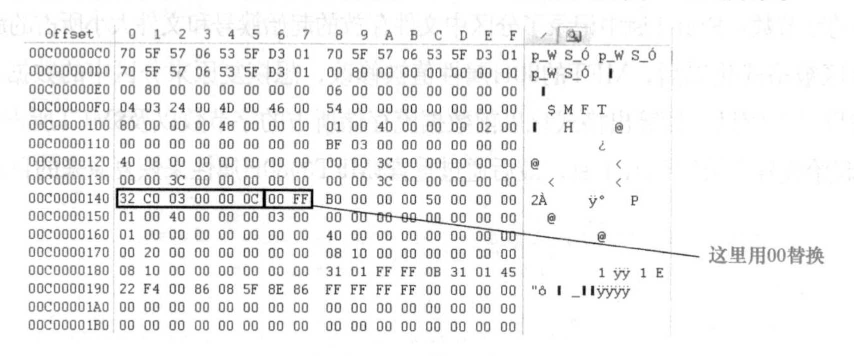

```
Offset      0  1  2  3  4  5  6  7   8  9  A  B  C  D  E  F
00C00000C0 70 5F 57 06 53 5F D3 01  70 5F 57 06 53 5F D3 01  p_W S_Ó p_W S_Ó
00C00000D0 70 5F 57 06 53 5F D3 01  00 80 00 00 00 00 00 00  p_W S_Ó
00C00000E0 00 80 00 00 00 00 00 00  06 00 00 00 00 00 00 00
00C00000F0 04 03 24 00 4D 00 46 00  54 00 00 00 00 00 00 00    $ M F T
00C0000100 80 00 00 00 48 00 00 00  01 00 40 00 00 00 02 00     H     @
00C0000110 00 00 00 00 00 00 00 00  BF 03 00 00 00 00 00 00          ¿
00C0000120 40 00 00 00 00 00 00 00  00 00 3C 00 00 00 00 00  @         <
00C0000130 00 00 3C 00 00 00 00 00  00 00 3C 00 00 00 00 00    <       <
00C0000140 32 C0 03 00 00 0C 00 FF  B0 00 00 00 50 00 00 00  2À     ÿ°   P
00C0000150 01 00 40 00 00 00 03 00  00 00 00 00 00 00 00 00    @
00C0000160 01 00 00 00 00 00 00 00  40 00 00 00 00 00 00 00          @
00C0000170 00 20 00 00 00 00 00 00  08 10 00 00 00 00 00 00
00C0000180 08 10 00 00 00 00 00 00  31 01 FF FF 0B 31 01 45          1 ÿÿ 1 E
00C0000190 22 F4 00 86 08 5F 8E 86  FF FF FF FF 00 00 00 00  "ô  _ ÿÿÿÿ
00C00001A0 00 00 00 00 00 00 00 00  00 00 00 00 00 00 00 00
00C00001B0 00 00 00 00 00 00 00 00  00 00 00 00 00 00 00 00
```


图3−137　重建Run List

步骤九：填写数据流所占字节数。

MFT所占簇数×每簇扇区数×512=576×8×512=2 359 296，再转换为十六进数，即为：240000H，则$MFT数据流所占字节数的位置应该填上00 00 24，如图3−138所示。

```
Offset    0  1  2  3  4  5  6  7   8  9  A  B  C  D  E  F
C00000C0 C4 2F EA 45 57 8D D1 01  C4 2F EA 45 57 8D D1 01  Ä/êEW Ñ Ä/êEW Ñ
C00000D0 C4 2F EA 45 57 8D D1 01  00 00 04 00 00 00 00 00  Ä/êEW Ñ
C00000E0 00 00 04 00 00 00 00 00  06 00 00 00 00 00 00 00
C00000F0 04 03 24 00 4D 00 46 00  54 00 00 00 00 00 00 00    $ M F T
C0000100 80 00 00 00 48 00 00 00  01 00 40 00 00 00 01 00  €   H     @
C0000110 00 00 00 00 00 00 00 00  3F 00 00 00 00 00 00 00          ?
C0000120 40 00 00 00 00 00 00 00  00 00 24 00 00 00 00 00  @         $
C0000130 00 00 24 00 00 00 00 00  00 00 24 00 00 00 00 00    $       $
C0000140 32 40 02 00 00 0C 00 00  B0 00 00 00 48 00 00 00  2@      °   H
C0000150 01 00 40 00 00 00 06 00  00 00 00 00 00 00 00 00
C0000160 00 00 00 00 00 00 00 00  40 00 00 00 00 00 00 00
C0000170 00 10 00 00 00 00 00 00  20 00 00 00 00 00 00 00
C0000180 20 00 00 00 00 00 00 00  31 01 FF FF 0B 00 00 00
C0000190 FF FF FF FF 00 00 00 00  08 10 00 00 00 00 00 00

Data Interpreter
8 Bit (±): 0
16 Bit (±) 0
32 Bit (±) 0
```

图3−138　重建数据流

步骤十：更改$MFT的118H～119H的值。

将$MFT所占簇数的值减1以后，填入修改，即240H−1＝23FH，所以此处填3F 02即可，如图3−139所示。保存修改后退出Winhex。

```
Offset      0  1  2  3  4  5  6  7   8  9  A  B  C  D  E  F
0C000000C0 C4 2F EA 45 57 8D D1 01  C4 2F EA 45 57 8D D1 01  Ä/êEW Ñ Ä/êEW Ñ
0C000000D0 C4 2F EA 45 57 8D D1 01  00 00 04 00 00 00 00 00  Ä/êEW Ñ
0C000000E0 00 00 04 00 00 00 00 00  06 00 00 00 00 00 00 00
0C000000F0 04 03 24 00 4D 00 46 00  54 00 00 00 00 00 00 00    $ M F T
0C00000100 80 00 00 00 48 00 00 00  01 00 40 00 00 00 01 00  €   H     @
0C00000110 00 00 00 00 00 00 00 00  3F 02 00 00 00 00 00 00          ?
0C00000120 40 00 00 00 00 00 00 00  00 00 24 00 00 00 00 00  @         $
0C00000130 00 00 24 00 00 00 00 00  00 00 24 00 00 00 00 00    $       $
0C00000140 32 40 02 00 00 0C 00 00  B0 00 00 00 48 00 00 00  2@      °   H
0C00000150 01 00 40 00 00 00 06 00  00 00 00 00 00 00 00 00
0C00000160 00 00 00 00 00 00 00 00  40 00 00 00 00 00 00 00
0C00000170 00 10 00 00 00 00 00 00  20 00 00 00 00 00 00 00
0C00000180 20 00 00 00 00 00 00 00  31 01 FF FF 0B 00 00 00
0C00000190 FF FF FF FF 00 00 00 00  08 10 00 00 00 00 00 00

Data Interpreter
8 Bit (±): 0
16 Bit (±) 0
32 Bit (±) 0
```

图3−139　重建MFT

步骤十一：修复文件系统的目录结构。

利用DOS命令“chkdsk盘符：/F”，即可实现文件系统的目录恢复。执行“开始”→“运行”→“cmd”命令，进入命令行模式，如图3-140所示。

步骤十二：完成I盘的数据恢复。

等待DOS命令执行完成，I盘的数据实现完美恢复，如图3-141所示。

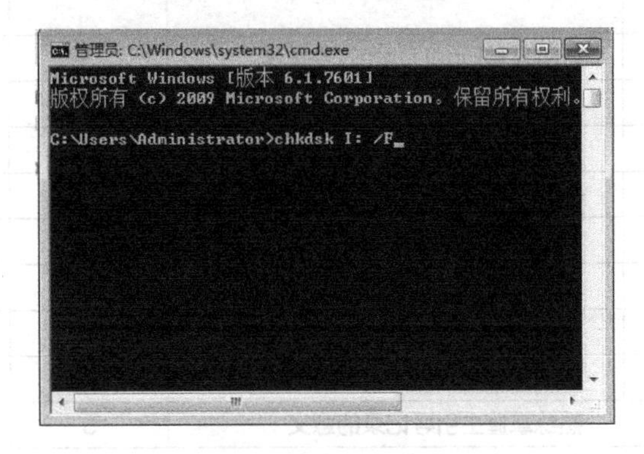

图3-140 修复文件系统

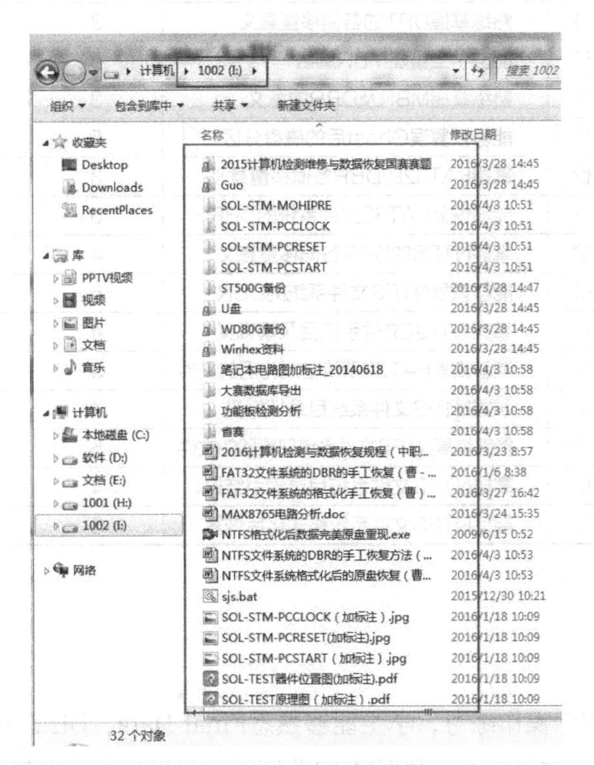

图3-141 恢复后的分区

温馨提示

采用Chkdsk命令修复目录结构时，是非常耗时的，当文件量超过10GB时通常在重建索引时要好几分钟，一定要耐心等待，切忌中途强行中止，否则无法正常恢复。

单元评价 UNIT EVALUATION

为了了解学生对本单元学习内容的掌握程度，请教师和学生根据实际情况认真填写表3–1的内容。

表 3–1 单元学习内容掌握程度评价表

评价主体			评分标准	分值	学生自评	教师评价
项目1	任务1	操作评价	熟练掌握Final Data软件操作	3		
		成果评价	能使用Final Data恢复已删除的文件	5		
	任务2	操作评价	熟练掌握Disk Genius软件操作	3		
		成果评价	能使用Disk Genius修复磁盘坏道	5		
	任务3	操作评价	熟练掌握R–Studio软件操作	3		
		成果评价	能使用R–Studio恢复已删除的文件	5		
	任务4	操作评价	熟练掌握Winhex软件操作	3		
		成果评价	能使用Winhex清空磁盘数据	5		
项目2	任务1	操作评价	熟练掌握主引导记录的意义	3		
		成果评价	能使用磁盘精灵恢复主引导记录	5		
	任务2	操作评价	熟练掌握DPT的各偏移量意义	3		
		成果评价	能够手工重建MBR扇区	5		
	任务3	操作评价	熟练掌握MBR及DBR的意义	3		
		成果评价	能够恢复误Ghost后的磁盘分区	5		
项目3	任务1	操作评价	掌握FAT32的DBR各偏移量意义	3		
		成果评价	能够恢复FAT32文件系统的DBR	5		
	任务2	操作评价	掌握NTFS的DBR各偏移量意义	4		
		成果评价	能够恢复NTFS文件系统的DBR	5		
	任务3	操作评价	掌握FAT32文件系统目录项意义	4		
		成果评价	能够恢复FAT32系统格式化后的文件	5		
	任务4	操作评价	掌握NTFS文件系统目录项意义	4		
		成果评价	能够恢复NTFS文件系统已删除的文件	5		
	任务5	操作评价	掌握NTFS文件系统目录索引结构	4		
		成果评价	能使NTFS文件系统格式化后恢复	5		

单元总结 UNIT SUMMARY

通过本单元的实际操作练习，学生能够熟悉Final Data、Disk Genius、R–Studio和Winhex的基本功能及使用方法；掌握MBR分区的主引导记录的恢复方法，并能恢复磁盘被误Ghost操作后所丢失的分区；掌握对FAT32文件系统、NTFS文件系统损坏的DBR进行恢复，进而恢复磁盘分区的技巧；掌握通过查找FAT32文件系统、NTFS文件的目录项直接定位、导出文件的方法，以恢复被格式化或被误删除的文件。

单元4 固件类故障维修与数据恢复

单元情景

熊熊进入公司后，通过学习了解到数据恢复技术通常可分为3个层次：逻辑层、固件层和物理层。逻辑层次主要关注在文件系统级别上的数据恢复，目前已经有许多这方面的工具软件。那什么是固件类故障呢？

熊熊：什么是固件类故障？

球球：固件类故障是在存储介质物理机构受到损坏，比如硬盘受到撞击导致硬件损坏等情况下，进行的数据恢复工作。由于通常存储设备的固件故障看起来很像是硬件故障，所以经常固件损坏会被当做是硬件故障。又由于通常存储设备在硬件受损时，固件也会受损，表现为固件和硬件双重故障，因此通常固件层和物理层的数据恢复技术是密不可分的。

熊熊：我明白了，那固件类故障通常用哪些软件来恢复呢？它又是如何恢复的呢？

球球：来吧，我向你好好地介绍软件类故障的恢复方法，让我们从常用的几个数据恢复软件开始吧！

单元概要

硬盘有一系列的基本参数和运行指令，包括品牌、型号、容量、柱面数、每磁道扇区数、系列号、缓存大小、适配数据、区域分配表、S.M.A.R.T.值、硬件自检程序、硬盘工作指令等，这些参数和指令就构成硬盘的固件。如果固件中某一项重要参数找不到或出错，启动程序将无法完成正常启动过程，硬盘会进入保护模式，无法进入正常的工作状态，导致出现硬盘无法识别、无法正常进行读写操作等故障。

固件类故障维修在行业内被定义为二级维修，它包含两个层面的含义：一是硬盘固件损坏引起的故障；二是通过修改固件参数来修复硬盘上物理坏道、磁头损坏的物理部件及故障。硬盘的固件损坏需要通过专业工具及软件才能读写和修复。目前业界常用的固件修复工具有PC3000、效率源、MRT等。本单元主要以纯中文操作界面的MRT工具为例介绍固件类的故障修复。

单元学习目标

1．使用MRT检测与重写硬件固件
2．使用MRT修复希捷固件的地址译码器模块
3．使用MRT修复西部数据硬盘固件11号模块
4．使用MRT修复硬盘坏道
5．使用MRT修复固件区坏道
6．使用MRT屏蔽损坏磁头

PROJECT 1 项目 1

硬盘自检过不了——固件损坏了

磁盘的软件类故障会造成磁盘无法正常打开使用，数据会丢失，本项目主要讲解常用的几款数据恢复软件的运用。

固件又称Firmware，通俗理解就是“固化在硬件中的软件”，其担任着一个系统最基础最底层的工作。对硬盘固件可以这样来理解：假设硬盘是一台计算机主机，固件则相当于BIOS和操作系统程序，里面是用汇编语言编写的引导命令、控制语句和执行语句，协调和控制硬盘各个内部部件之间相互作用。

虽然以“固件”为名，但还是应当被理解为软件。集成电路技术的进步，使得升级固件也变得越来越简单。固件程序与通常所说的程序的区别已经越来越小。

对于固件的保存位置来说，不同品牌的硬盘各不相同。有的硬盘是部分保存在电路板的芯片中，部分保存在负磁道，即零磁道前面的磁道；而有的硬盘则将所有固件信息全部保存在负磁道。

在硬盘的正常工作状态下，固件区是无法访问的。只有通过专业工具，将硬盘转入工厂技术状态下，才能对硬盘进行读写固件区信息、获取固件区模块和表格配置图、获取扇区分配表、进行LBA（逻辑地址）与CHS（物理地址）互换、进行低级格式化以及读、写硬盘的闪存芯片等操作。

固件就是硬件设备的灵魂，因为一些硬件设备除了固件以外没有其他软件，因此固件也就决定着硬件设备的功能及性能。

在硬盘中，固件负责驱动、控制、解码、传送、检测等工作，如管理数据的存放位置、记录已经损坏的缺陷扇区、避免使用过程中再次用到这些坏的缺陷扇区、记录硬盘在工作中的温度或出现的错误等。少了固件的硬盘就只是一堆机械和电子元器件，不能正常运转，更不用说在其中读写数据了。

知识准备

一、固件常见故障表现

硬盘固件是硬盘正常运行的根本条件，但是硬盘固件出现的故障相对来说还是常见的硬盘故障，那么硬盘固件故障都会有哪些表现呢？

正常情况下，硬盘加电之后都要有一个“初始化”的过程，这个过程被称为自检，硬盘在自检的过程（初始化硬盘固件参数）中都会发出一些声音，不同型号的硬盘自检声音的长短和规律都不同。这些自检声音是由于硬盘内部的磁头寻道及归位动作而发出的。

硬盘在自检过程中读取硬盘固件相关参数和程序，若是在读取校验时不正常，硬盘就不能进入准备状态，这时硬盘会有以下几类表现：

1）计算机的BIOS无法识别到硬盘。

2）计算机的BIOS可以识别到硬盘的型号，但是无法识别到硬盘容量。

3）计算机的BIOS可以识别到硬盘的型号，但是识别到硬盘的容量会比实际的硬盘容量小。

4）计算机的BIOS可以识别到硬盘的型号，但是出现乱码或出现识别的英文代码。

5）计算机的BIOS可以识别到硬盘，但是用检测工具进行检测会发现盘片上有大量坏扇区，硬盘无法使用。

6）将硬盘通电之后放在耳边仔细听，可以发现硬盘加电自检的声音不完整。

二、固件损坏的原因分析

硬盘固件的使用率非常高并且依赖性也非常高，硬盘在上电之后是硬盘程序首要访问的区域，在正常运行过程中也需要借助固件信息进行一般的读写操作。硬盘固件本质上是软件程序，频繁地访问固件所在的存储区以及对工作参数进行实时地更新都会带来不可预知的危险。那么造成硬盘固件损坏都有哪些原因呢？

1. 存储器故障

硬盘固件生产商会选用EEPROM和硬盘盘片存储固件程序，相对来说选用EEPROM存储硬盘固件的占多数。另外，固件程序本身是只读的一种程序代码，正常环境下使用不存在任何危险，但是EEPROM存储器是可擦写存储器。为了降低电路正在工作过程中对硬盘固件的影响，厂商设置了严格的擦写条件，但是并不排除在硬盘上电路和掉电等工作状态改变的过程中发生误操作的可能性。

作为一个简单的电路系统，存储器本身也存在被电路环境损坏或自身发生故障的可能性。出于成本的考虑，硬盘的电路保护系统设计非常简单，这更增加了在电压不稳等恶劣环境下元器件故障的风险，这是电子系统不可避免的问题。

2. 参数错误

硬盘固件信息在硬盘使用过程中有可能会改变，比如硬盘的坏道信息、容量LBA值等参数都需要根据实际工作情况进行实时更新。通常这些更新被称为硬盘固件信息回写，而在数据回写的过程中可能会出现以下情况：

回写数据错误，有可能是参数计算时出错，也有可能是参数存取时出现问题。

回写过程执行错误，包括寻址错误、访问异常以及其他不确定因素引起的问题。

回写信息的目的地址受损、数据参数都存于盘片的负磁道中，盘片在运行过程中在任意位置都可能出现坏道，如果坏道恰好出现在回写地址或者因为其他原因，都会出现回写地址无法正常读写、回写失败的情况。

三、硬盘固件故障维修流程

对于硬盘的固件来说，它并非是对用户开放的信息，所以对硬盘的固件检测、维修、验证的过程也需要借助专业的工具。目前，市场上对于硬盘固件的修复工具比较少，常用的工具就是PC3000。

由于固件的主要作用是负责硬盘上电之后的初始化过程，计算机开机会显示系统初始化的信息，可以通过观察硬盘上电自检过程是否正常来判断固件是否完好。如果固件出现问题，则在上电后操控硬盘加载各种基本参数时就会遇到错误，固件程序就无法正常完成启动过程，从而导致硬盘进入保护模式或者异常的工作状态。所以，可以通过计算机开机自检信息判断硬盘是否出现故障。虽然各种不同的硬盘固件信息也不同，但是固件故障的基本信息大概都相同。因此，拿到故障硬盘之后，首先要判断故障盘的故障是否出现在固件部分，一般的操作步骤如下。

接入数据恢复工作机，加电测试硬盘是否存在硬件故障，若硬盘能够加电，没有出现敲盘或者磁头摩擦盘片的“沙沙”声，电机工作稳定没有异响，这样基本可以排除硬件故障，可以进行下一步判断。

开机进入BIOS，观察能否识别到硬盘。若硬盘无法正常被识别到，通电后可以听到硬盘加电自检的声音不完整，只有前半声，没有后半声，也没有磁头寻道的声音，则可以初步判断是固件故障。如果在BIOS中可以识别出硬盘，则可以继续下一步。

在BIOS能够识别到硬盘的基础上，进一步观察硬盘的参数。若出现BIOS中的显示参数与实际参数不符合的情况，如果硬盘型号出现乱码，硬盘容量比盘体标签上标识的小或者不识别硬盘容量等，则可以初步判断为固件故障，如果识别正常，则继续下一步操作。

正常进入操作系统之后，观察磁盘管理器中是否能够看到故障盘的物理盘符，若在磁盘管理器中无法看到该盘的物理盘符，则有可能是固件出现了故障，可以借助MHDD等磁盘扫描工具进一步判断具体的故障原因（MHDD应用在后面章节会有详细介绍）。如果看到该盘符，则基本可以排除固件故障的可能。

任务1 使用MRT检测与重写硬件固件

任务描述

客户：您好，我的计算机里面有很多资料，但今天计算机无法启动，维修公司的人员说是硬盘坏了，那我原来存放在硬盘中的资料怎么办？

熊熊：您好，请将您的旧硬盘给公司的工程师检测一下。

客户：好的。

熊熊：经检测，您的硬盘是固件损坏，我们将为您进行维修，维修好后通知您，您看可以么？

客户：好的，请尽快。

熊熊：您放心，我们尽快完成。

任务分析

将故障盘接入维修平台，开机启动平台，故障硬盘主轴转动声音正常，没有磁头敲盘声音，在“磁盘管理”界面都没有看到故障盘，由此判断可能是固件损坏，于是将故障盘接入平台MRT维修卡，如图4-1所示。

图4-1 故障盘接入平台MRT维修卡

任务实施

步骤一：从维修平台上打开MRT修复工具软件，如图4-2所示。

步骤二：单击MRT工具栏中的“电源”按钮，如图4-3所示，即可为故障硬盘加电。

步骤三：选定故障盘的品牌标志，MRT会自动识别硬盘的型号，如图4-4所示。

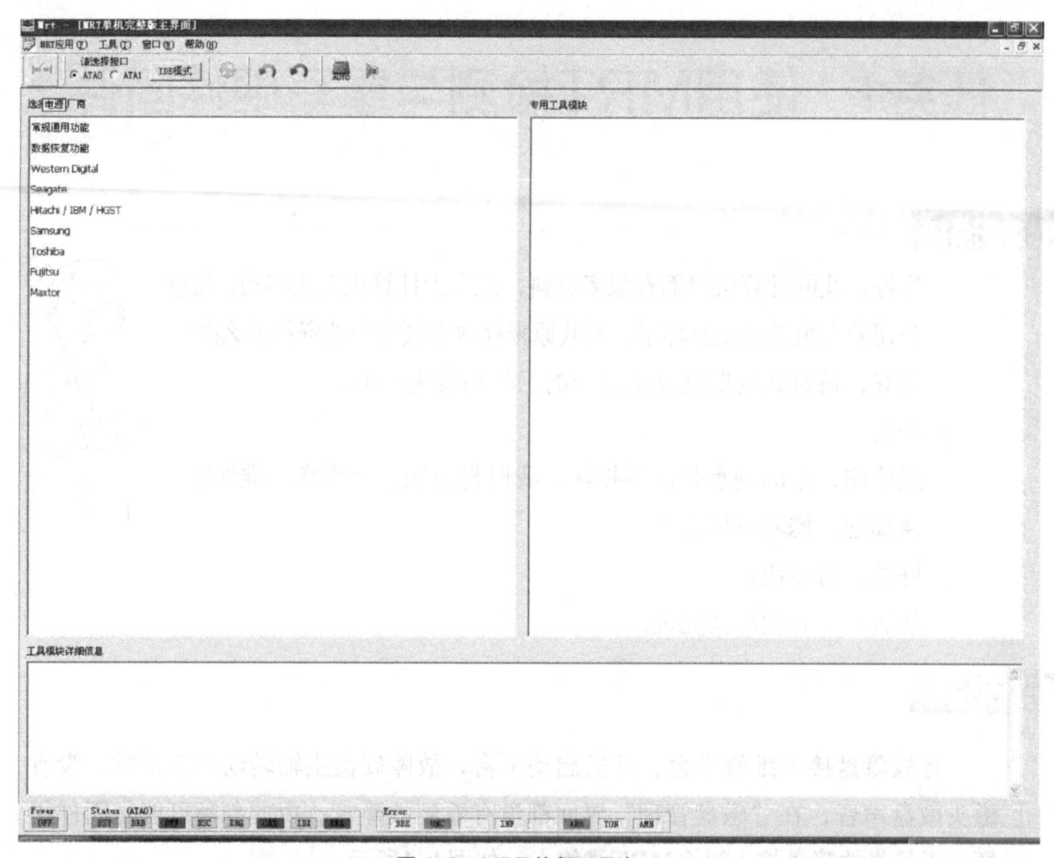

图 4-2　MRT 修复工具窗口

图 4-3　MRT 软件的“电源”按钮操作

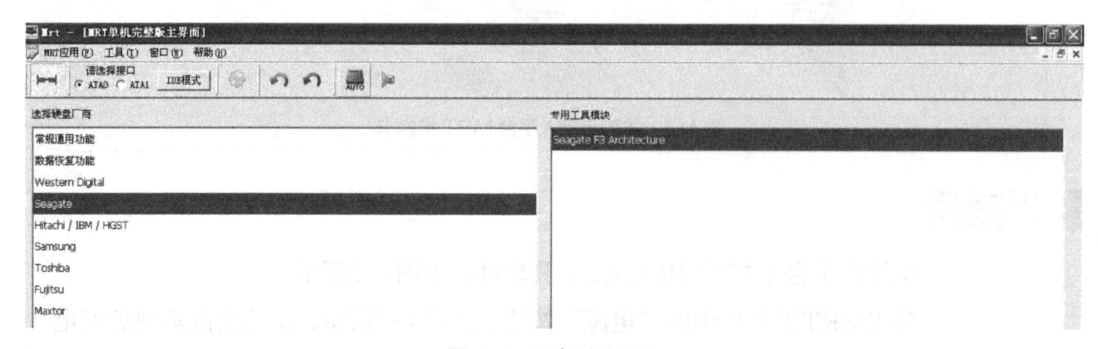

图 4-4　硬盘型号识别

步骤四：单击“确定”按钮，如图4−5所示。

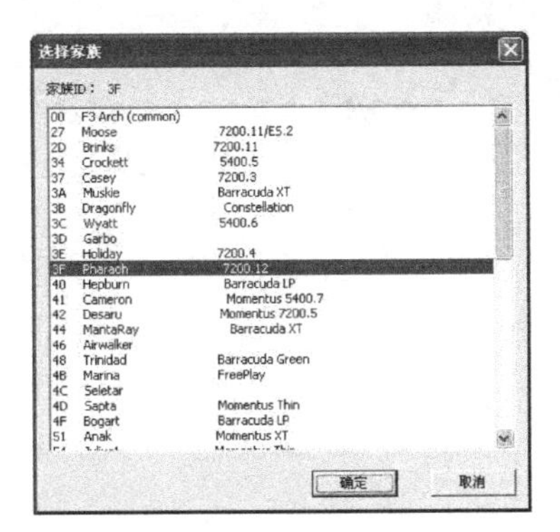

图 4-5 选择家族 ID

步骤五：硬盘资源备份。

选择“工具”→“固件区备份与还原”→“硬盘资源全备份”命令（见图4−6），并按所示的路径将故障盘的固件信息保存在指定的位置，如图4−7所示。

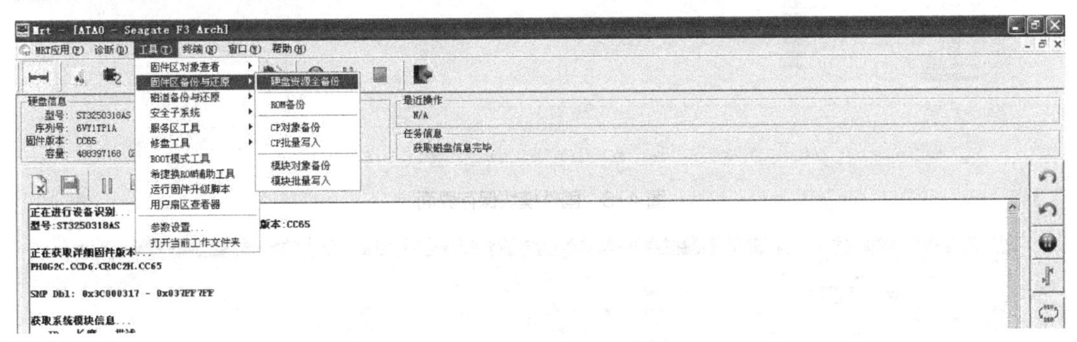

图 4-6 硬盘资源备份

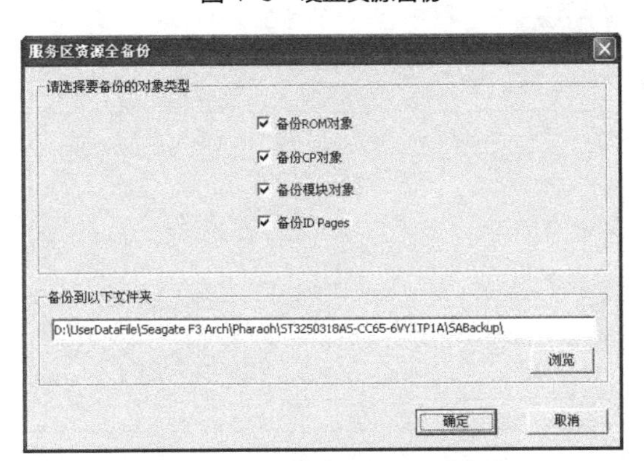

图 4-7 硬盘资源备份到指定位置

步骤六：在固件模块保存过程中，若出现如图4−8所示的窗口，则可确定故障硬盘的固件有损坏。

步骤七：打开模块批量写入窗口。

在固件模块保存完成后的界面，选择“工具”→”固件区备份与还原“→”模块批量写入”命令（见图4−9），在弹出的窗口中选择保存完好的固件模块。

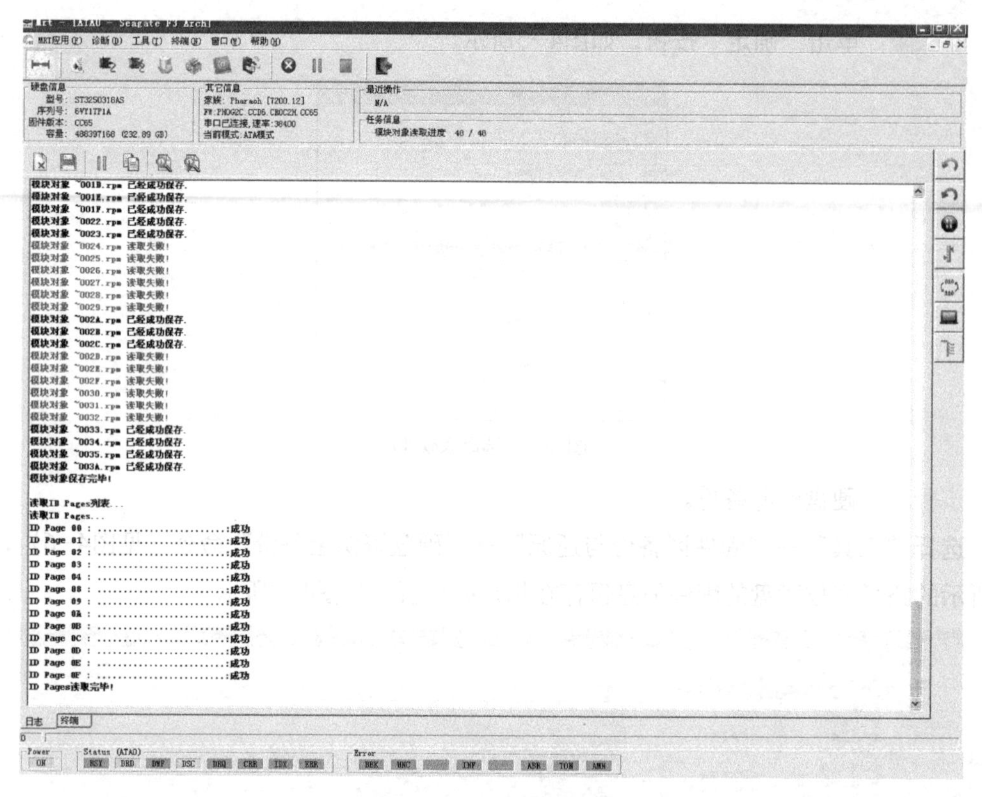

图 4-8 固件模块保存界面

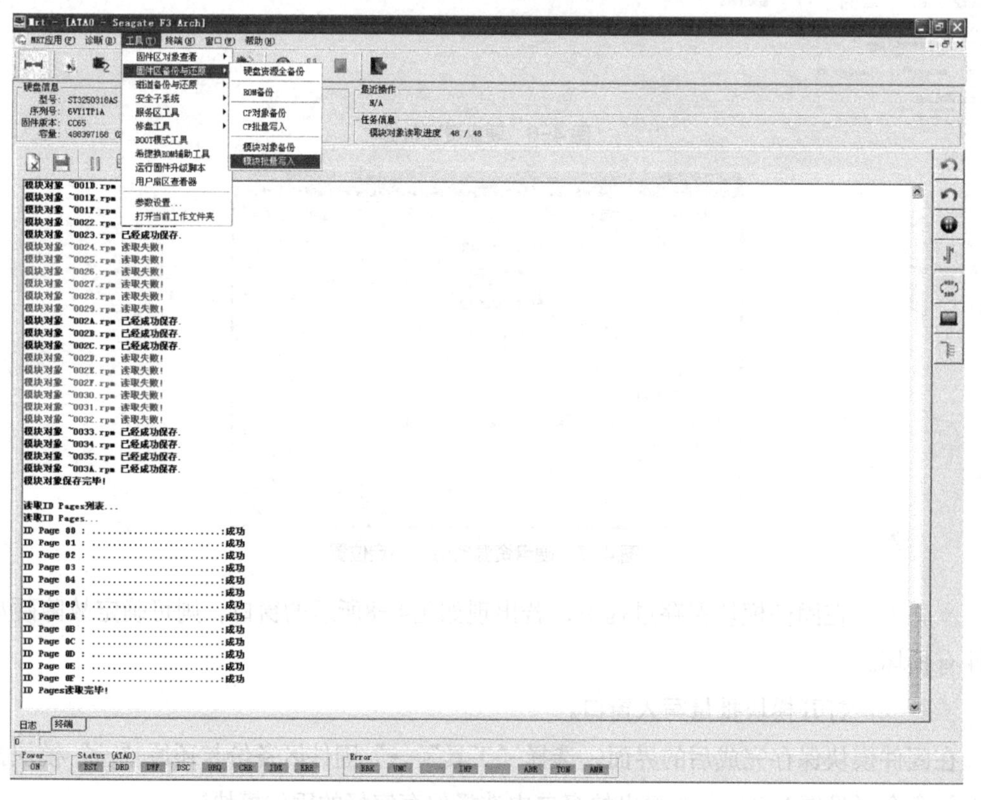

图 4-9 选择“模块批量写入”命令

步骤八：单击“开始写入”按钮，在窗口弹出后可以看到成功写入的固件模块如图4−10所示。

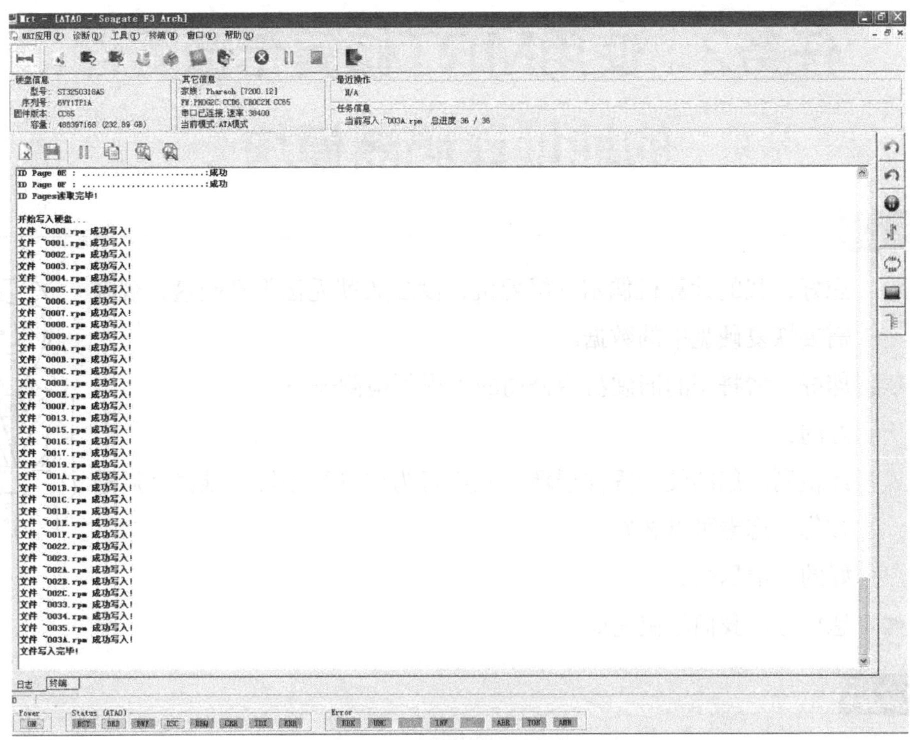

图 4−10 模块批量写入窗口

步骤九：完成故障硬盘修复。

模块写入完成后，单击工具栏中的“返回”按钮，如图4−11所示。然后关闭硬盘电源及MRT工具软件，取下故障硬盘，重新接入维修平台，硬盘被正常识别。

图 4−11 返回 MRT 主窗口

温馨提示

硬盘固件的使用率非常高，是在上电之后硬盘程序首要访问的区域，在正常运行过程中也需要借助固件信息进行一般的读写操作。同时硬盘的运行对固件的依赖性也比较强，固件一旦损坏，硬盘将无法完成初始化的操作，因此导致计算机无法使用。但固件的损坏并非致命性的，通过专业的工具可以对固件进行重写从而使硬盘可以正常使用。

任务2　使用MRT修复希捷固件的地址译码器模块

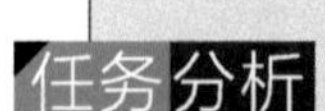

任务描述

客户：您好，我的计算机偶尔蓝屏死机，没多久就无法识别硬盘，现在需要恢复硬盘中的数据。

熊熊：您好，请将您的旧硬盘给公司的工程师检测一下。

客户：好的。

熊熊：经检测，您的硬盘固件损坏，我们将为您进行维修，维修好后通知您，您看可以么？

客户：好的，请尽快。

熊熊：您放心，我们尽快完成。

任务分析

该用户的硬盘为希捷ST3500320AS硬盘，将故障硬盘接入维修平台，开机启动平台，故障硬盘主轴转动声音正常，没有磁头敲盘的声音，可以判断为固件损坏，对于希捷系列的硬盘，可以采用“希捷三步法”予以解决。

1）清除SMART。

2）清除G-List表。

3）重建编译器。

“希捷三步法”可以有效地解决希捷F3系列硬盘各种地址译码器损坏故障和一部分SMART模块故障，也可以修复受希捷“固件门”影响的硬盘，由于该方法能修复的故障比较广泛，而且不会对用户数据造成影响，因此在实际维修中经常被使用到。

任务实施

步骤一：当MRT无法识别硬盘时要强制进入专修工具。

将硬盘连接到MRT维修卡，打开硬盘电源，手动在MRT主界面的厂商栏中选择“Seangate”，在“专用工模块”栏中选择“Seangate F3 Architecture”，单击工具栏上的“启动”按钮，MRT会尝试识别设备，由于硬盘长时间忙碌，等待一段时间后，设备识别会失败，在弹出“设备识别失败”对话框后，单击“确定”按钮强制进入专修工具，如图4–12所示。

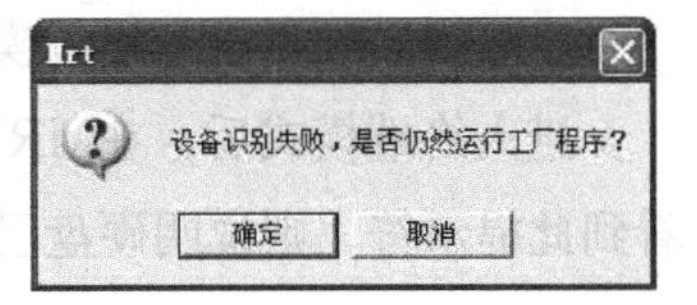

图 4–12 MRT 设备识别失败

步骤二：在弹出的“选择家族”对话框中保持默认的通用家族选择，然后单击“确定”按钮继续下一步的操作，如图4–13所示。

步骤三：在弹出的“连接到COM串口”对话框中，选择正确的COM接口，然后单击“确定”按钮，如图4–14所示。

图 4–13 “选择家族”对话框

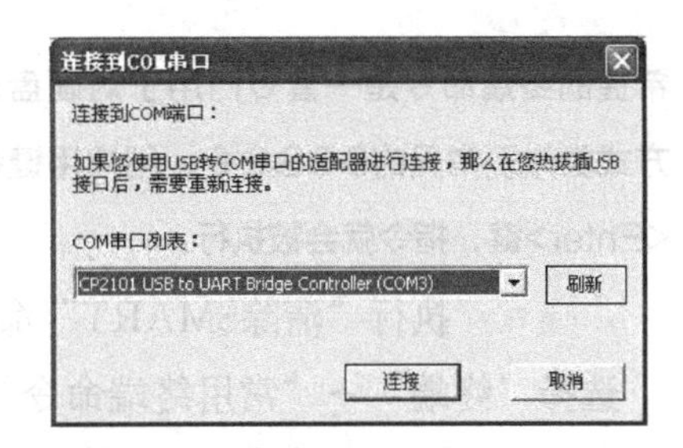

图 4–14 “连接到 COM 串口”对话框

步骤四：在希捷维修工具界面中单击“终端模式”图标。

进入希捷维修工具工作界面后，选择“终端”→”终端模式”命令或者单击侧边工具栏的“终端模式”图标按钮（见图4–15），可使硬盘切换到终端模式下工作。

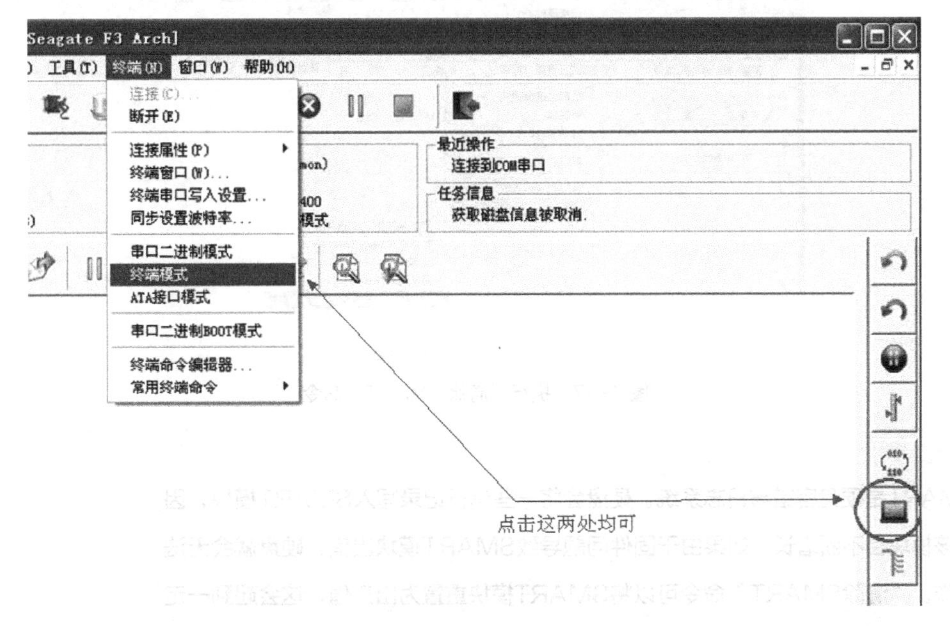

图 4–15 单击希捷维修工具界面中的“终端模式”图标

步骤五：硬盘进入终端模式，可以接收终端指令的提示符是“F3 T”。

进入终端模式后，在MRT终端窗口中会显示“F3 T”提示符，如图4–16所示。如果看到此提示符，则说明硬盘已经进入终端模式，可以接收终端指令。

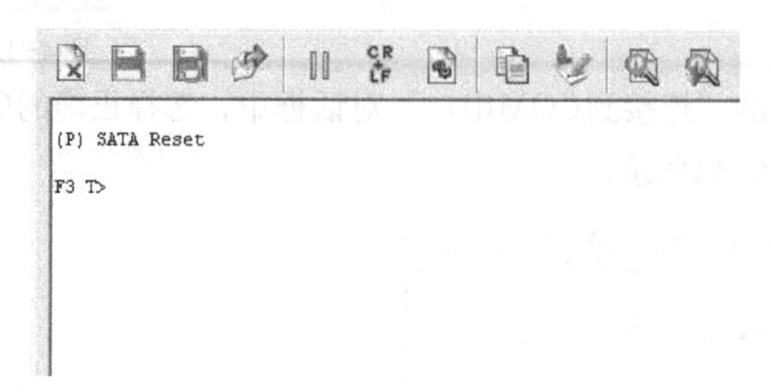

图 4–16 MRT 终端窗口的“F3 T”提示符

温馨提示

希捷的终端命令是一套专门用于对硬盘进行维修和调试的工厂指令，其使用方式类似于常见的DOS命令，用户用键盘在“F3 T”后面输入指令，然后按<Enter>键，指令就会被执行。

步骤六：执行“清除SMART”命令。

选择“终端”→“常用终端命令”→“清除SMART”命令（见图4–17）。在弹出的警告对话框中单击“确定”按钮，此时“清除SMART”的指令就会被发送至硬盘，当终端窗口重新显示命令提示符时，表明命令已经执行完毕。

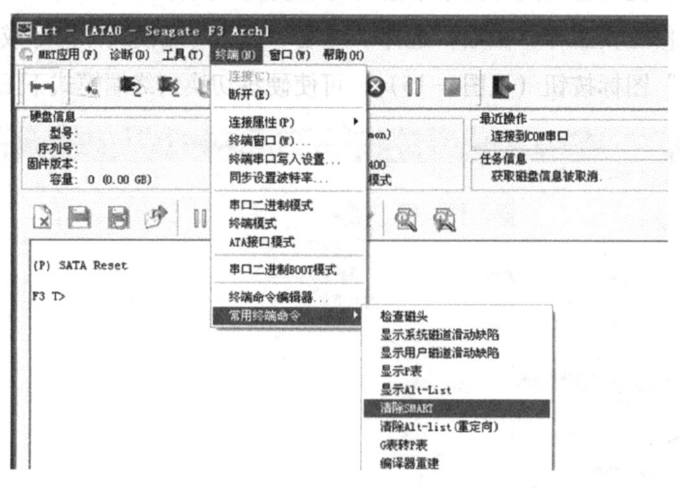

图 4–17 执行“清除 SMART”命令

温馨提示

SMART是硬盘容错与日志系统。硬盘会将一些运行记录写入SMART模块，因此该模块会不断增长，如果由于固件问题导致SMART模块出错，硬盘就会无法工作。“清除SMART”命令可以将SMART模块重置为出厂值，这会起到一定的修复作用。

步骤七：执行“清除ALt-List（重定向）”命令。

选择“终端”→“常用终端命令”→“清除ALt-List（重定向）”命令（见图4-18）。该命令用于清除硬盘的G-List缺陷表（也就是ALt-List），这是为后面的重建译码器操作做准备，如果这一步不清除G-List表，后面重建的译码器模块就可能不正确，导致随后MRT会弹出“正在获取磁盘数据，请稍等…”对话框，由于此时硬盘不能就绪，所以是无法获取磁盘信息的，应该取消这一操作，在“正在获取磁盘数据，请稍等…”对话框中单击“取消”按钮，此时MRT就能够进入操作界面，提示扇区无法访问。

步骤八：执行“编辑器重建”命令。

选择“终端”→“常用终端命令”→“编辑器重建”命令（见图4-19），完成地址译码器模块的重建。

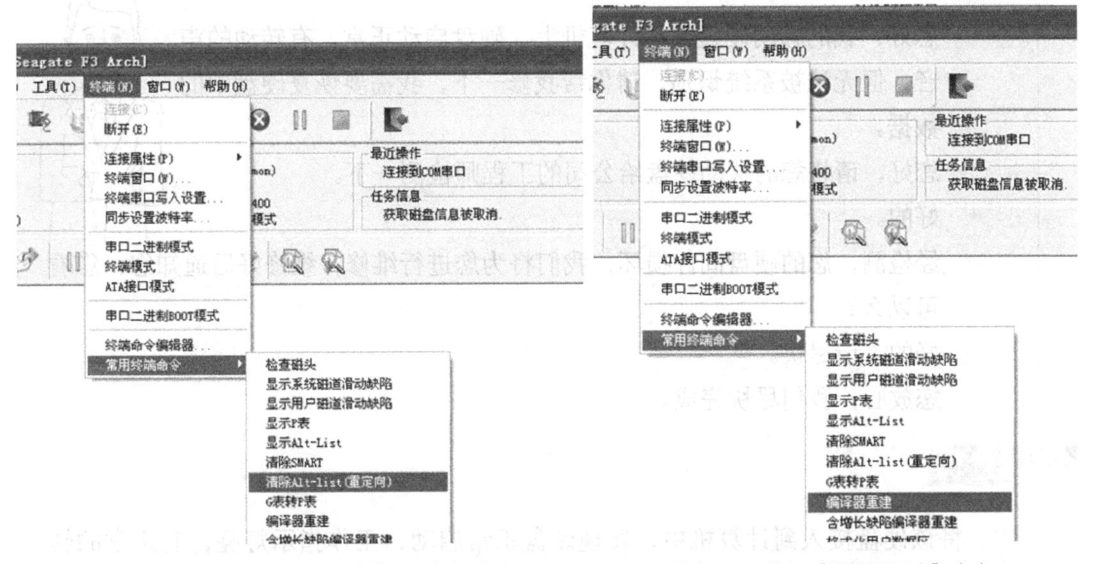

图4-18 执行“清除ALt-List（重定向）”命令　　图4-19 执行“编辑器重建”命令

这里的“编辑器”是指固件中的地址译码器模块，这是最重要的一步，该命令可以重建地址译码器模块，当地址译码器模块损坏后，通常就是使用此命令进行修复，执行此命令后，终端窗口通常会显示如图4-20所示的界面。

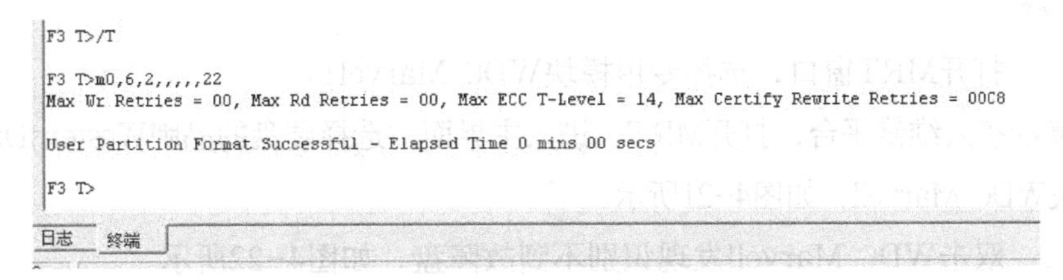

图4-20 完成地址译码器模块修复的界面

有时显示的信息会更多，此时需要耐心等待。这个过程通常会持续数分钟至数十分钟之久，此时硬盘不能掉电，当终端重新出现命令提示符“F3 T”时，表明重新编辑器命令已经完成。这时损坏的地址译码器模块就已经被修复。

步骤九：确认故障硬盘是否修复成功。

将硬盘断电，然后重新上电，修复后的地址译码模块就会生效。此时，硬盘在前面可能表现出的3种故障就会全部消失，数据扇区可以正常访问了，所有用户数据也都会完好保留着，至此修复工作完成。

任务3 使用MRT修复西部数据硬盘固件11号模块

任务描述

客户：您好，我的移动硬盘插在计算机上，硬盘启动正常，有转动的声音，但无法被系统识别，请你帮我修一下，我需要恢复硬盘中的数据。

熊熊：您好，请将您的移动硬盘给公司的工程师检测一下。

客户：好的。

熊熊：经检测，您的硬盘固件损坏，我们将为您进行维修，维修好后通知您，您看可以么？

客户：好的，请尽快。

熊熊：您放心，我们尽快完成。

任务分析

将该硬盘接入到计算机中，发现硬盘正常启动，工作指示灯亮，有正常的转动声，但系统不能识别硬盘，将该硬盘换到别的计算机上后，仍然出现相同的症状，怀疑是固件损坏，该硬盘为西部数据的硬盘，使用维修平台打开MRT进行相关的检测和维修工作。

任务实施

步骤一：打开MRT窗口，选择专用模块WDC Marvell。

将故障盘接入维修平台，打开MRT，进入主界面，选择硬盘的品牌WesternDigital，选择专用模块WDC Marvell，如图4-21所示。

步骤二：双击WDC Marvell发现识别不到故障盘，如图4-22所示。

步骤三：单击“确定”按钮，强制进入专修工具进行自动识别，进入程序之后发现11模块损坏，如图4-23所示。

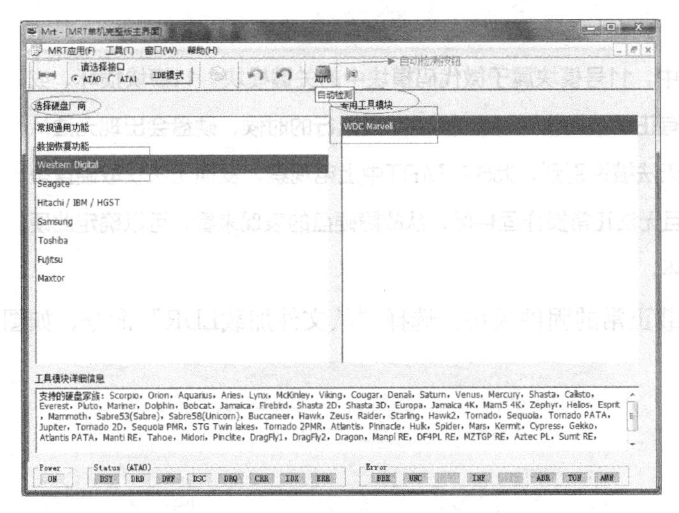

图 4-21　选择专用模块 WDC Marvel

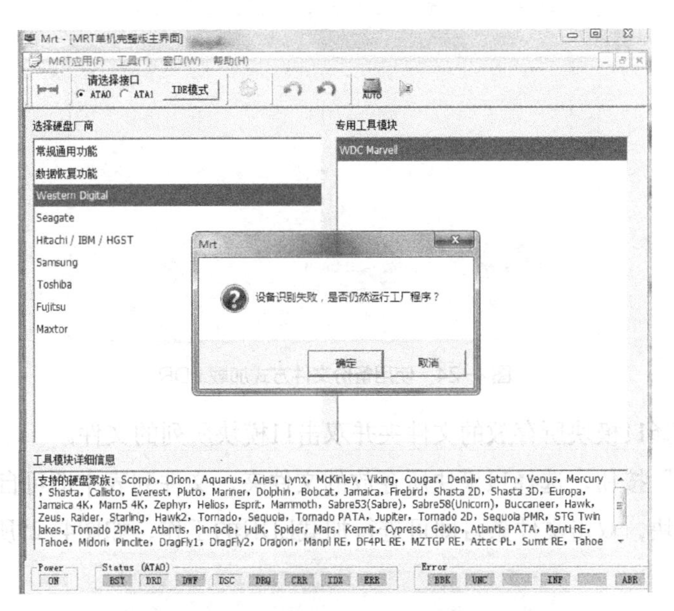

图 4-22　WDC Marvell 识别设备失败

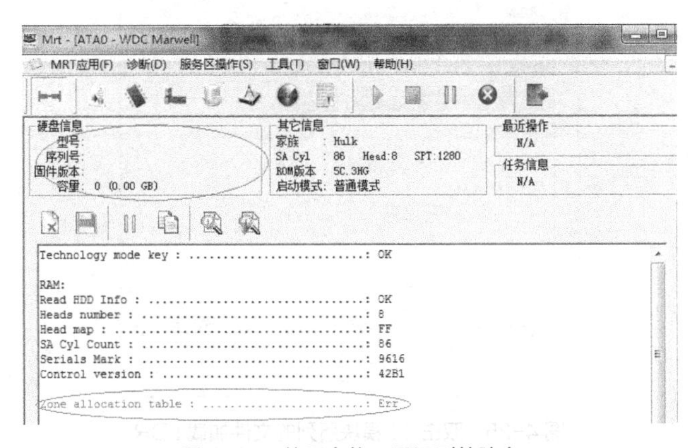

图 4-23　使用专修工具识别故障盘

温馨提示

在西数硬盘固件中，11号模块属于微代码模块中的关键模块。11模块损坏，或者因其他缘故没有正常被加载到硬盘的RAM去运行的时候，硬盘会出现无法认盘，接入主机后无法被识别到，此时在MRT中上电观察，发现无法获取硬盘型号、序列号，并且无法正常操作固件区，从故障硬盘的表现来看，可以确定此硬盘固件11模块损坏。

步骤四：加载正常的固件模块。选择“从文件加载LDR”命令，如图4-24所示。

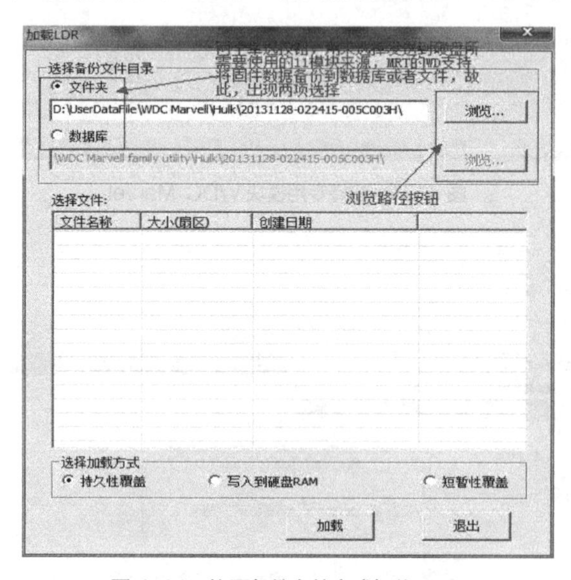

图 4-24　使用备份文件方式加载 LDR

步骤五：选择11模块所存放的文件夹并双击11模块所列的文件。

单击“浏览”按钮，选择11模块所存放的文件夹，文件列表中即可自动列出所选择的文件夹下的11模块，双击文件条目即可进行加载LDR的工作，如图4-25所示。

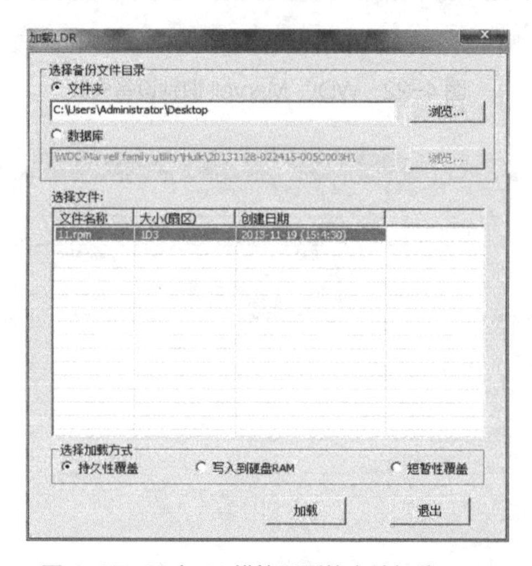

图 4-25　双击 11 模块所列的文件加载 LDR

步骤六：LDR加载成功，界面如图4-26所示。

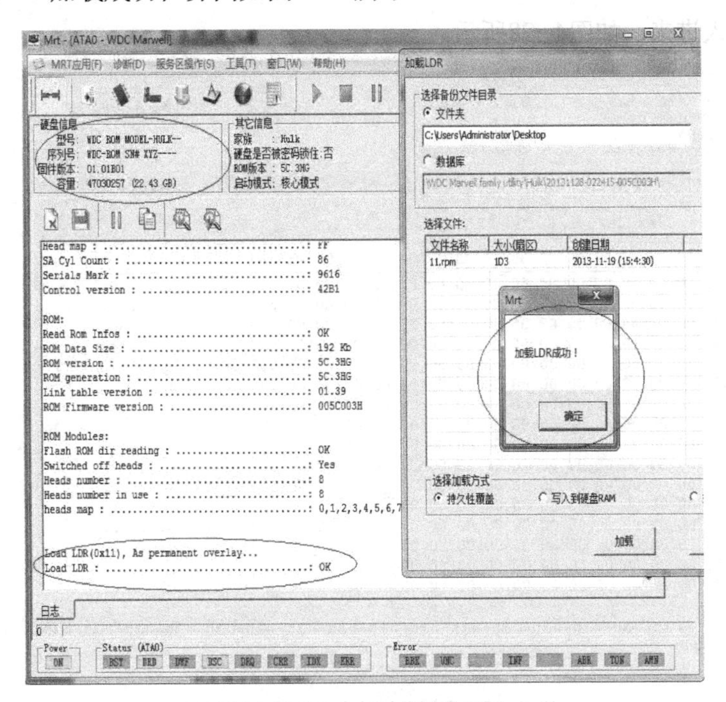

图 4-26 LDR 加载成功界面

步骤七：重新进入MRT窗口。

成功加载LDR后，退出工厂工具，重新进入MRT，发现可以打开模块列表了，如图4-27所示。

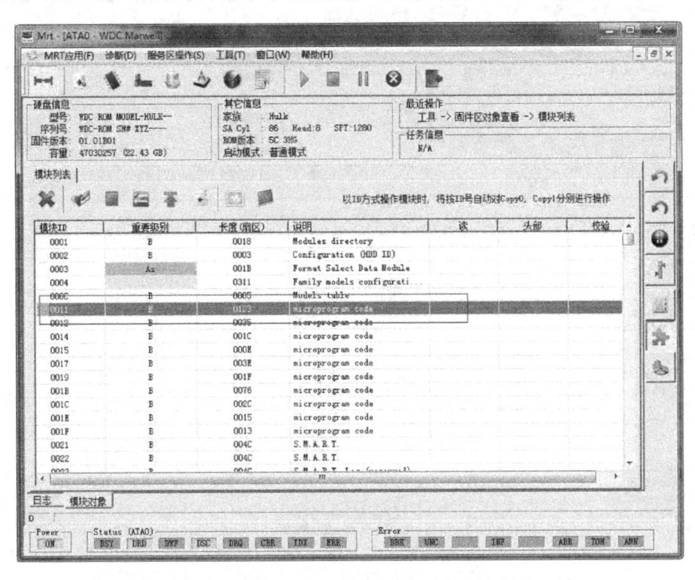

图 4-27 MRT 打开模块列表界面

步骤八：重新进入MRT窗口。

单击列表头的“模块ID”，列表就会按照ID大小进行排列，很容易就找到了11模块的条目，双击该条目，看到的就是被破坏的11号模块的数据。单击“打开”按钮，将准备好的11号模块载入进来，如图4-28所示。

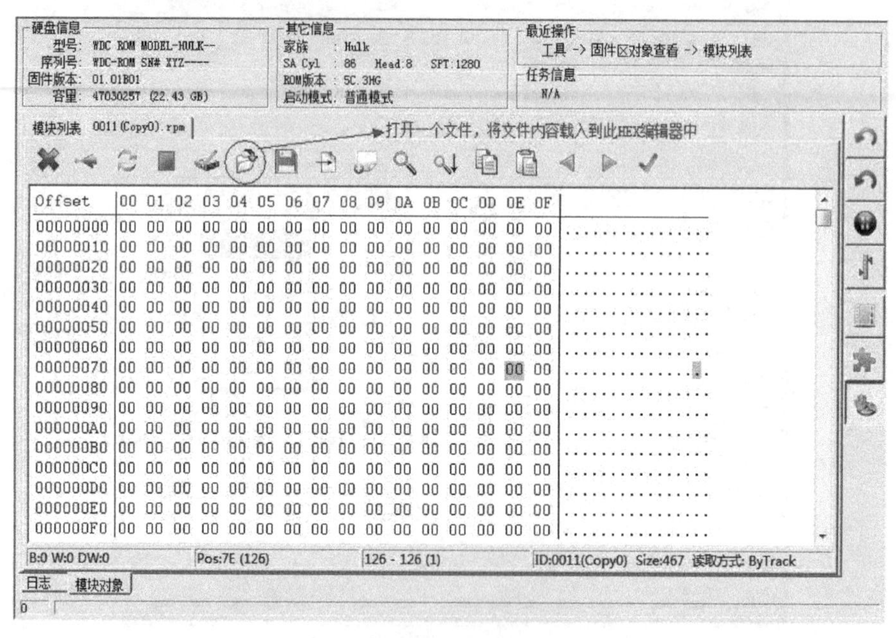

图 4-28　通过备好的文件加载 11 号模块

步骤九：进入WD专修工具观察故障是否修复成功。

写入后断电，再上电，进入WD专修工具，观察是否修复成功，如图4-29所示。

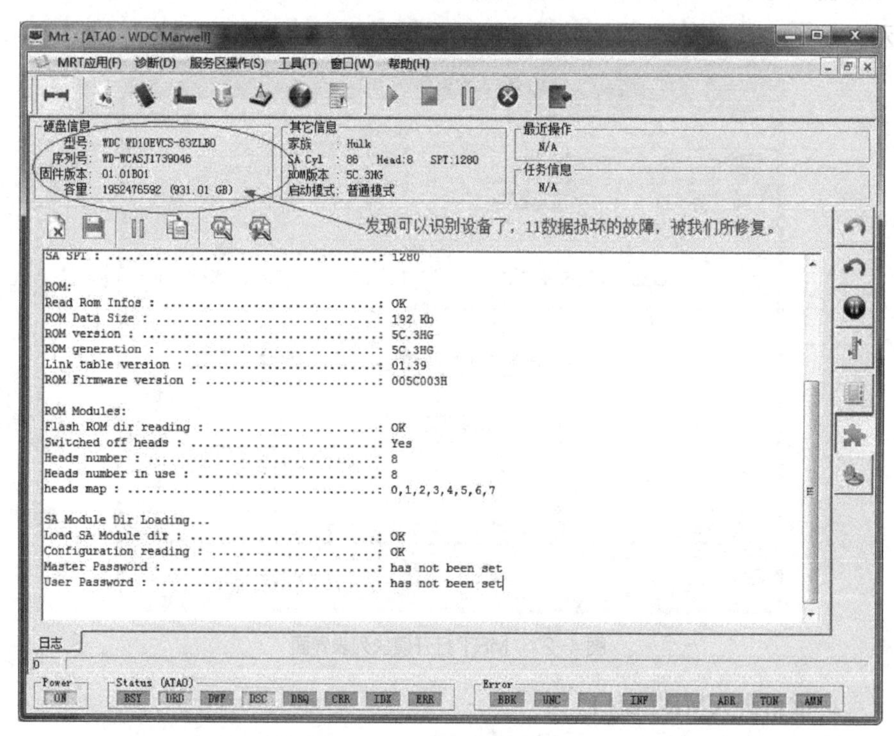

图 4-29　故障修复成功界面

温馨提示

在西部数据硬盘中，11号模块是微代码模块中最为重要的一个模块，当它损坏时，硬盘的服务区便不能正常访问，如此，硬盘的服务区也就无法正常地工作。

知识补充

硬盘出现问题往往让人很“头痛”，而硬盘故障很大一部分都是由固件引起的。所以了解硬盘的固件模块对修复硬盘故障和恢复硬盘数据都相当重要。下面分别对主要的西数固件模块功能进行说明。

01＃、02＃、10＃、11＃、12＃、14＃、36＃、19＃、61＃：属于引导文件，如果这些模块坏一般造成的情况是认盘慢或不认盘。

20＃、21＃、22＃、23＃、25＃：属于译码表模块。如果这些模块坏了表现出来的现象一般是检测不到LBA值、敲盘、不认盘、不能稳定工作。而25＃是经常出错的模块。

17＃、18＃、5A＃、5B＃、BF＃：属于扇区模块表。一般不会出现大的问题。

26＃、29＃、2A＃、2B＃、2C＃、2D＃、2E＃、2F＃：属于SMART表模块，即保护程序。如果坏表现为不稳定。这几个模块也是容易坏的。

46＃、48＃、49＃、4A＃、4B＃、4C＃、C5＃、C4＃：属于校正参数，如果这些模块损坏那么一般表现为不认盘、敲盘、认盘慢。

4E＃属于ROM固件，版号等参数。

61＃是引导程序，用于刷写flash rom。

FF＃表示自检模块。EX＃和FX＃是保留模块。

另外介绍几个重要模块：41＃模块地图，固件区模块位置的地图；42＃配置表模块硬盘ID信息存放的地方；43＃P表缺陷列表模块；44＃G表增长缺陷列表模块。

在做任何操作之前一定要将硬盘信息进行最全面的备份，以免出现操作错误时无法恢复。而针对西数硬盘需要备份的重要信息就是其固件模块和磁道信息。这一操作可以在西数专修程序的“固件备份”工作界面中完成。

PROJECT 2 项目 2

出现“Sector not found”提示信息——硬盘有坏道

硬盘坏道是指盘片上用于存储数据的磁道故障。盘上一旦有了坏道，将会表现出一些异常的状况，如发出怪音、无法完成分区和格式化的操作、读取文件或运行程序时出错等。

伺服信息损坏所导致的坏道，称为逻辑坏道；磁性介质损坏所形成的坏道，称为物理坏道，逻辑坏道可以通过专业的低格软件重新写入伺服信息就可以修复；对于物理坏道的修复，就需要通过磁道屏蔽的方法，将坏道信息写入工厂缺陷表，使硬盘的控制程序在读取硬盘数据的时候不会再去读取这些区域，从而实现硬盘坏道的修复。

知识准备

一、硬盘坏道

硬盘盘片表面镀有特殊的磁性介质，通过磁头写入电流改变磁性介质的方向，实现数据的存储。磁道是磁头在盘面上划出一圈圈轨迹，硬盘厂商通过专用工具软件将一圈圈的磁道又划分成了一个个扇区，同时在每个扇区的起始区域都写入扇区的位置及参数信息（伺服信息）。磁性介质本身的损坏和扇区伺服信息的损坏都可以导致存储扇区损坏，这也就是通常所讲的磁盘坏道。

硬盘在使用的过程中，总会产生各种坏道，有些是逻辑的，有些是物理的，随着时间的推移，坏道会越积越多。硬盘可能处在下列情况之一。

1）微量的坏道可能对硬盘没有很明显的影响，用户层面根本感觉不到。

2）少量的坏道可能只会影响读写速度，就是通常所说的硬盘变慢了。

3）一定量的坏道会影响硬盘正常工作，有时候计算机会莫名地死机可能由此引起。

4）大量的坏道会导致硬盘无法工作甚至崩溃，这类盘无法再使用。

二、硬盘出现坏道的故障表现

如果硬盘一旦出现下列这些现象时，就该注意硬盘是否已经出现了坏道。

1）在长时间读取某一文件或运行某一程序时。

2）硬盘声音突然由原来正常的摩擦音变成了怪音。

3）在排除病毒感染的情况下系统无法正常启动，出现“Sector not found”或“General error in reading drive C”等提示信息。

4）FORMAT硬盘时，到某一进度停止不前，最后报错，无法完成。

5）每次系统开机都会自动运行Scandisk扫描磁盘错误。

6）对硬盘执行FDISK时，到某一进度会反复进进退退。

7）启动时不能通过硬盘引导系统，用软盘启动后可以转到硬盘盘符，但无法进入，用SYS命令传导系统也不能成功。这种情况很有可能是硬盘的引导扇区出了问题。

如果出现上述错误，需要加倍小心，这说明硬盘已经出现坏道了。

三、S.M.A.R.T.（自监测、分析、报告技术）

这是现在硬盘普遍采用的数据安全技术，在硬盘工作的时候监测系统对电机、电路、磁盘、磁头的状态进行分析，当有异常发生的时候就会发出警告，有的还会自动降速并备份数据。

早在20世纪90年代，人们就意识到数据的宝贵性胜于硬盘自身价值，渴望有种技术能对硬盘故障进行预测并实现相对安全的数据保护，因此SMART技术应运而生。对于不少用户，特别是商业用户而言，一次普通的硬盘故障便足以造成灾难性后果，所以时至今日，SMART技术仍为人们所用。

SMART信息保留在硬盘的系统保留区（Service Area）也叫固件区内，这个区域一般位于硬盘0物理柱面的最前面几十个物理磁道，由厂商写入相关内部管理程序。系统保留区除了SMART信息表外还包括低级格式化程序、加密解密程序、自监控程序、自动修复程序等。监测软件通过一个名为“SMART RETURN STATUS”的命令（命令代码为：B0h）对SMART信息进行读取，且不允许最终用户对信息进行修改。

在硬盘以及操作系统都支持SMART技术并且该技术默认开启的的情况下，在不良状态出现时，SMART技术能够在屏幕上显示英文警告信息：“WARNING：IMMEDIATLY BACKUP YOUR DATA AND REPLACE YOUR HARD DISK DRIVE，A FAILURE MAY BE IMMINENT.”（警告：立刻备份你的数据同时更换硬盘驱动器，可能有错误出现）。

任务1 使用MRT修复硬盘坏道

任务描述

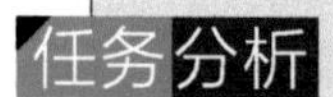

客户：您好，我的硬盘能打开分区而某些文件夹无法打开，请你帮我修一下。

熊熊：您好，按照您描述的情况有可能是硬盘有坏道了。如果有坏道，则修复该硬盘，里面的数据可能无法保留。

客户：没事，这块硬盘没有什么数据，你直接帮我修好吧。

熊熊：好的，我们尽快完成。

任务分析

当拿到一块需要处理坏道的硬盘时，如果这块盘只是维修，而不要任何数据，则可以直接按下面的流程开始处理。如果拿到的是一块数据盘，里面的数据是有用的，则为了数据的安全性，不能直接去修复硬盘坏道，应该先将数据盘做个镜像，然后再进行坏道处理。

任务实施

步骤一：打开MRT窗口。

将硬盘接到MRT维修卡上，通电等待就绪后，选择硬盘厂商为“常规通用功能”，专用工具模块为“磁盘扫描工具”（见图4-30）。

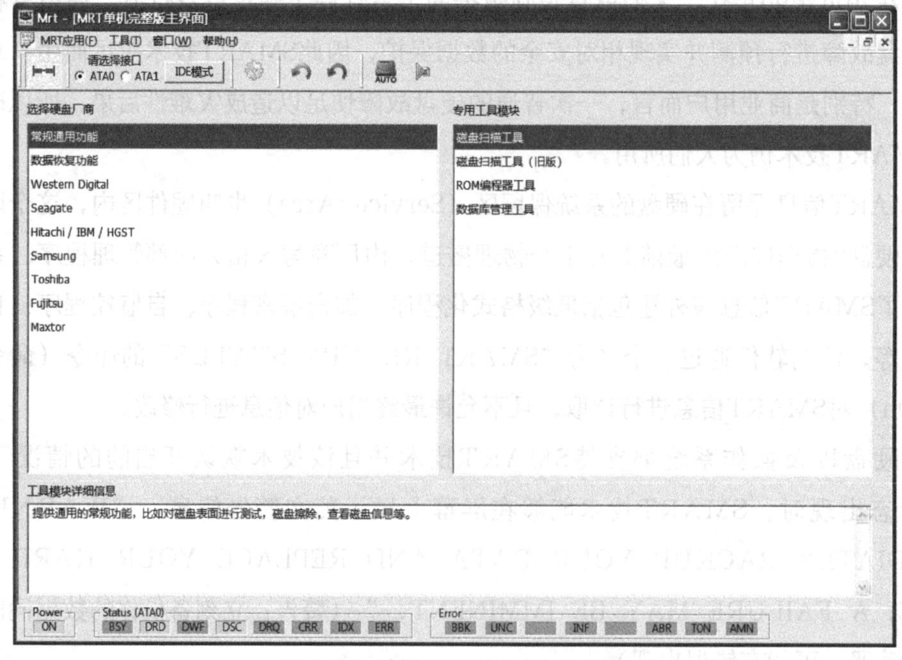

图 4-30 选择 MRT 窗口的相关信息

步骤二：双击“磁盘扫描工具”，进入扫描界面，如图4-31所示。

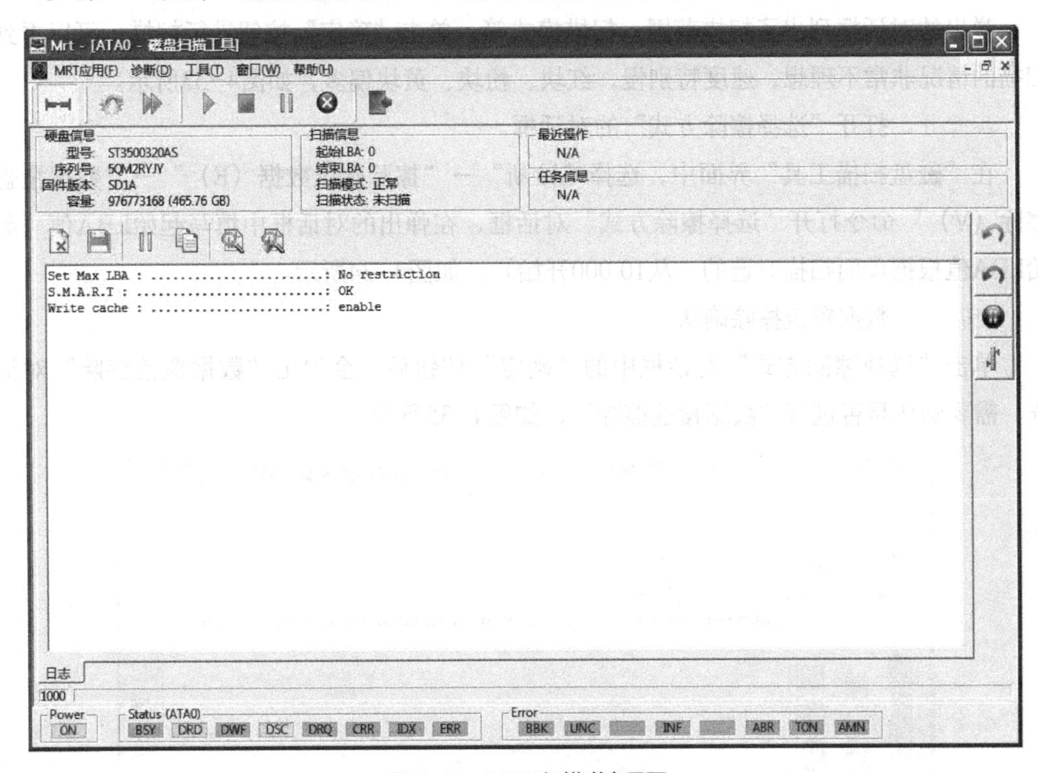

图4-31 MRT扫描磁盘界面

步骤三：打开并设置“扫描任务启动设置”对话框。

选择“工具”→“逻辑扫描测试（L）”命令打开“扫描任务启动设置”对话框，查看设置扫描参数，任意选个点。这里选择从10 000这个点开始扫描，如图4-32所示。

图4-32 设置扫描参数

步骤四：扫描过程将显示扫描情况及速度。

弹出的对话框列出了扫描范围、扫描模式等，单击“确定”按钮进行扫描，可以看到扫描的情况非常不理想，速度特别慢，红块、粉块、黄块偏多，如图4−33所示。

步骤五：打开“选择擦除方式”的对话框。

在“磁盘扫描工具”界面中，选择“诊断”→“擦除硬盘数据（E）”→“数据覆盖擦除（V）”命令打开“选择擦除方式”对话框，在弹出的对话框中填写起始LBA值（起始LBA值根据前面扫描时选的，从10 000开始），如图4−34所示。

步骤六：数据覆盖擦除确认。

单击“选择擦除方式”对话框中的“确定”按钮后，会弹出“数据覆盖擦除”对话框，需要确认是否进行“数据覆盖擦除”，如图4−35所示。

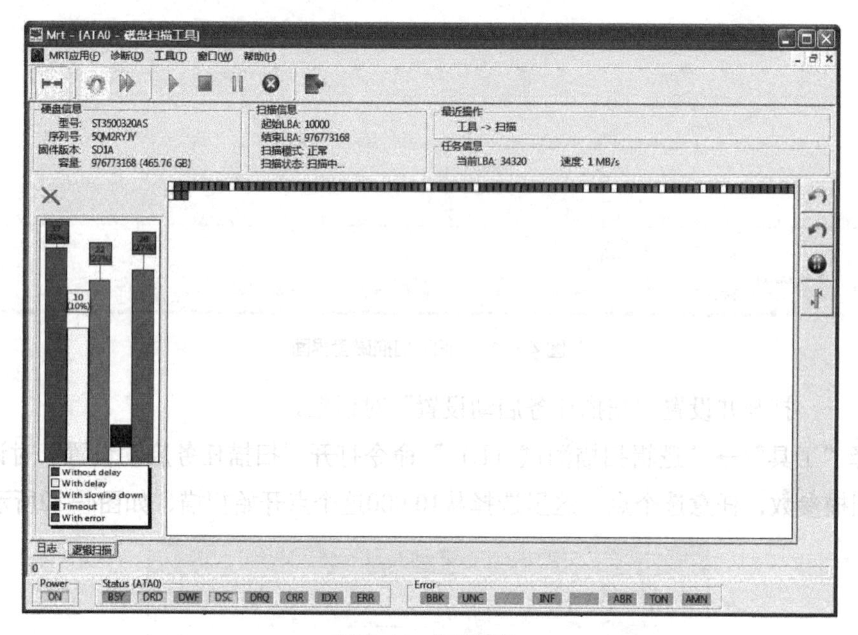

图 4−33　扫描过程

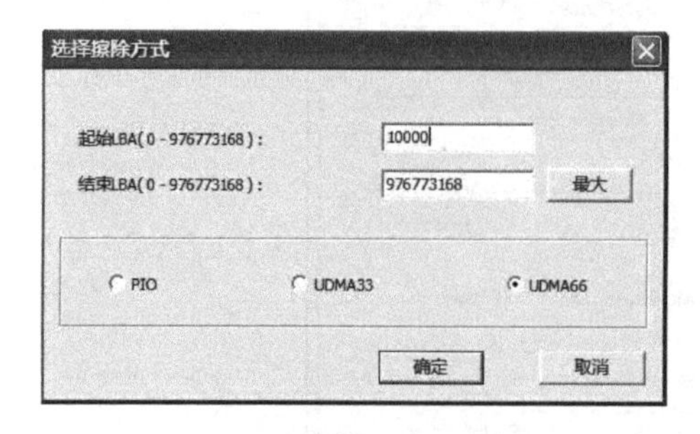

图 4−34　编辑“选择擦除方式”的对话框的参数

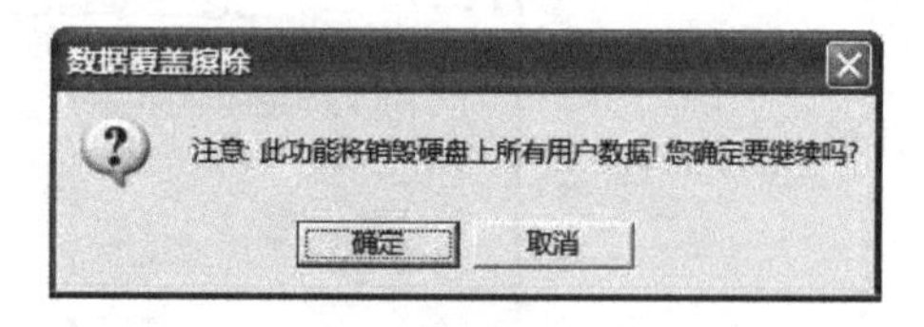

图 4−35　数据覆盖擦除确认

步骤七：进行数据覆盖擦除。

由于是不要数据的，因此在“数据覆盖擦除”对话框中单击“确定”按钮进行数据覆盖擦除。

在数据覆盖擦除过程中，日志页中会列出擦除的情况，如图4−36所示。只有逻辑坏道才能通过擦除的方式修复。对擦除失败的坏道，通常是物理坏道，需要屏蔽处理。

步骤八：重新扫描并记录扫描缺陷。

选择“工具”→“逻辑扫描测试（L）”命令打开“扫描任务启动设置”对话框，如图4−37所示。勾选“是否将坏块保存成缺陷表文件”，记录好缺陷为后面屏蔽坏道做准备。

步骤九：扫描过程将显示扫描情况。

在“扫描任务启动设置”对话框中，单击“确定”按钮，可以看到修复好逻辑坏道之后，扫描的情况得到了改善，如图4−38所示。

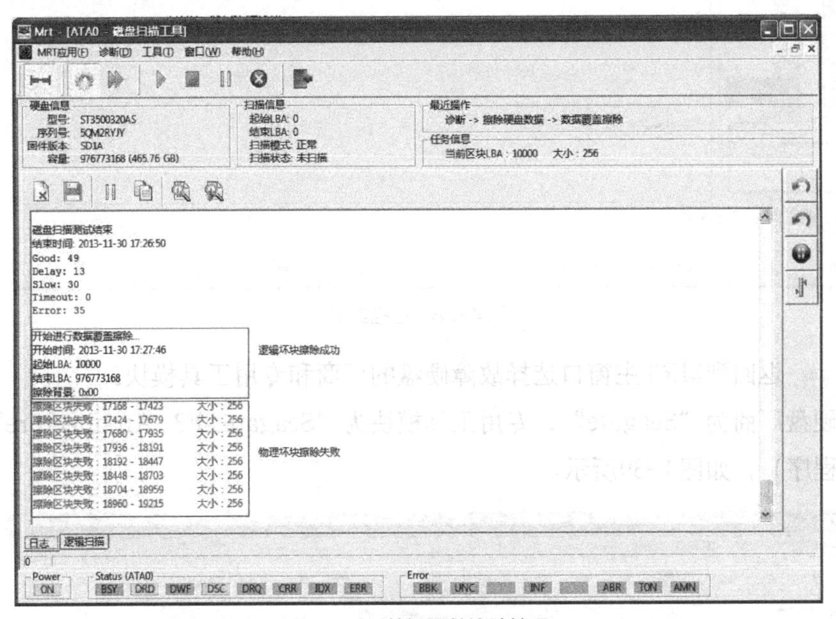

图 4−36 数据覆盖擦除情况

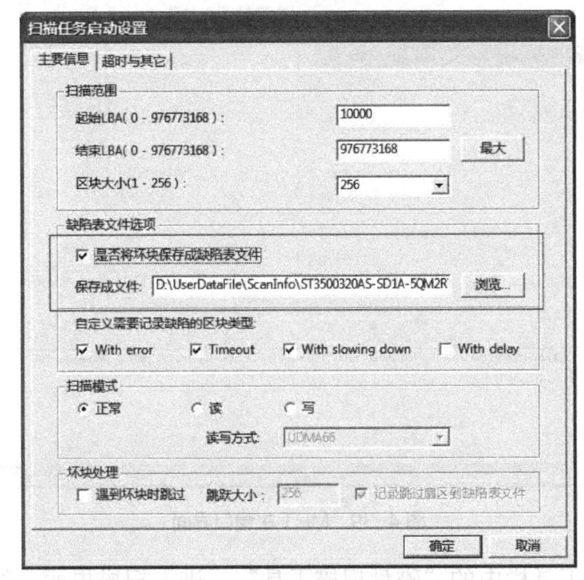

图 4−37 “扫描任务启动设置”对话框

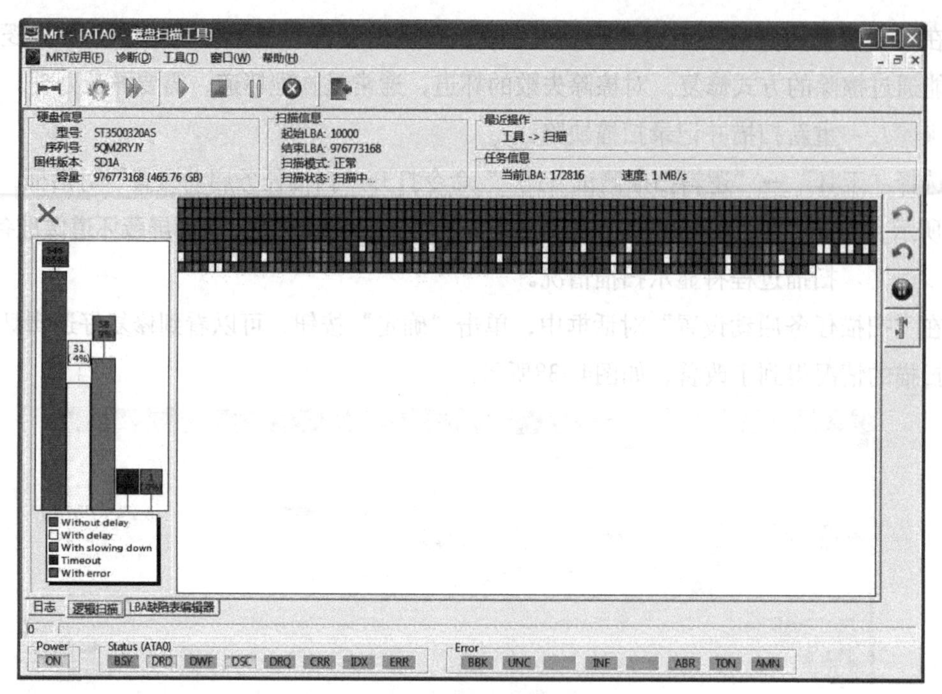

图 4-38　扫描结果

步骤十：返回到MRT主窗口选择故障硬盘的厂商和专用工具模块。

选择硬盘厂商为“Seagate”，专用工具模块为“Seagate F3 Architecture”（MRT希捷工厂程序），如图4-39所示。

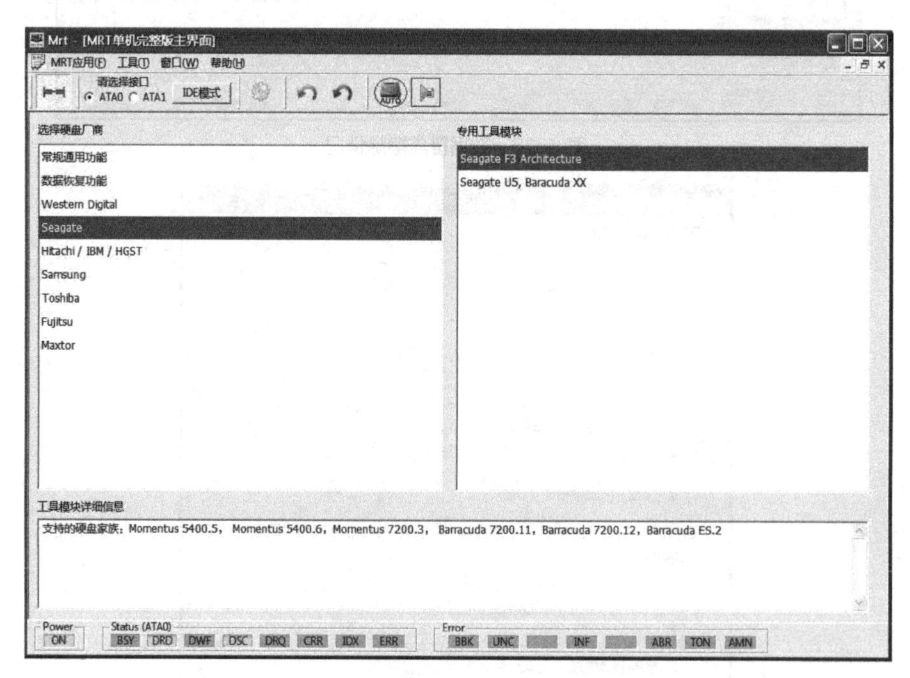

图 4-39　MRT 主窗口界面

步骤十一：双击工具栏中的“磁盘扫描工具”，进入扫描界面，如图4-40所示。

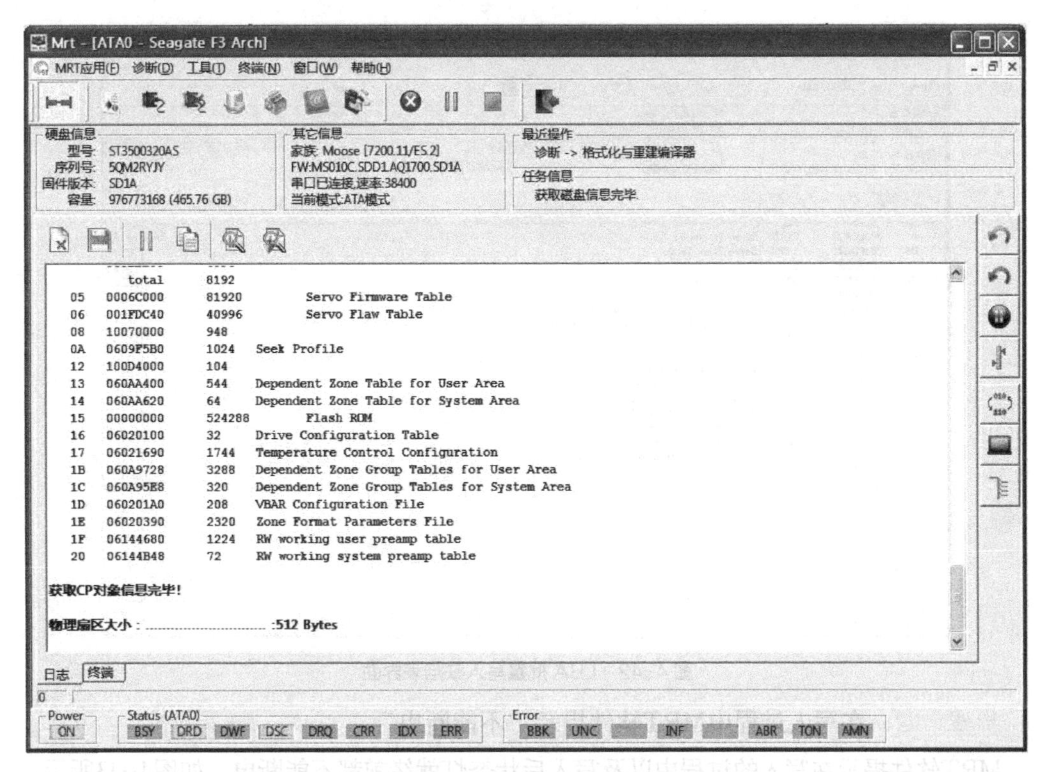

图4-40 磁盘扫描界面

步骤十二：打开“将LBA缺陷文件添加到缺陷表”的对话框，将LBA缺陷文件写入硬盘。

选择“工具（T）”→“修盘工具”→“将LBA缺陷文件写入硬盘”命令，打开“将LBA缺陷文件添加到缺陷表”对话框，如图4–41所示。

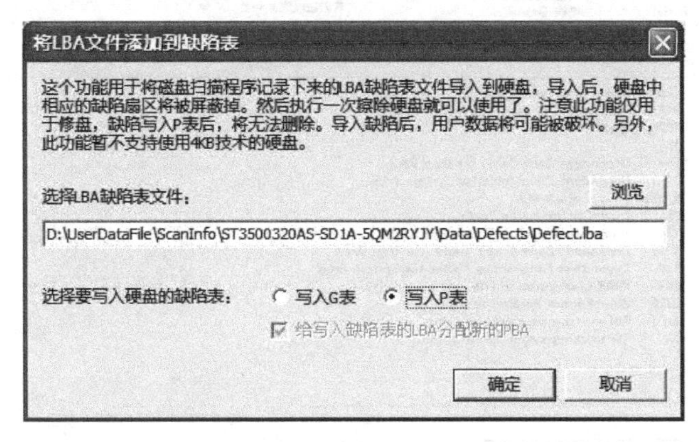

图4-41 “将LBA缺陷文件添加到缺陷表”对话框

步骤十三：选择将LBA缺陷文件写入P表。

在“将LBA缺陷文件添加到缺陷表”对话框中，可以从这两种缺陷表中（“写入G表”或“写入P表”）进行选择，一般写入P表，因为P表的效果最稳定，而G表则容易被人为清除，因此多选择写入P表，最后单击“确定”按钮进行LBA批量写入缺陷表操作，如图4–42所示。

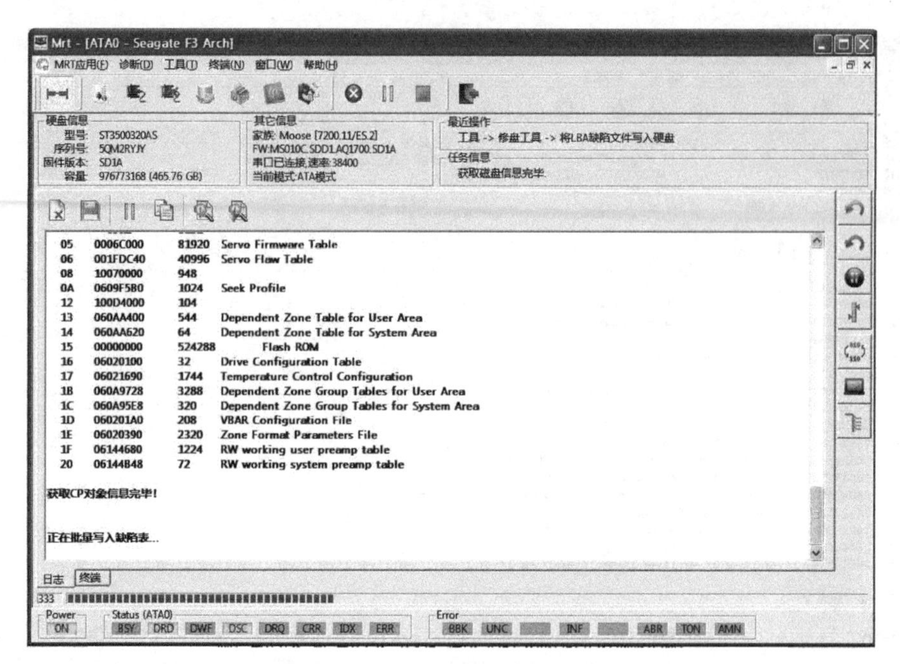

图 4-42 LBA 批量写入缺陷表界面

步骤十四：在写入过程中MRT软件提示“不能断电”。

MRT软件提示在写入的过程中以及写入后状态灯就绪前都不能断电，如图4-43所示。

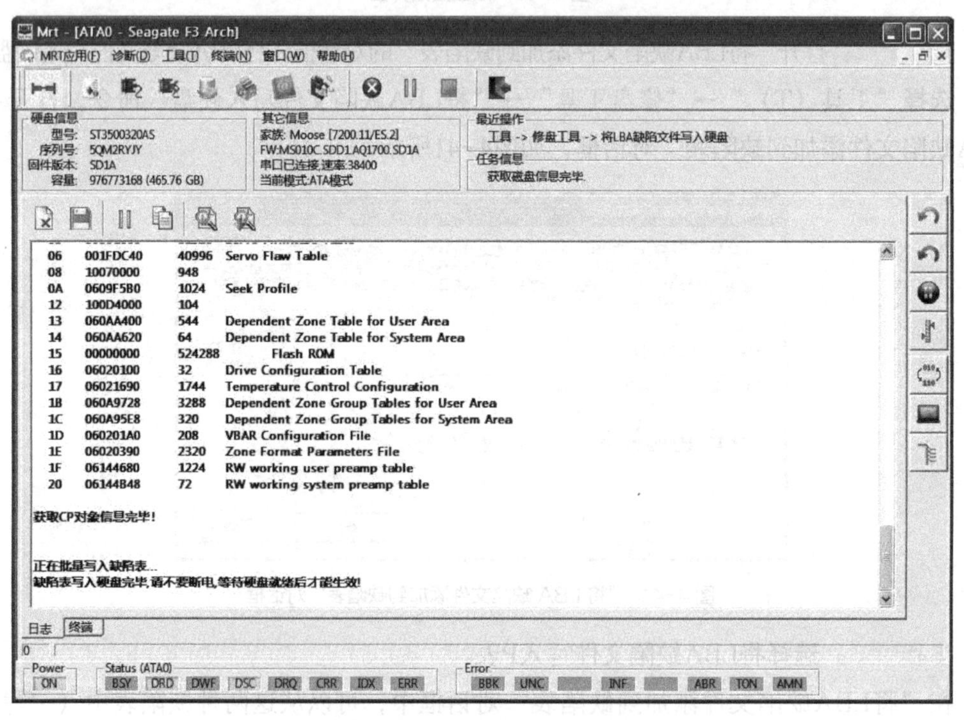

图 4-43 MRT 软件的提示信息

步骤十五：打开“低格流程工具”对话框。

为了使写入的缺陷表生效，首先选择“工具”→“修盘工具”→“启动工厂低格流程工具”命令，打开“工厂低格流程工具”对话框，选择“使缺陷表生效并启动工厂低格流程”的操作，如图4–44所示。

步骤十六：进行自动低级格式化并确认故障盘是否修复成功。

在“工厂低格流程工具”对话框中，单击“确定”按钮硬盘就会开始自动低级格式化，根据硬盘容量的大小，该步骤可能会花几个小时的时间。低级格式化操作完成后，此前添加的缺陷表也会生效，坏道就会被永久屏蔽掉。

重新扫描一下硬盘状态，屏蔽掉物理坏块之后，可以看到硬盘的扫描结果已经非常好了,如图4–45所示。

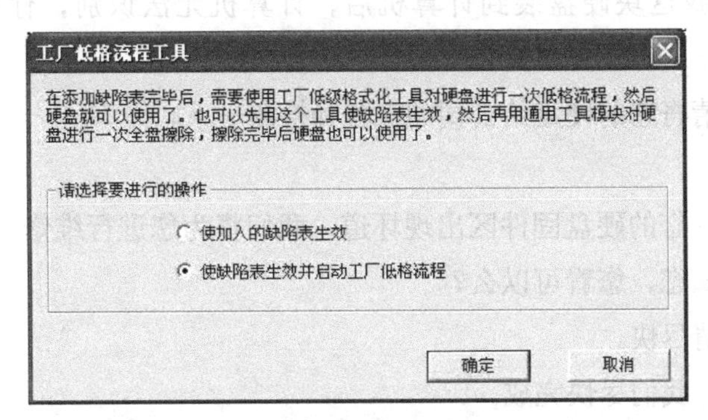

图4–44 “工厂低格流程工具”对话框

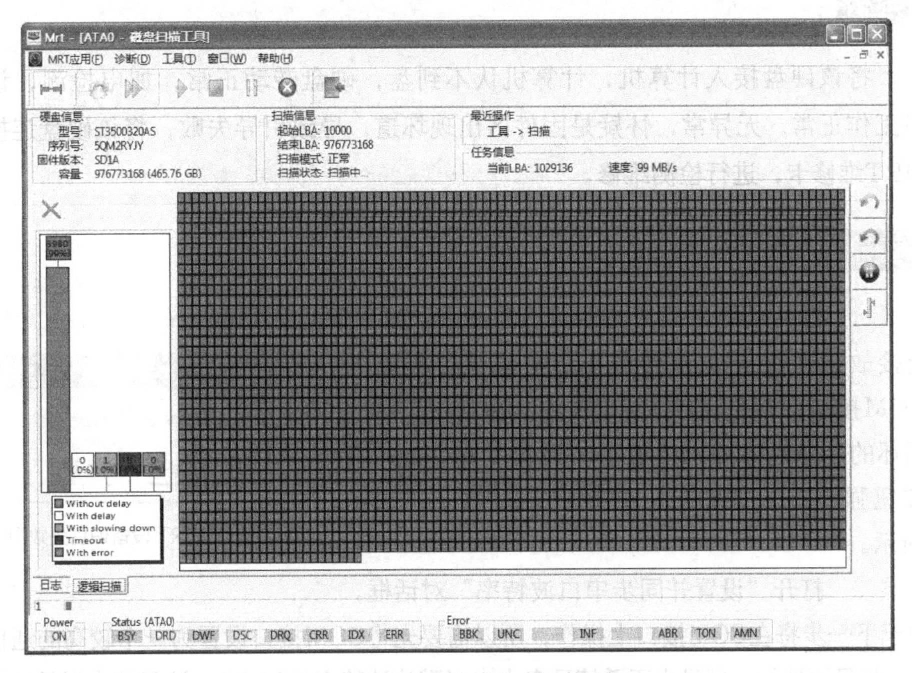

图4–45 修复成功后的硬盘扫描结果

温馨提示

MRT中对色块的定义，绿色代表良好扇区，黄色和粉色是读取比较慢的扇区，红色和褐色是无法读取的扇区（坏道）。

任务2 使用MRT修复固件区坏道

任务描述

客户：您好，我这块硬盘装到计算机后，计算机无法识别，你帮我看一看怎么回事。

熊熊：您好，请将您的硬盘给公司的工程师检测一下。

客户：好的。

熊熊：经检测，您的硬盘固件区出现坏道，我们将为您进行维修，维修好后通知您，您看可以么？

客户：好的，请尽快。

熊熊：您放心，我们尽快完成。

任务分析

将该硬盘接入计算机，计算机认不到盘，硬盘转动正常，加电检测，该硬盘工作正常，无异常，怀疑是固件区出现坏道，导致引导失败，将该硬盘连接到MRT维修卡，进行检测维修。

任务实施

步骤一：打开MRT窗口并强制进入希捷工厂的专修工具程序。

连接故障硬盘到MRT维修卡，并连接好硬盘的终端COM接口。然后进入MRT软件。由于SMART磁道损坏的硬盘通常都无法就绪，因此需要单击“确定”按钮强制进入希捷工厂的专修工具程序，如图4-46所示。

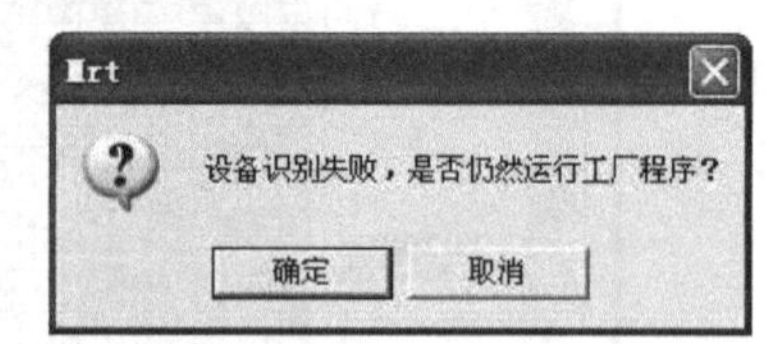

图4-46 MRT设备识别失败提示框

步骤二：打开“设置并同步串口波特率”对话框。

由于下一步将在COM接口上操作，所以需要先将COM接口设置为一个较高的通信波特率。这一步是可选的，但是由于希捷硬盘上电时默认波特率是38 400，这是非常慢的速度，所以一般推荐先设置为较高的波特率，这会让后面的操作大大节省时间。选择“终端”→“同步设置波特率”命令，直接确定对话框推荐的460 800波特率即可，如图4-47所示。

步骤三：设置MRT的接口模式为串口二进制模式。

由于硬盘无法就绪，所以程序需要在COM接口模式下操作。选择“终端”→“串口二进制模式”命令（见图4-48），MRT就会进入串口二进制模式下工作。

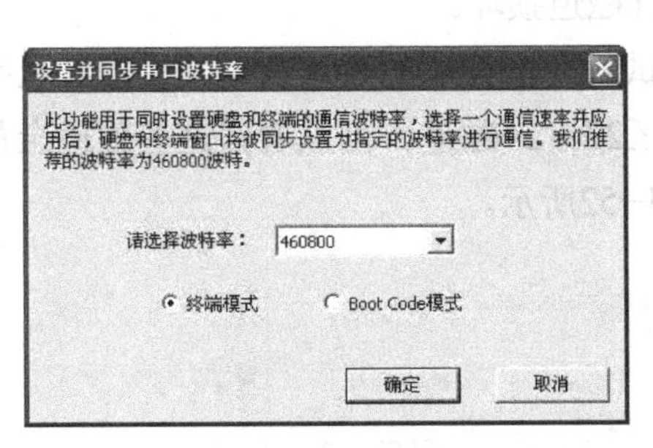

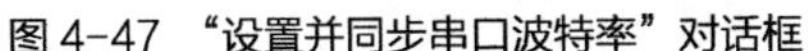
图4-47 “设置并同步串口波特率”对话框

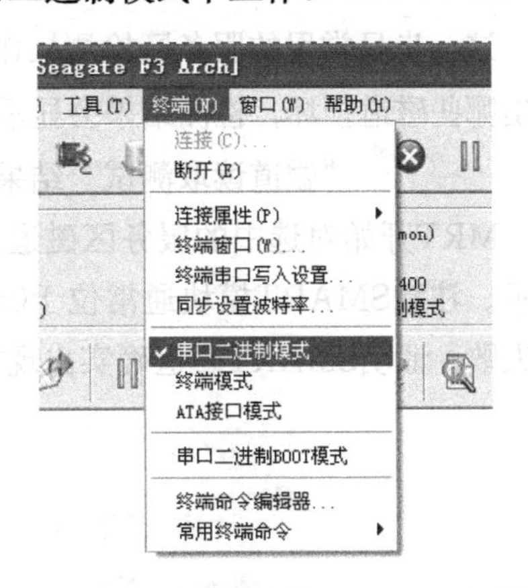

图4-48 设置MRT的接口模式为串口二进制模式

步骤四：打开“磁道读取”页面前弹出的“新建文件夹”对话框。

选择“工具”→“磁道备份与还原”→“按磁道读取固件”命令，打开磁道读取页面。如果用户还没有建立工作文件夹，则此时会弹出“新建文件夹”对话框，如图4-49所示。

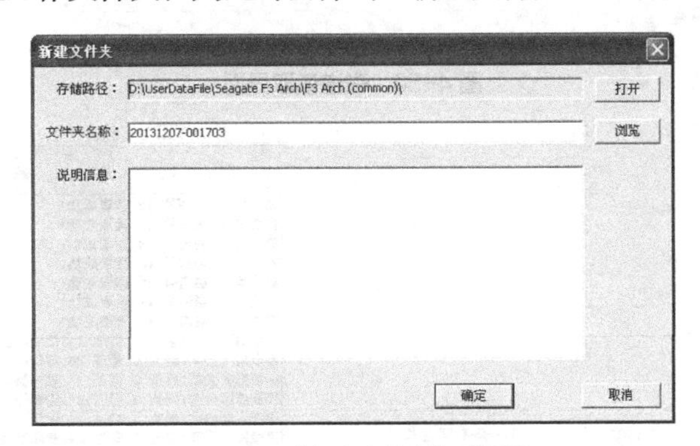

图4-49 “新建文件夹”对话框

步骤五：打开磁道读取页面。

MRT会为每个硬盘建立一个工作文件夹，该硬盘读取的所有固件文件都会默认保存在该工作文件夹中。如果能认盘，则工作文件夹会以硬盘的型号、序列号和固件版本命名，如果不能认盘，则文件夹默认以当前时间命名，用户可以更改为自己输入的名称。单击“新建文件夹”对话框中的“确定”按钮后，不仅会建立工作文件夹，同时还打开“磁道读取”页面，如图4-50所示。

步骤六：选择0号磁头的服务区磁道并单击“磁道读取测试”按钮。

磁道读取页面会列出该硬盘所有的服务区磁道，注意这里的磁道全都是指服务区的磁道。在“选择逻辑磁头”列表中用户可以选择指定的磁头号码，这样就可以查看每个磁头上的磁道列表。

通常硬盘运行时固件都是Copy0，也就是在0号磁头上，因此要选择0号磁头，然后在磁道列表中单击鼠标右键，在弹出的快捷菜单中选择“全部选中”命令，这样所有0号磁头的服务区磁道都会被勾选，最后单击“磁道读取测试”按钮，如图4−51所示。

这一步是常用的服务区检测操作。目的是检测服务区是否出现不可读的损坏磁道，并列出哪些磁道损坏，检测结果会显示在日志窗口中。

步骤七：“磁道读取测试”结果显示SMART磁道损坏。

MRT开始对选中的服务区磁道进行读取测试。无法读取的磁道会以醒目的红色字体显示。注意SMART模块通常位于0磁头的服务区22～24磁道，可以看到这些磁道全都读取失败，证明SMART磁道确实出现损坏，如图4−52所示。

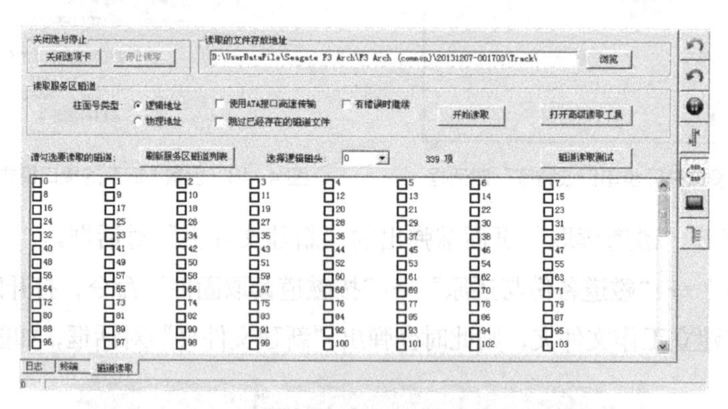

图 4−50　磁道读取界面

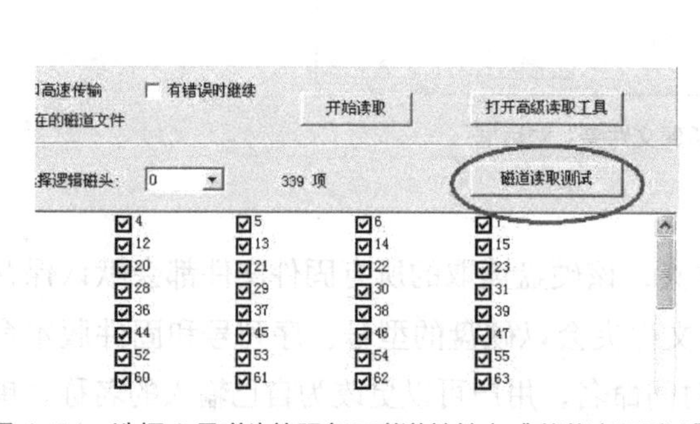

图 4−51　选择 0 号磁头的服务区磁道并单击“磁道读取测试”按钮

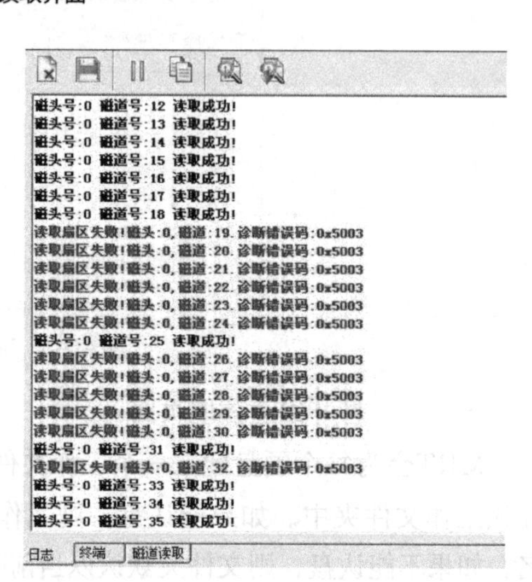

图 4−52　“磁道读取测试”结果

在上面的测试结果中，可以看到除了SMART模块所在的22～24号磁道外，附近的磁道也出现了损坏。需要对这些磁道进行修复。注意，这里SMART磁道是最重要的，必须进行修复，而附近的磁道，由于不存放关键数据，所以修复是可选的。

步骤八：让MRT尝试强制读取损坏的磁道。

转到磁道读取页，选中22～24号磁道（其他损坏磁道是可选的），然后勾选“有错误时继续”，最后单击“开始读取”按钮，如图4−53所示。

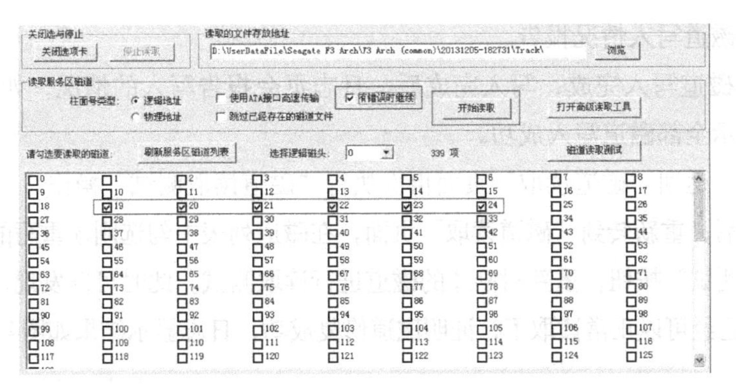

图 4-53 让 MRT 尝试强制读取损坏的磁道

温馨提示

因为要读取的磁道都是有损坏的，所以需要勾选“有错误时继续”，这会让MRT尝试强制读取这些磁道，最大限度地将模块原来的数据读取出来。读取出来的磁道数据会以文件的形式保存在工作文件夹中，磁道中的坏块会用“！”符号来填充。

步骤九：打开磁道写入页面，选择所读取到的文件并执行写入操作。

磁道强制读取完毕后，会将读取到的数据保存到文件。然后将这些文件再重新写回磁道，在磁道重写的过程中，硬盘内部会自动重算每个扇区的ECC校验码，当被损坏的磁道重写一遍后，通常磁道就会恢复正常。

选择“工具”→“磁道备份与还原”→“按磁道写入固件”命令，打开磁道写入页面。在磁道写入页面下方会列出刚才读取到的磁道数据文件，文件名都是以“磁道号_磁头号.trk”方式命名的。选中刚才读取的所有磁道文件，然后单击“开始写入”按钮（见图4-54），即可开始重写损坏磁道。

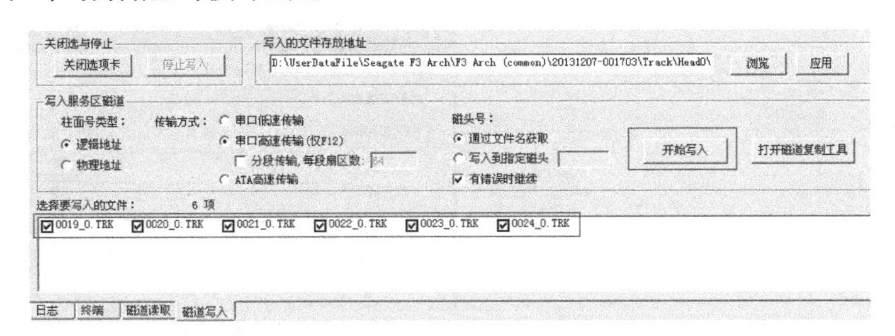

图 4-54 “磁道写入”页面

温馨提示

在传输方式选项中，由于此时硬盘不能就绪，SATA接口无法工作，因此不能选择“ATA高速传输”。对于希捷12代及以后的硬盘，可以支持“串口高速传输”，建议选中，这样写入速度会快很多。另外，建议勾选“有错误时继续”，这样会尝试强制写入，修复效果较好。

步骤十：磁道写入情况报告。

然后等待磁道写入完成，写入完成后，日志页会报告写入的情况，如图4-55所示。没有报错则表示全部磁道写入成功。

步骤十一：返回“磁道读取”页面再次执行“磁道读取测试”操作。

写入完成后，重新转到“磁道读取”页面，在磁道列表中勾选刚才重写的磁道，然后单击“磁道读取测试”按钮，重新对刚才的磁道进行读取测试。此时可以发现，刚才不能读取的磁道，现在已经可以正常读取了，证明磁道修复成功，日志显示结果如图4-56所示。

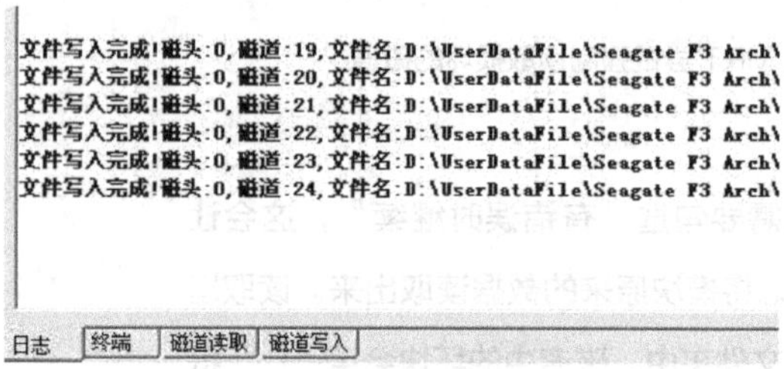

文件写入完成!磁头:0,磁道:19,文件名:D:\UserDataFile\Seagate F3 Arch\
文件写入完成!磁头:0,磁道:20,文件名:D:\UserDataFile\Seagate F3 Arch\
文件写入完成!磁头:0,磁道:21,文件名:D:\UserDataFile\Seagate F3 Arch\
文件写入完成!磁头:0,磁道:22,文件名:D:\UserDataFile\Seagate F3 Arch\
文件写入完成!磁头:0,磁道:23,文件名:D:\UserDataFile\Seagate F3 Arch\
文件写入完成!磁头:0,磁道:24,文件名:D:\UserDataFile\Seagate F3 Arch\
日志 终端 磁道读取 磁道写入

图 4-55　磁道写入情况报告

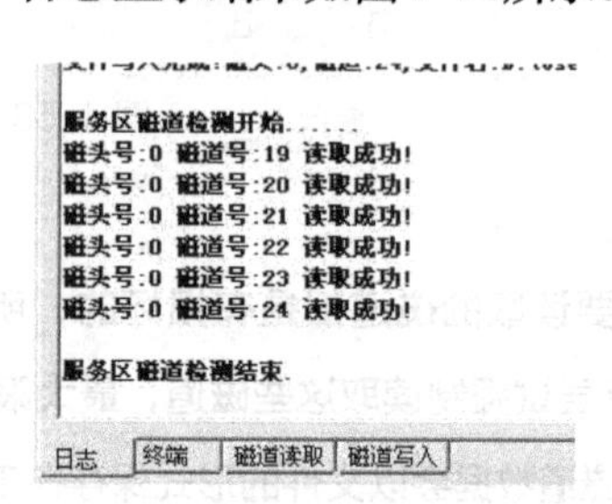

图 4-56　“磁道读取测试”结果

步骤十二：退出“串口二进制模式”，重新执行“清除SMART”的指令。

退出“串口二进制模式”，然后重新在终端下执行清除SMART的指令，可以看到指令能够成功完成，不再报告“Init SMART fail”的错误了，如图4-57所示。

步骤十三：使用“希捷三步法”重建译码器并执行“重新设备识别”操作。

接下来使用“希捷三步法”重建译码器也可以成功了。译码器重建后，将硬盘断电，然后再上电，硬盘会重新初始化，此时可以看到，硬盘能正常就绪了。选择“诊断”→“基本状态”命令，在弹出的对话框中单击“重新设备识别”按钮（见图4-58），可以看到硬盘已经被识别了。

图 4-57　成功完成“清除 SMART”指令

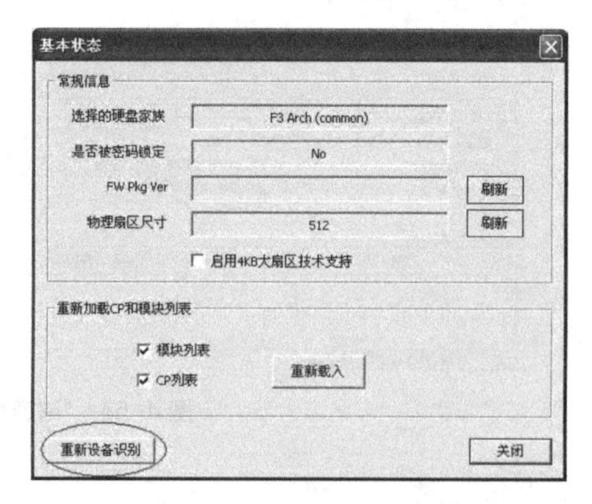

图 4-58　“基本状态”对话框

步骤十四：故障盘被识别说明修复成功。

执行“重新设备识别”操作后，硬盘能够被正常识别，如图4-59所示。至此，硬盘修复成功。

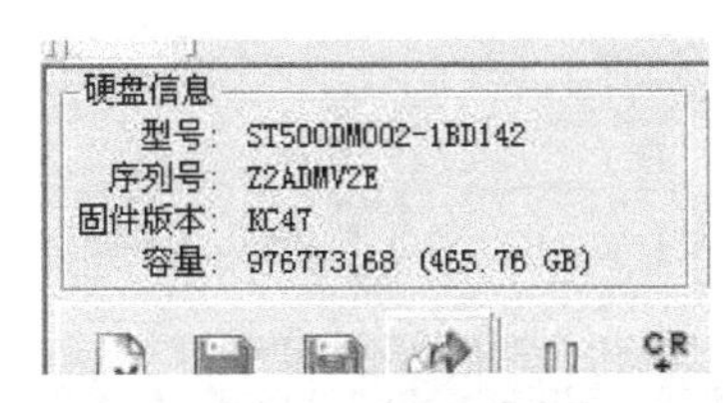

图4-59 故障盘被识别

知识链接

SMART模块损坏也是希捷系列硬盘比较常见的一种故障，由于硬盘在上电、重建译码器或者读写遇到坏扇区等情况下都会向SMART模块写入日志数据，因此SMART模块所在的磁道会被频繁修改，也就导致它比较容易损坏。

服务区磁道读写工具是维修希捷硬盘的重要基本工具。通常在硬盘能就绪的时候，可以通过修复模块等方式来维修，但是如果硬盘不能就绪，那么ATA下的模块读写工具就都会失效。此时就需要使用“串口二进制模式”下的服务区磁道读写工具来操作固件区域。灵活使用磁道读写工具可以修复很多种故障。本任务中使用的是最简单的“读取/回写”修复方式，这个技巧对SMART磁道损坏特别有效。对于其他模块的损坏，可以使用在同型号正常盘中备份出该模块所在的磁道，然后写入故障盘中的方式来解决。

任务3 使用MRT屏蔽损坏磁头

任务描述

客户：您好，我这块日立硬盘，编号为HTS541080G9SA00，系统安装一直报错，没有办法安装操作系统，能帮我解决一下吗？

熊熊：您好，根据您的描述，我们怀疑是硬盘有坏道了，待我们检测一下。

客户：好的，请您帮我维修好。

熊熊：好的，我们尽快完成。

任务分析

依据客户描述，直接将硬盘接入维修平台，启动MRT软件，进行硬盘坏道扫描，扫描结果如图4-60所示。

通常有磁头损坏的硬盘在扫描的时候将会出现有规律的大面积坏块，一般是正常的区域和出错区域交替出现。

根据扫描结果可以判断该盘的磁头存在问题，需进行相关的维修。

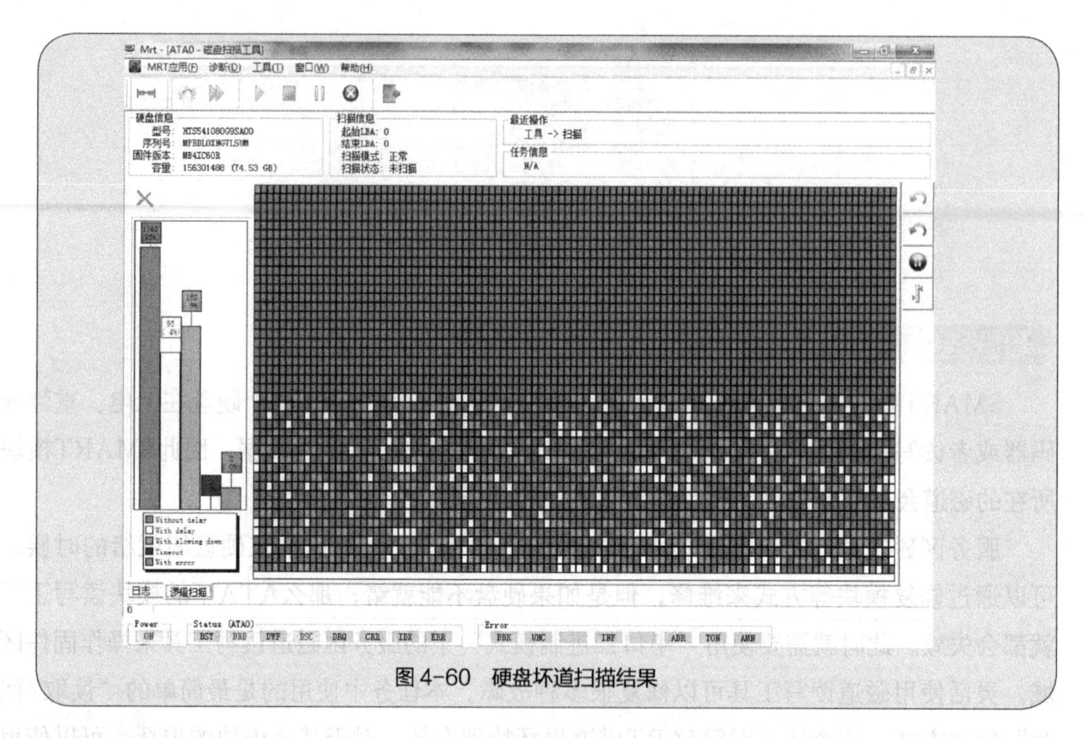

图 4-60 硬盘坏道扫描结果

任务实施

步骤一：打开Hitachi–IBM工厂程序测试磁头的状况。

打开Hitachi–IBM工厂程序，使用“磁头测试”功能测试磁头的状况，发现硬盘的2、3号磁头存在问题，如图4–61所示。

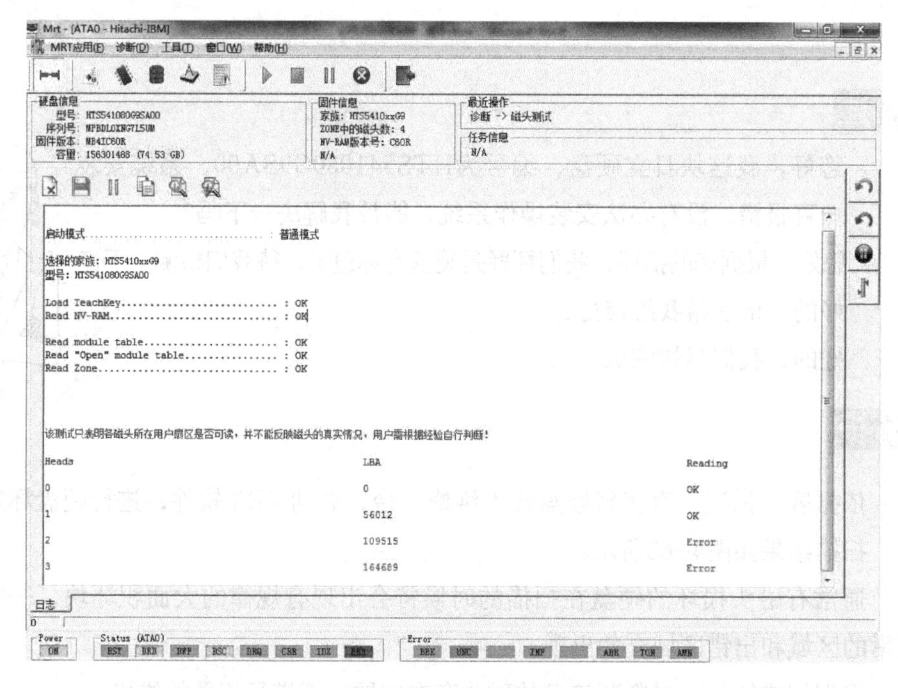

图 4-61 磁头测试结果

步骤二：执行“屏蔽磁头”命令。

单击工具栏上“服务区功能”按钮，在弹出的菜单中选择“屏蔽磁头”命令，或者选择“诊断”→“屏蔽磁头”命令，如图4-62所示。

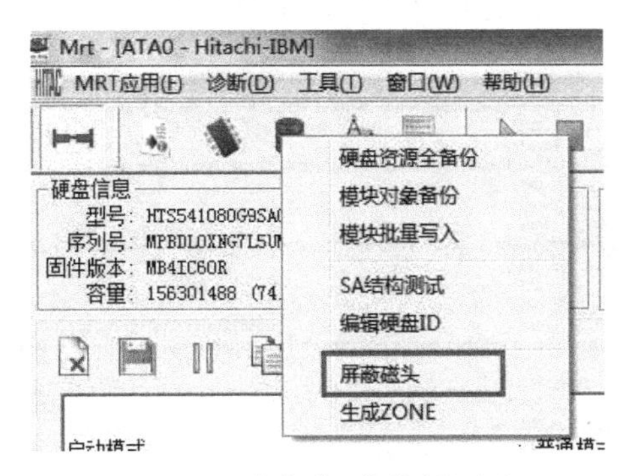

图 4-62 点击“屏蔽磁头”命令

步骤三：在“屏蔽磁头”对话框中设置“屏蔽磁头”的参数。

在弹出的对话框中设置屏蔽磁头的参数信息，勾选需要屏蔽的磁头，其他参数使用默认设置，如图4-63所示。

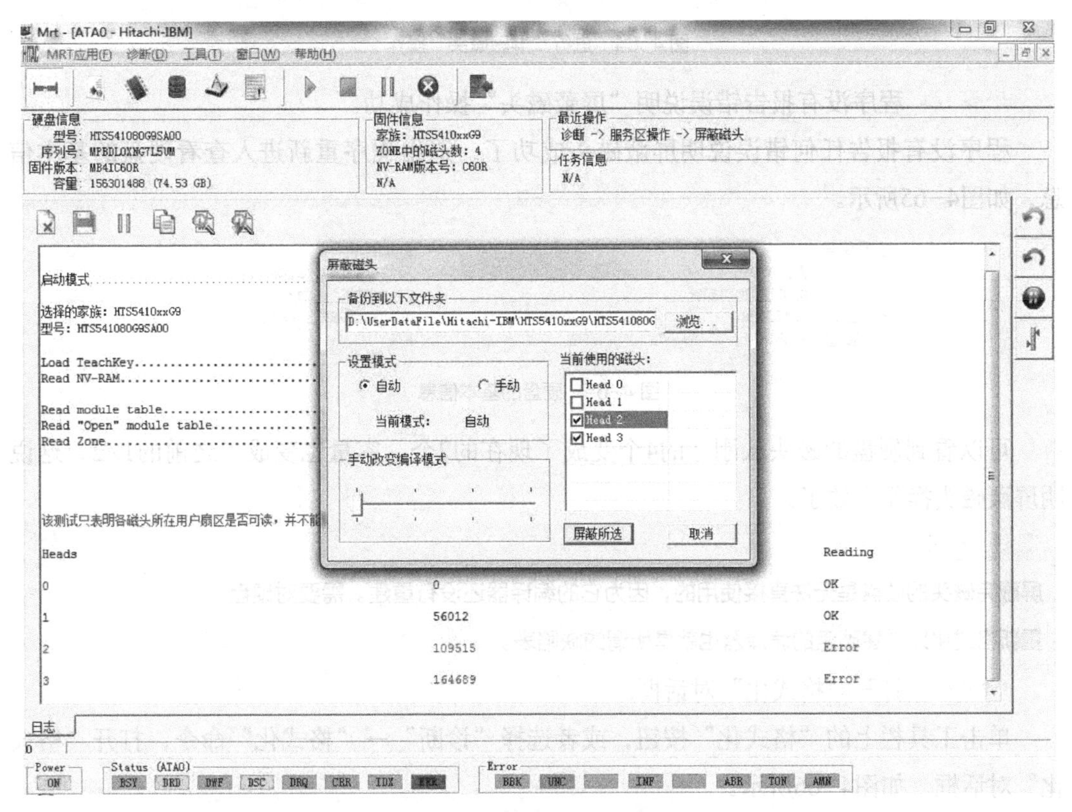

图 4-63 设置屏蔽磁头的参数

步骤四：进行“屏蔽磁头”操作。

单击“确定”按钮，程序将自动完成接下来的所有操作，如图4-64所示。

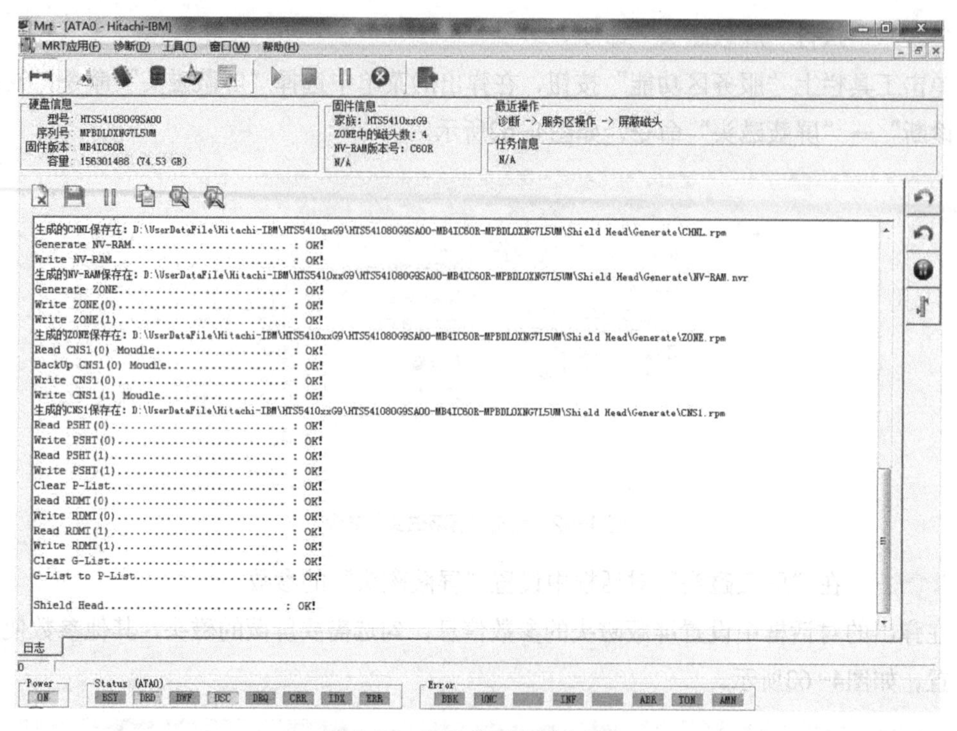

图 4-64 进行“屏蔽磁头”操作

步骤五：程序没有报告错误说明“屏蔽磁头”操作成功。

程序没有报告任何错误说明屏蔽磁头成功了，退出程序重新进入查看硬盘的基本信息，如图4—65所示。

图 4-65 硬盘的基本信息

可以看到硬盘的磁头从刚才的4个变成了现在的2个，容量也变成了之前的1/2，这说明屏蔽磁头操作生效了。

温馨提示

屏蔽完磁头的硬盘是无法直接使用的，因为它的编译器还没有重建。需要对硬盘重新格式化以重建硬盘的编译器也就是所谓的缺陷表。

步骤六：打开“格式化”对话框。

单击工具栏上的“格式化”按钮，或者选择“诊断”→“格式化”命令，打开“格式化”对话框，如图4—66所示。

步骤七：设置“格式化”对话框中的各个参数并执行“格式化”操作。

在弹出的对话框中选择“工厂格式化”，其他参数使用默认值，单击“确定”按钮，硬盘将开始格式化，如图4—67所示。

步骤八：执行“磁盘扫描”操作。

等待格式化完成，这个过程可能需要很长时间，格式化完成后这块硬盘就可以正常使用了，打开“磁盘扫描工具”扫描硬盘的状况，从扫描结果来看硬盘的状况十分良好（见图4-68），在执行完这一系列操作后该硬盘就可以降容量使用了。

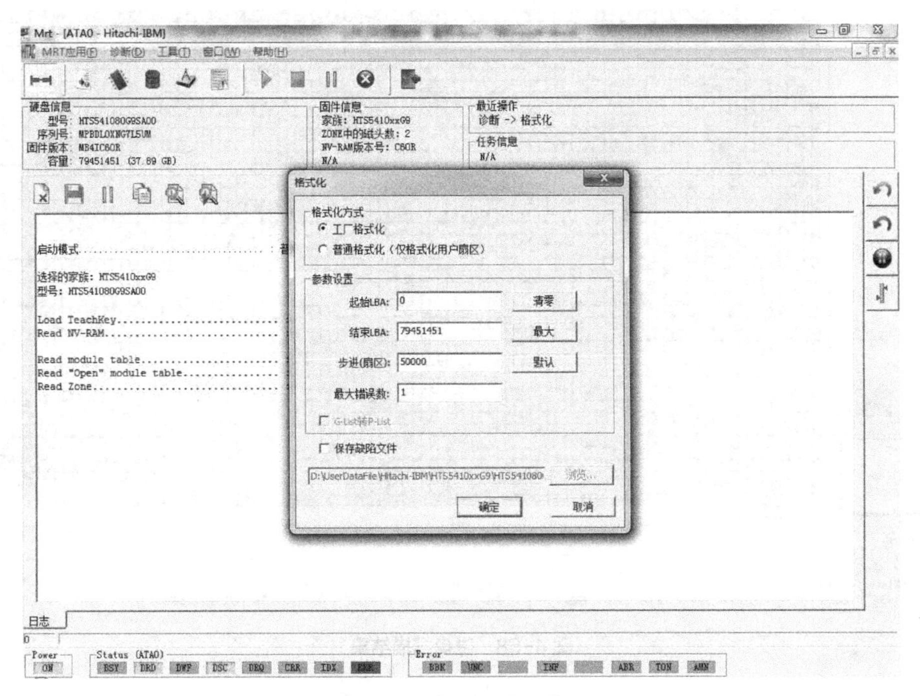

图 4-66 “格式化”对话框

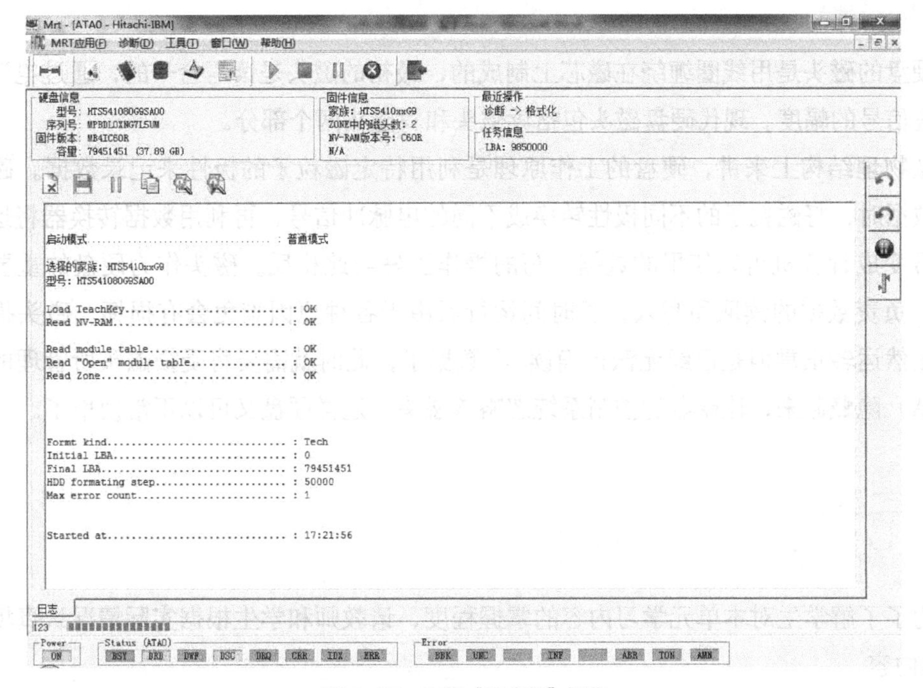

图 4-67 执行“格式化”操作

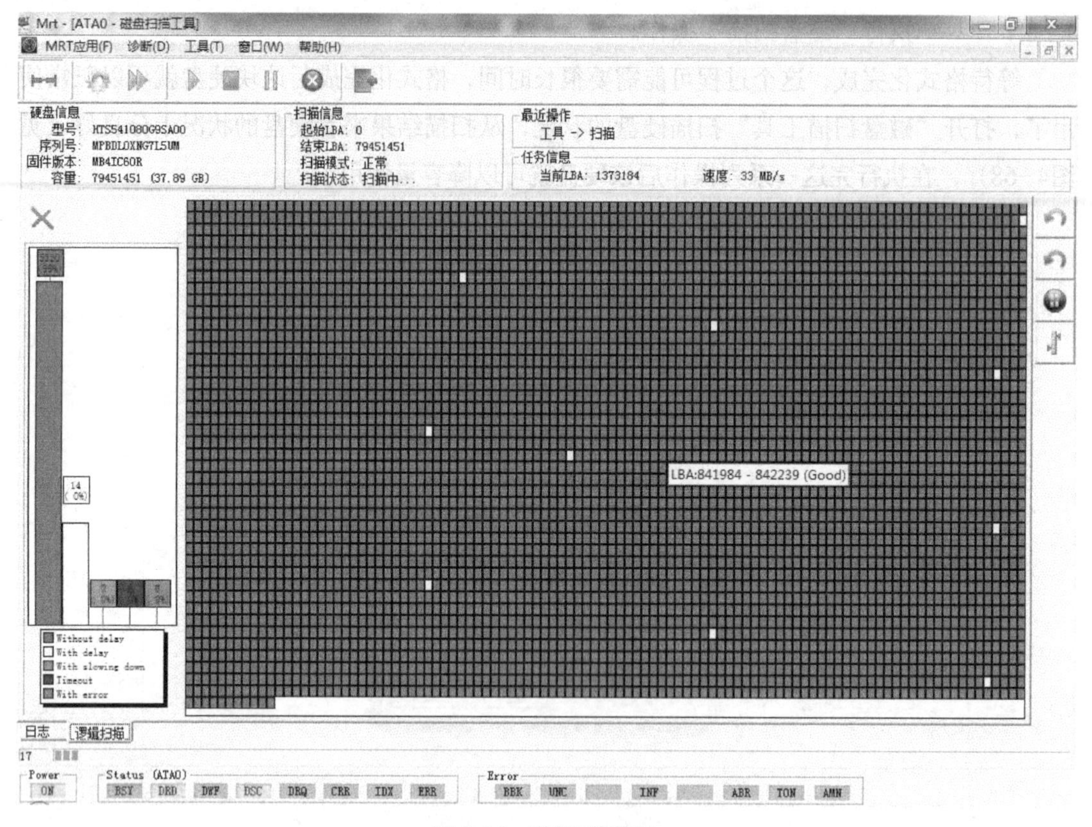

图 4-68 磁盘扫描结果

知识链接

硬盘的磁头是用线圈缠绕在磁芯上制成的，最初的磁头是读写合一的，通过电流变化去感应信号的幅度。现代硬盘磁头包括读磁头和写磁头两个部分。

从物理结构上来讲，硬盘的工作原理是利用特定磁粒子的极性来记录数据。磁头在读取数据时，将磁粒子的不同极性转换成不同的电脉冲信号，再利用数据转换器将这些原始信号变成计算机可以使用的数据，写的操作正好与此相反。磁头作为硬盘的重要组成部分，负责数据的读取和写入，长时间运行后由于各种原因难免会有损坏。磁头损坏的硬盘虽然运转正常但是已经无法正确读/写数据了，此时就需要将受损磁头所管理的辖区（LBA）隐藏起来，让硬盘的控制系统忽略该磁头，这样硬盘又可以正常使用了。

单元评价 UNIT EVALUATION

为了了解学生对本单元学习内容的掌握程度，请教师和学生根据实际情况认真填写表4-1的内容。

表 4-1 单元学习内容掌握程度评价表

评价主体			评分标准	分值	学生自评	教师评价
项目1	任务1	操作评价	熟练掌握MRT软件操作	3		
		成果评价	掌握固件写入方法	5		
	任务2	操作评价	熟练掌握希捷硬盘专修工具的使用	3		
		成果评价	掌握希捷硬盘的固件基本信息	5		
	任务3	操作评价	掌握西部数据模块的使用	3		
		成果评价	了解西部数据固件模块的含义	5		
项目2	任务1	操作评价	熟练掌握硬盘坏道的维修方法	3		
		成果评价	能屏蔽硬盘坏道	5		
	任务2	操作评价	熟练掌握固件区坏道的维修方法	3		
		成果评价	能够手工重建固件区坏道	5		
	任务3	操作评价	熟练掌握损坏磁头的屏蔽方法	3		
		成果评价	熟练掌握Hitachi工厂程序使用	5		

单元总结 UNIT SUMMARY

通过本单元的实际操作练习，学生能够熟悉掌握MRT的基本功能及使用方法；了解包括品牌、型号、容量、柱面数、每磁道扇区数、系列号、缓存大小、适配数据、区域分配表、SMART值、硬件自检程序、硬盘工作指令等参数和指令的作用。掌握固件中某一项重要参数找不到或出错的维修方法。掌握硬盘无法识别、无法正常进行读写操作等故障的解决方法。

单元5

物理类故障判断与数据恢复

单元情景

这天，经理找到了熊熊，说："熊熊，这些日子来，你表现很出色，我决定让你学习数据恢复行业的核心领域技术。跟着豆豆工程师去学习硬盘物理类的故障维修吧。掌握了硬盘物理类故障的维修方法，就意味着你掌握了硬盘核心部件磁头、电机等维修方法。""物理部件维修？这我喜欢，我得赶紧找豆豆工程师拜师学艺。"

熊熊：豆豆师傅！

豆豆：怎么了，熊熊，你为啥喊我师傅啊。

熊熊：经理让我向您拜师学艺呢，学习怎么修硬盘的电路板和磁头电机这些核心技术呢。

球球：来公司这么快就学这方面了啊，来，这里有个客户的硬盘，我来教你怎么做吧。

熊熊：好！让我们开始吧！

单元概要

本单元的学习内容是数据恢复行业的重要内容，学生通过本单元的学习，能够解决一些常见的物理类故障，包括硬盘的外部和内部故障。通过修复、更换PCB电路板以及磁头等实际操作任务的学习，学生将熟练掌握物理类故障的修复流程：

1）通过数据恢复机，介绍硬盘内、外部故障的诊断。

2）通过修复、更换PCB电路板操作任务，学习硬盘外部故障的修复方法。

3）通过修复磁头排线和更换磁头操作任务，学习硬盘内部故障的修复方法。

单元学习目标

1．了解硬盘的PCB电路板的结构

2．掌握万用表、热风枪等工具的使用方法

3．掌握数据恢复机的使用方法及硬盘故障类型的诊断流程

4．能够根据客户提供的信息和硬盘故障类型诊断流程判断故障类型

5．能够根据故障类型，制订出合理、有效的硬盘修复方案

6．能够对PCB电路板、磁头等故障进行快速、安全的修复

PROJECT 1 项目 1

识别不到硬盘——外部故障

硬盘物理故障包括外部故障和内部故障，本项目主要讲解硬盘外部故障的检测、判定及修复。

知识准备

一、电路板故障的类型

硬盘的外部故障主要是指电路板故障。硬盘的电路板一般是6层板，电路板上分布着主控芯片、缓存、电机驱动芯片、BIOS及电子元器件等，电路板的故障一般表现在以下几个方面。

1. 供电的故障

硬盘的供电来自主机的开关电源，4个接线柱的电压分别为：红色为5V，黑色为地线，黄色为12V，通过线性电源变换电路，变换为硬盘正常工作的各种电压。硬盘的供电电路如果出现问题，会直接导致硬盘不能工作。故障现象往往表现为不通电、硬盘检测不到、盘片不转、磁头不寻道等。供电电路常出问题的部位是：插座的接线柱、滤波电容、二极管、晶体管、场效应管、电感、保险电阻等。

2. 接口故障

接口是硬盘与计算机之间传输数据的通路，接口电路如果出现故障则可能会导致硬盘检测不到、乱码、参数误认等现象。接口电路常出故障的部位是接口芯片或与之匹配的晶振、接口插针折断、接口虚焊、接口排阻损坏等。

3. 缓存故障

缓存用于加快硬盘数据传输速度，如出现问题则可能会导致硬盘不被识别、乱码、进入操作系统后异常死机等现象。

4. BIOS故障

BIOS用于保存如硬盘容量、接口信息等参数，硬盘所有的工作流程都与BIOS程序相关，通断电瞬间可能会导致BIOS程序丢失或紊乱。BIOS不正常会导致硬盘认错型号、不能识别等各种各样的故障现象。

5. 电路板故障

如果硬盘的电路板烧坏，则最常见的表现就是通了电后没有任何反应，可以把硬盘拿在手上，感受它是否在转动，也可以通过查看电路板上的元器件是否有明显烧焦的痕迹来判断。

二、电路板检测要点

第一步：电路板的检测，通常先采用直接目视法和闻嗅法，查看有没有明显的烧焦痕迹、气味或断路现象，由此判断电路的状况。

第二步：静态检测，使用万用表对硬盘接口、供电电路、集成芯片引脚进行对地阻测量，并与正常值进行对照，由此判断电路板上各元器件及电路的状况。

第三步：加电检测，在目检和静态检测均无异常的情况下，可以给电路板加电，检测各部件或元器件引脚的对地电压值，并与正常电路板进行对比，确定电路或芯片故障。

三、硬盘故障类型诊断流程

对于硬盘的外部故障，可以参考如图5－1所示的硬盘故障类型诊断流程—1进行判断。

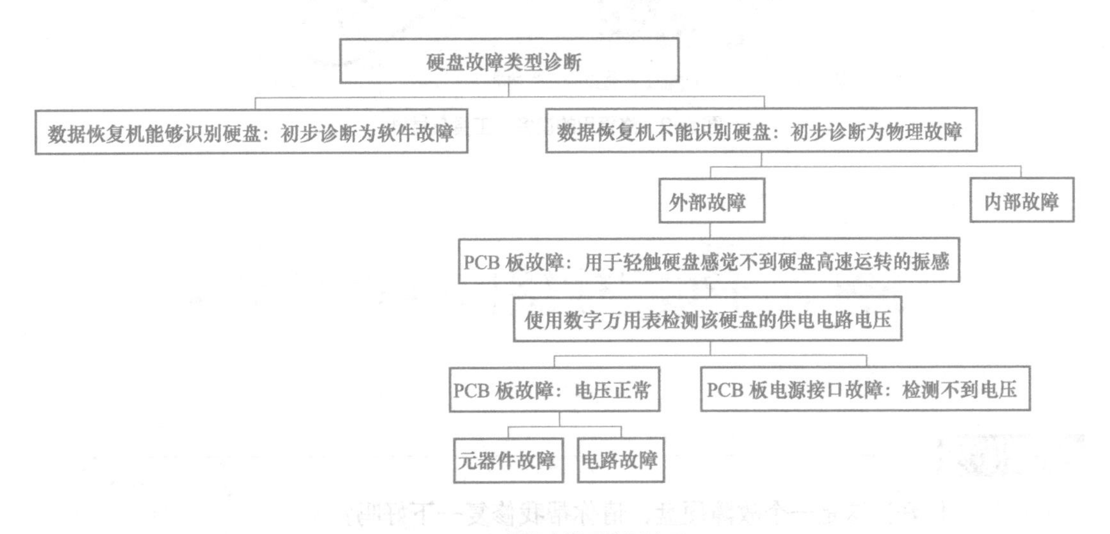

图5-1 硬盘故障类型诊断流程—1

四、工具准备

对于硬盘的外部故障，需要准备如下设备、工具及材料进行修复（见图5−2）。

1）防静电手套：主要用来隔离身体的静电，以免电路短路。

2）螺钉旋具套组：是用来拧下螺钉，它配备了多种型号的螺钉旋具口，适用于各种型号的螺母。

3）焊烙铁：主要是用来焊接元件及导线。

4）焊锡丝：与电烙铁配合使用，焊锡丝作为填充物的金属添加到电子元器件的表面和缝隙中，达到固定电子元器件的目的。

5）阻焊膏：能够有效阻止氧化，因此在母材表面涂敷助焊膏，可以使母材表面的氧化物还原，从而达到消除氧化膜的目的。

6）洗板水：洗板水有较强的腐蚀性，配合无尘布能轻易地去除电子元器件表面的污渍。

7）无尘布或无尘棉：用来清洁电子元器件表面的污渍。

8）防静电镊子：防止自身导电导致电路短路。

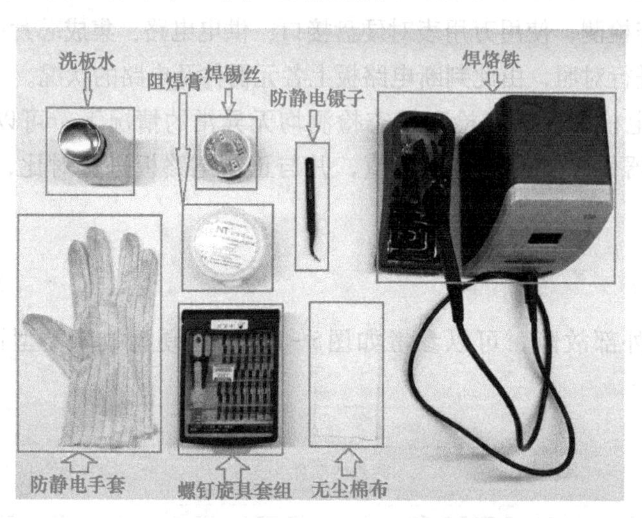

图5−2 修复用的设备、工具及材料

任务1 PCB板接口电路的修复

任务描述

客户：你好！这是一个故障硬盘，请你帮我修复一下好吗？

熊熊：您好！能描述一下故障现象吗？

客户：计算机开机时停留在自检界面，无法正常进入操作系统，之后计算机蓝屏提示“disk read error”错误。

熊熊：根据您的描述，我们先进行检测查找故障的类型，然后电话告知您修复需要的费用及时间，这样行吗？

客户：好的，谢谢！

任务分析

为了解决硬盘故障，首先需要把有故障的硬盘连接到数据恢复机上（见图5-3），然后根据硬盘故障类型诊断流程—1进行故障诊断。在本任务中，故障硬盘连接到数据恢复机后，数据恢复机不能识别该故障硬盘，此外，用手轻触硬盘感觉不到硬盘高速运转的振感，鉴于以上故障现象初步判断硬盘的故障为物理类故障。由于硬盘通电后，完全不转，怀疑是PCB电路板故障。使用观察法和测量法，卸下PCB电路板（见图5-4），通过观察电路板外观以及万用表等设备检测供电电路的电压（见图5-5），确定故障点—— 接口电路氧化导致虚焊的故障（见图5-6）。

图5-3 故障盘接数据恢复机

图5-4 拆卸PCB电路板

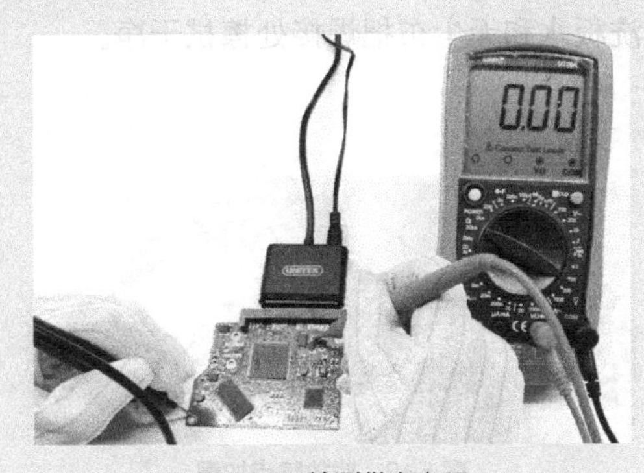

图5-5 检测供电电压

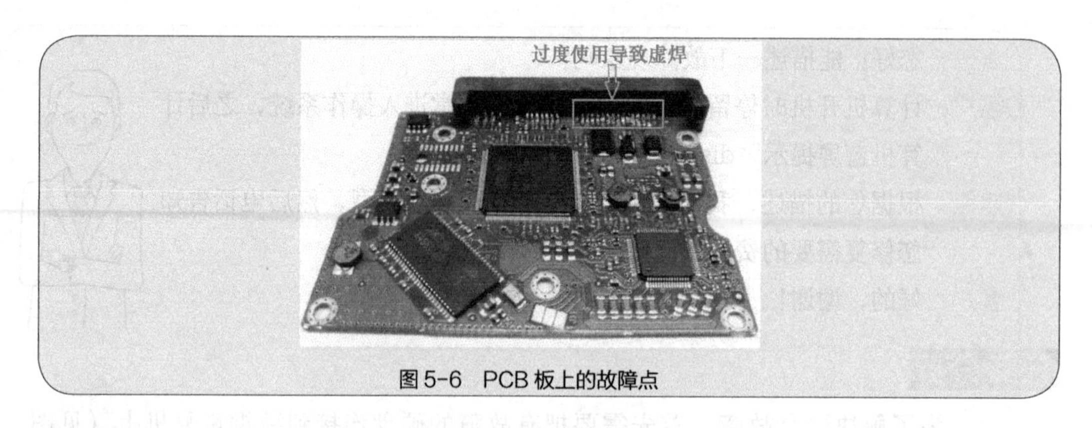

图 5-6　PCB 板上的故障点

任务实施

根据分析判断故障原因为PCB电路板接口电路虚焊，按照如下修复步骤进行故障硬盘的修复。

步骤一：清洁PCB电路板。

首先用洗板水和无尘布对焊接处进行擦拭清洁，如图5–7所示。

图 5-7　清洁 PCB 电路板

温馨提示

拆卸PCB电路板之前，一定要戴上防静电手套，以免身上的静电导致电路板电路短路。

步骤二：对故障点加焊。

给焊接处涂上适量的阻焊膏，然后用焊烙铁和焊锡丝给故障点重新加焊（见图5–8），焊接完成后再用洗板水和无尘布把焊接处擦拭干净。

图 5-8　对故障点加焊

温馨提示

焊接操作注意事项：

1）不要与其他焊接点连焊。

2）不要影响到附近元器件的焊点导致虚焊。

步骤三：用万用表检测PCB板的供电电路电压。

使用万用表检测PCB板的供电电路电压是否达到正常工作的12V电压，如果达到则表明虚焊故障修复成功。

步骤四：将PCB板装回盘体，如图5-9所示。

图 5-9 安装 PCB 板

步骤五：将修复过的硬盘连接到数据恢复机上，检查该硬盘是否可以被识别并启用，可以正常启用如图5-10所示。

图 5-10 计算机正常启动画面

经验分享

观察法：观察法是指研究者根据一定的研究目的，用自己的感官和辅助工具去直接观察被研究对象，从而获得资料的一种方法。科学的观察具有目的性和计划性、系统性和可重复性。观察一般利用眼睛、耳朵等感觉器官去感知观察对象。由于人的感觉器官具有一定的局限性，观察者往往要借助各种现代化的仪器和手段来辅助观察。

在维修前应该注意的问题，用观察法先观察判断出来，一点方向都没有就去修，事倍功半。观察法是维修判断过程中第一要法，它贯穿于整个维修过程中，观察不仅要认真，而且要全面。

电压测量法：利用万用表的电压档位，测量故障电源的各个关键点的电压值，分析、判断故障部位，因为电路要工作就得有电压，而电流又不方便测试，检测电路中各点的电压值是最容易进行分析和判断电路工作状态的。

任务2　更换PCB电路板

任务描述

客户：你好！我硬盘上的工作文件、照片等都找不到了，请你帮我恢复一下好吗?

熊熊：您好！能描述一下是什么样的原因造成的吗?

客户：计算机关机正常，第二天开机就没有反应了，拿去售后修好后，接上硬盘，但是不转动，售后说是硬盘被烧坏了。

熊熊：根据您的描述，我们先进行检测查找故障的类型，然后电话告知您故障的类型及修复需要的费用和时间，这样行吗?

客户：好的，谢谢!

任务分析

为了解决硬盘故障，首先需要把有故障的硬盘连接到数据恢复机上，然后根据硬盘故障类型诊断流程—1进行故障诊断。在本任务中，故障硬盘连接到数据恢复机后，数据恢复机不能识别该故障硬盘。另外，用手轻触硬盘感觉不到硬盘高速运转的振动，根据客户的描述，判断是PCB电路板被烧坏。首先卸下PCB电路板，使用万用表检测电路板电路电压，检测结果提示电路板多处短路（见图5–11），因此可以确认该硬盘的故障为PCB电路板电路故障。

图 5-11 PCB 电路板电路电压检测

当硬盘电路板出现故障时，最简单的方法就是使用“替换法”，找个相同的硬盘，将电路板更换，也就是使用一个同型号兼容的电路板来替换故障硬盘的电路板。

当硬盘的PCB电路板损毁严重时，尽量使用相同型号的PCB电路板进行更换而不是维修。

任务实施

根据分析为硬盘的电路板电路故障，按照如下修复步骤进行故障硬盘的修复：

步骤一：确认故障盘的PCB型号。

根据硬盘型号确认故障硬盘的PCB的型号，如图5-12所示。

图 5-12 PCB 型号确认

步骤二：用风枪取下PCB上的ROM（BIOS）芯片。

首先用洗板水和无尘布将电路板擦拭干净，其次在ROM芯片四周涂上适量的阻焊膏，然后使用风枪将PCB上的ROM（BIOS）芯片取下，如图5-13所示。

图 5-13　使用风枪拆卸 ROM 芯片

温馨提示

风枪使用注意事项：

1）风枪不能定点吹，容易损伤PCB致使电路损坏。

2）风速也不能太大，一旦太大会使故障点附近的元器件的锡融化，造成元器件虚焊或者脱落。

步骤三：将从故障PCB卸下的ROM芯片焊到新的PCB上。

首先准备一个与故障PCB相同型号的电路板，其次使用洗板水和无尘布将新的PCB擦拭干净，然后将从故障PCB卸下的ROM芯片焊到新的PCB上，如图5-14所示。

图 5-14　更换 ROM（BIOS）芯片

温馨提示

更换硬盘电路板不是简单的用一块新的电路板替换故障的电路板，这种做法不仅无法修复故障，而且还可能导致硬盘电机、磁头和盘片的损坏。

更换硬盘电路板有两个注意事项：

1）置换ROM芯片，每块硬盘外置的ROM芯片内部都有一些独立的信息，这些信息与该硬盘内的固件相匹配，如果脱离了BIOS芯片内的这些信息，则硬盘将无法正常工作。因此，对于故障硬盘来说，即使以能够兼容的电路板替换了故障板，也需要把故障电路板上原有的BIOS芯片换回到新替换的电路板上，硬盘才能正常识别。

2）电路板型号的判定，尽量选择同型号的电路板互换，实在找不到同型号的可以选择功能兼容性一致的电路板。

知识链接

一、各品牌硬盘电路板兼容性识别

电路板的替换一定要注意兼容性问题，即电路板是否可替代，下面是各品牌硬盘电路板兼容性的识别方法。

1. 希捷3.5in硬盘电路板兼容性识别

1）看盘标：图5−15是希捷酷鱼500GB硬盘的盘标，盘标中的型号、编号及产地虽然不是决定电路板兼容性的必要条件，但可作为参考条件和寻找兼容板的方法。

图5-15 希捷硬盘盘标

2）看板号：图5−16所示，板号是识别希捷电硬盘电路板兼容性的必要条之一。

图5-16 希捷硬盘电路板板号

3）看主控芯片型号，图5−17所示，是识别电路板型号的必要条件。

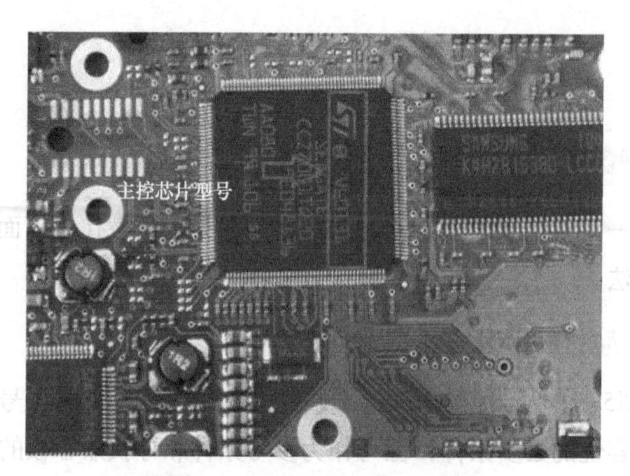

图 5-17　希捷硬盘电路板主芯片型号

2. 西数3.5in硬盘电路板兼容性识别

1）看盘标：图5-18所示为西数320GB台式机硬盘盘标。

图 5-18　西数硬盘盘标

2）看板号：图5-19所示为西数硬盘电路板板号。

图 5-19　西数硬盘电路板板号

3）看主控芯片型号：图5-20所示为西数硬盘电路板主控芯片。

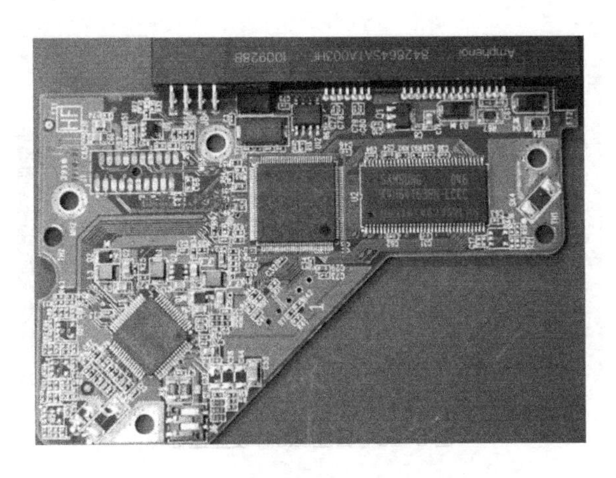

图 5-20 西数硬盘电路板主控芯片

3. 日立3.5in盘电路板兼容性识别

1）看盘标：图5−21所示为日立3.5in硬盘盘标。

图 5-21 日立 3.5in 硬盘盘标

2）看接口标签：如图5−22所示，标签前两行的第一个字符要相同。

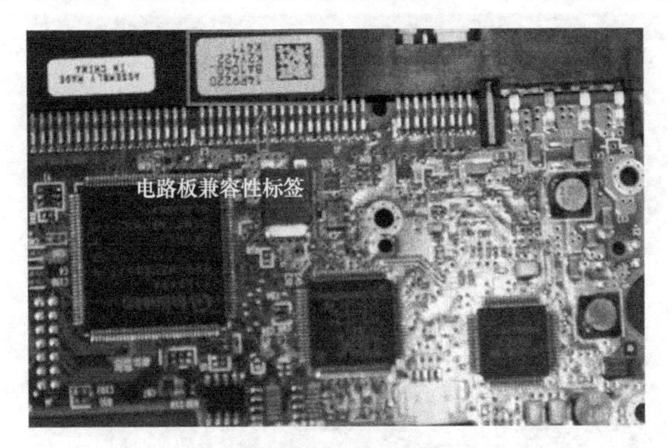

图 5-22 接口标签

4. 日立2.5in硬盘电路板兼容性识别

1）看盘标：图5−23所示为日立2.5in硬盘盘标。

图 5-23　日立 2.5in 硬盘盘标

2）看板号：图5-24所示为日立2.5in硬盘板号。

图 5-24　日立 2.5in 硬盘板号

3）看主控芯片型号：图5-25所示为日立2.5in硬盘电路板主控芯片。

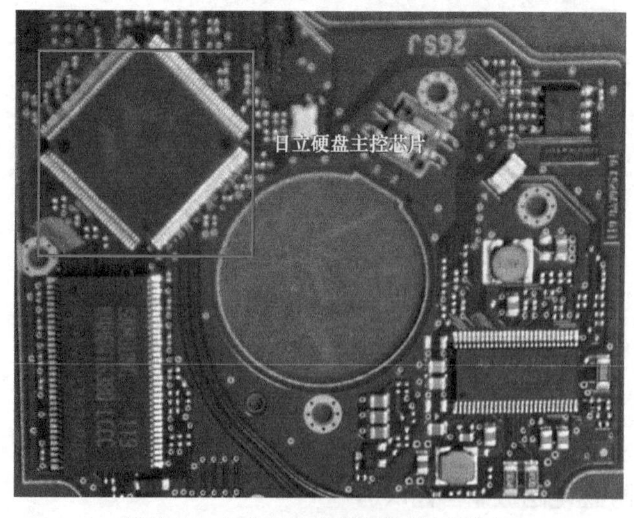

图 5-25　日立 2.5in 硬盘电路板主控芯片

5. 东芝2.5in硬盘电路板兼容性识别

1）看盘标：图5-26所示为东芝2.5in硬盘盘标。

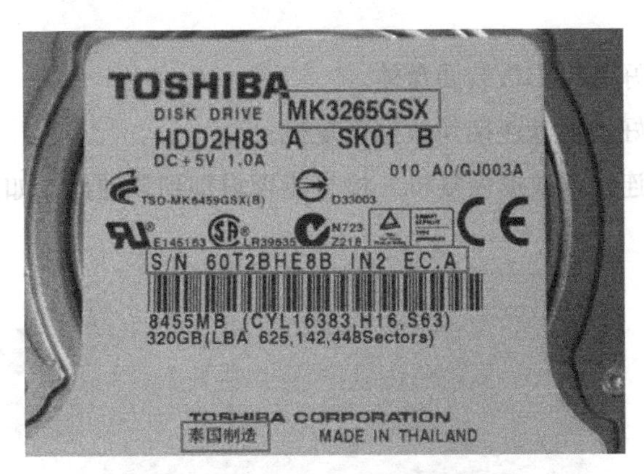

图5-26 东芝2.5in硬盘盘标

2）看板号：图5-27所示为东芝2.5in硬盘电路板板号。

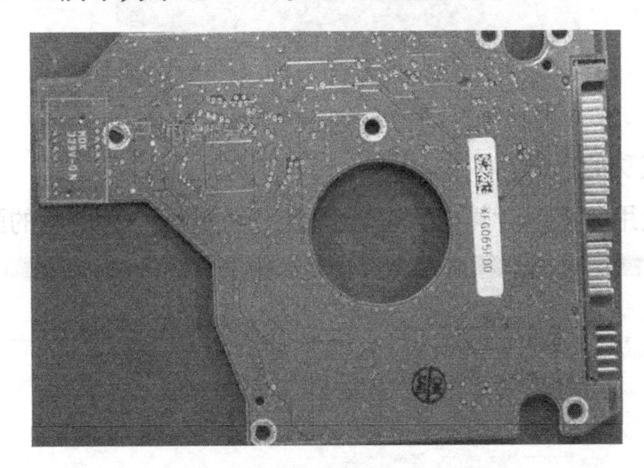

图5-27 东芝2.5in硬盘电路板板号

3）看主芯片型号：图5-28所示为东芝2.5in硬盘电路板主控芯片。

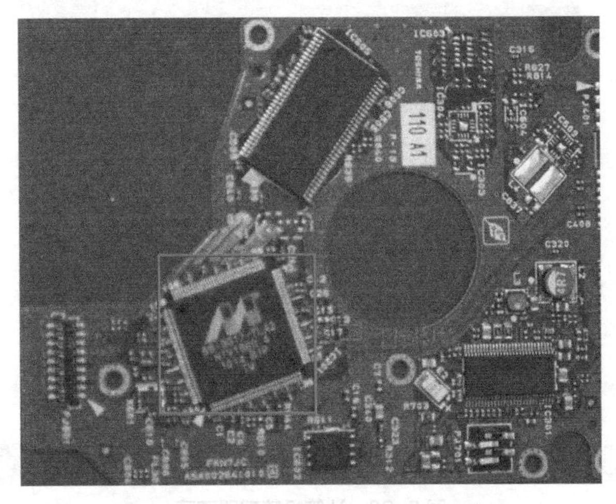

图5-28 东芝2.5in硬盘电路板主控芯片

步骤四：用万用表检测PCB板的电压。

使用万用表检测PCB板的电压是否达到正常工作的12V电压，如果达到则表明ROM芯片故障修复成功。

步骤五：将修复好的PCB板装回盘体。

步骤六：将修复好的硬盘连接到数据恢复机。

将修复好的硬盘连接到数据恢复机，检查能否识别到该硬盘，如图5-29所示。

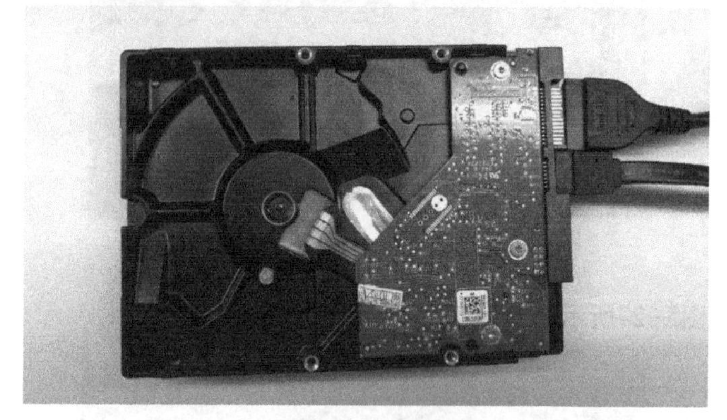

图 5-29　检测硬盘

步骤七：修复成功的界面。

如果可以正常使用，那么计算机管理器就会出现如图5-30所示的画面。

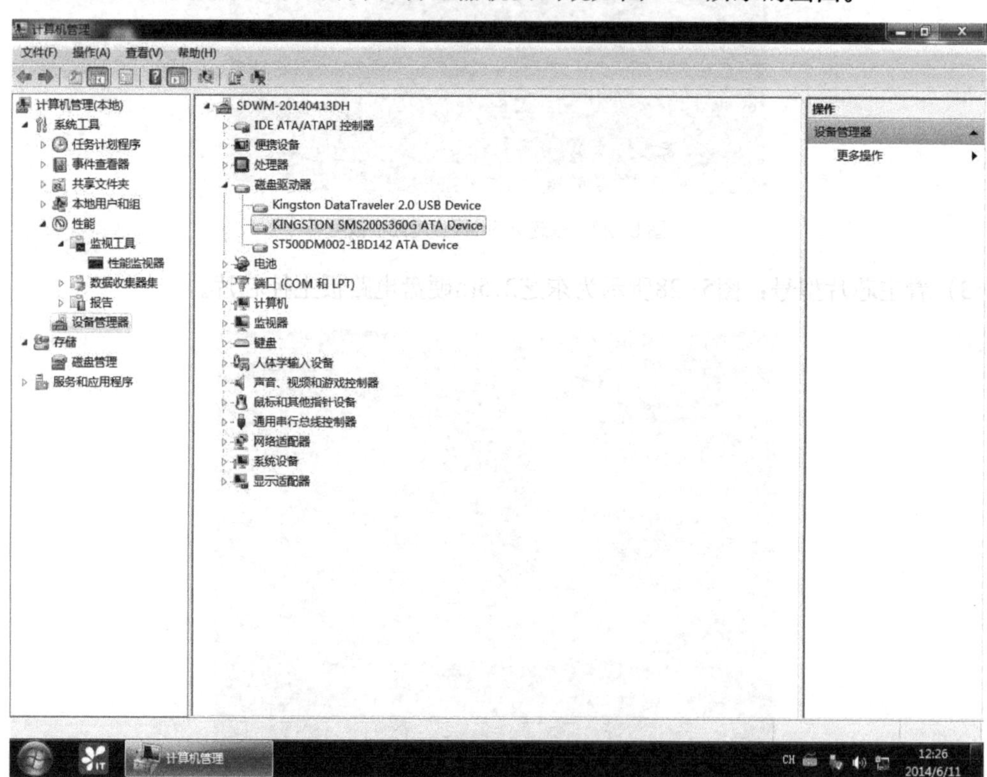

图 5-30　计算机管理器画面

PROJECT 2 项目2

硬盘有异响——内部故障

本项目主要讲解硬盘内部故障的检测、判定及修复。

知识准备

一、硬盘内部故障的类型

通常把硬盘内部故障归为4类：磁头组件故障、主轴组件故障、盘片故障和系统信息出错。

由于硬盘内部故障比较复杂，具体又分为以下几种。

1. 磁头芯片故障

磁头芯片贴装在磁头组件上面，如图5-31所示，用于放大磁头信号、磁头逻辑分配、处理音圈电机反馈信号等。如果该芯片出现问题则可能会出现磁头不能正确寻道、数据不能写入盘片、不能识别硬盘、异响等故障现象。

图5-31　磁头和磁头芯片

2. 前置信号处理器故障

前置信号处理器如图5-32所示，用于加工整理磁头芯片传来的数据信号，该芯片如果出现问题则可能会出现不能正确识别硬盘的故障现象。

3. 数字信号处理器故障

数字信号处理器如图5-33所示，用于处理前置信号处理器传过来的数据信号并解码该信号，或者接收计算机传过来的数据信号并编码该信号。

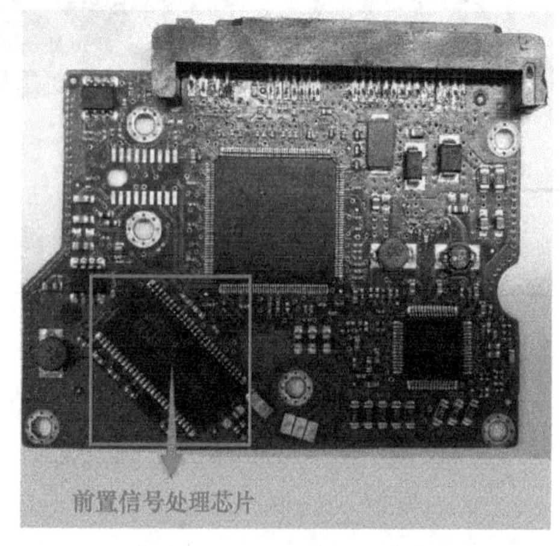

图 5-32　前置信号处理器

图 5-33　数字信号处理器

4. 主轴电机故障

主轴电机如图5-34所示，用于带动盘片高速旋转，现在的硬盘大多使用液态轴承马达，精度极高，剧烈碰撞后可能会使间隙变大，导致读取数据变困难、出现异响或根本检测不到硬盘。

图 5-34　主轴电机

5. 磁头故障

磁头故障包括磁头磨损、磁头接触面脏、磁头机械臂变形、磁铁移位等故障，磁头组件如图5-35所示，损坏磁头如图5-36所示。一般表现为通电后，磁头运作时发出“咔咔咔”等明显不正常的声音、硬盘无法被系统BIOS检测到、无法分区或格式化、格式化后发现从前到后都分布有大量的坏簇等。

图5-35 磁头组件

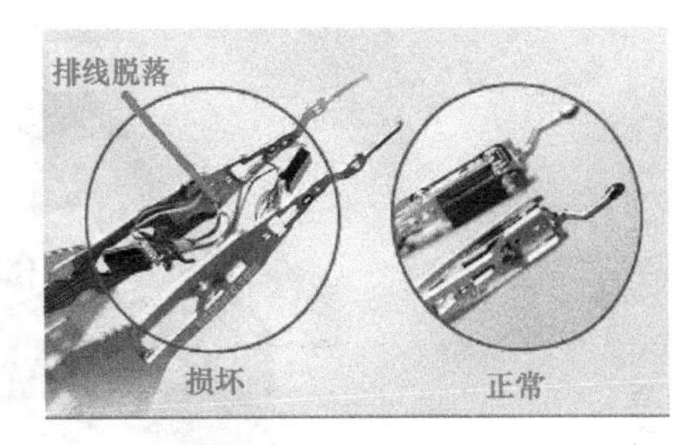

图5-36 损坏的磁头

6. 音圈电机故障

音圈电机是闭环控制电机，如图5-37所示，用于把磁头准确定位在磁道上。

图5-37 音圈电机

7. 定位卡子故障

定位卡子如图5-38所示，用于使磁头停留在启停区，有些硬盘的卡子易错位，导致磁头不能正常寻道。

图5-38 定位卡子

8. 盘片故障

盘片故障主要指盘片被划伤，或者盘片上出现坏扇区，盘片外观如图5−39所示。一般情况下硬盘的每个扇区可以记录512字节的数据，如果其中任何一个字节不正常，该扇区就属于破损扇区。每个扇区除了记录512字节的数据外，还记录其他一些相关的信息，例如，引导代码、标志信息、校验码、地址信息、结束标志等，其中任何一部分信息不正常都导致该扇区成为坏扇区。

图 5-39　硬盘盘片

二、内部故障的解决办法

1. 磁头组件故障的修复方法

磁头组件故障的维修成本很高，因此最好的解决办法就是更换一套无故障的磁头组件。

2. 主轴组件故障的修复方法

硬盘的主轴组件主要是由电机轴承和马达组成，而主轴组件故障主要表现为轴承卡住故障，由于更换轴承需要先拆掉盘片，既然盘片都已经拆掉，不如直接把轴承卡住的硬盘盘片移到一个没有故障的同型号硬盘中，这样的修复方法更合理，且成功率也更高。因此建议该故障的修复方法是更换硬盘而不是更换轴承。

3. 硬盘系统信息出错的修复方法

硬盘系统信息也常称硬盘固件或伺服信息，是控制硬盘正常工作的非常重要的程序，一旦出现硬盘就无法工作。

如果硬盘故障是由硬盘系统信息出错造成的，那么就需要使用特殊的工具进行检测、查找出错的信息，并进行修复或替换。一般的工具无法访问硬盘的系统信息，只能使用特定的针对硬盘固件类的工具或者设备进行修复。例如，PC−3 000就能做到访问并修改硬盘的系统信息。

对于硬盘的外部故障，可以参考如图5−40所示的硬盘故障类型诊断流程—2进行判断。

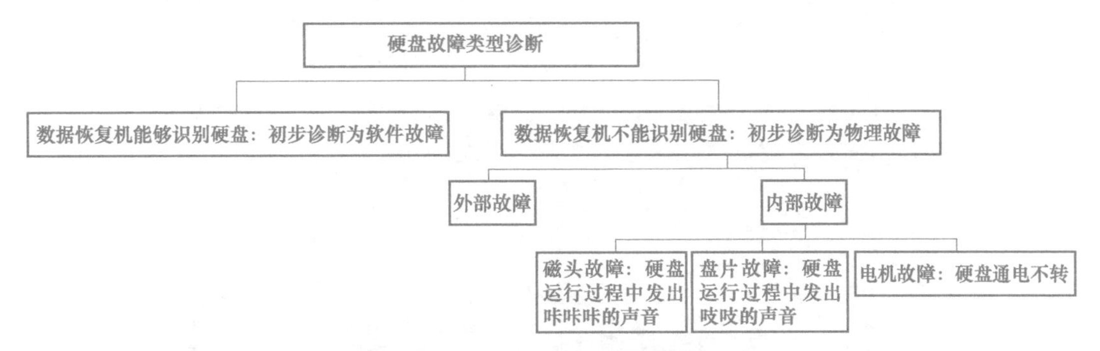

图 5−40 硬盘故障类型诊断流程—2

三、工具及操作环境准备

1. 工具

修复硬盘内部故障所需准备的设备、工具及材料与修复外部故障所要准备的设备、工具及材料基本相同，只需另外增加一个口罩，目的是避免在开盘过程中，将唾液和灰尘吹落到盘片上。

2. 操作环境

硬盘在工作时，盘腔内的盘片在电机的带动下高速旋转，速度在4 200～15 000r/min之间，依靠盘片转动所产生的升力，磁头会悬浮在盘片上方约几微米的位置，这就要求硬盘盘片与磁头之间不可以有高于微米级的灰尘颗粒，否则就会划伤磁盘或损坏磁头。所以在开盘维修中必须保证开盘环境处于100～10级的洁净空间中，才有可能防止灰尘附着在盘片上。图5−41所示为盘片与磁头之间的间隙示意图。图5−42所示为硬盘开盘洁净工作台，图5−43所示为硬盘开盘洁净工作间。

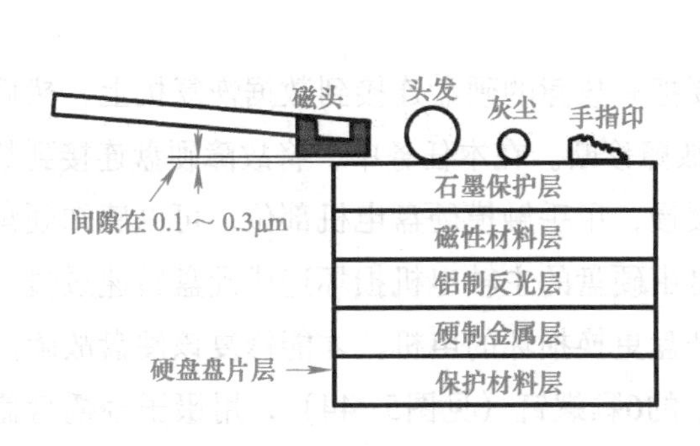

图 5−41 盘片与磁头的间隙示意图

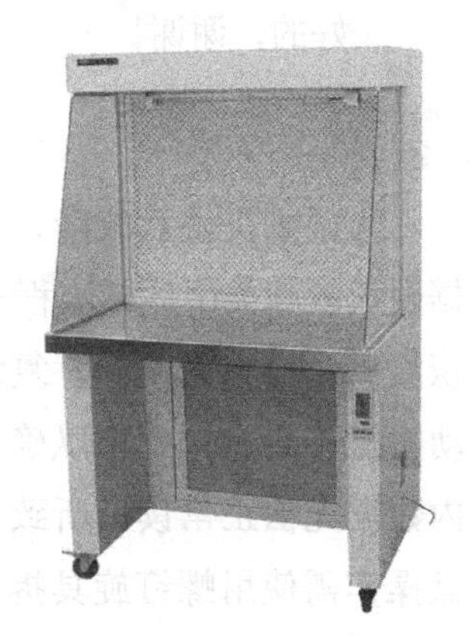

图 5−42 洁净工作台

图 5-43 洁净工作室

任务 1 更换硬盘主轴电机

任务描述

客户：你好！这是一个故障硬盘，请你帮我修复一下好吗？

熊熊：您好！能描述一下故障现象吗？

客户：开机后运行极其缓慢，进入系统需要很长时间，进入系统时，硬盘灯快速闪烁而进度条却没有多大的变化。

熊熊：根据您的描述，我们先进行检测查找故障的类型，然后电话告知您修复需要的费用及时间，这样行吗？

客户：好的，谢谢！

任务分析

为了解决硬盘故障，首先需要把有故障的硬盘连接到数据恢复机上，然后根据硬盘故障类型诊断流程—2进行故障诊断。在本任务中，将故障硬盘连接到数据恢复机进行数据复制，复制速度缓慢，用手触摸硬盘电机部位，可以感知硬盘转动力量不足，由此可以确定故障是由硬盘的主轴电机损坏造成硬盘转速过慢，盘内数据无法正常读出所致。需要开盘更换损坏的电机，才能修复该硬盘故障。开盘操作需使用螺钉旋具拆下盘盖上的6颗螺钉（见图5−44），用镊子轻撬盘盖下沿，取下盘盖，就可看到硬盘的内部结构如图5−45所示。

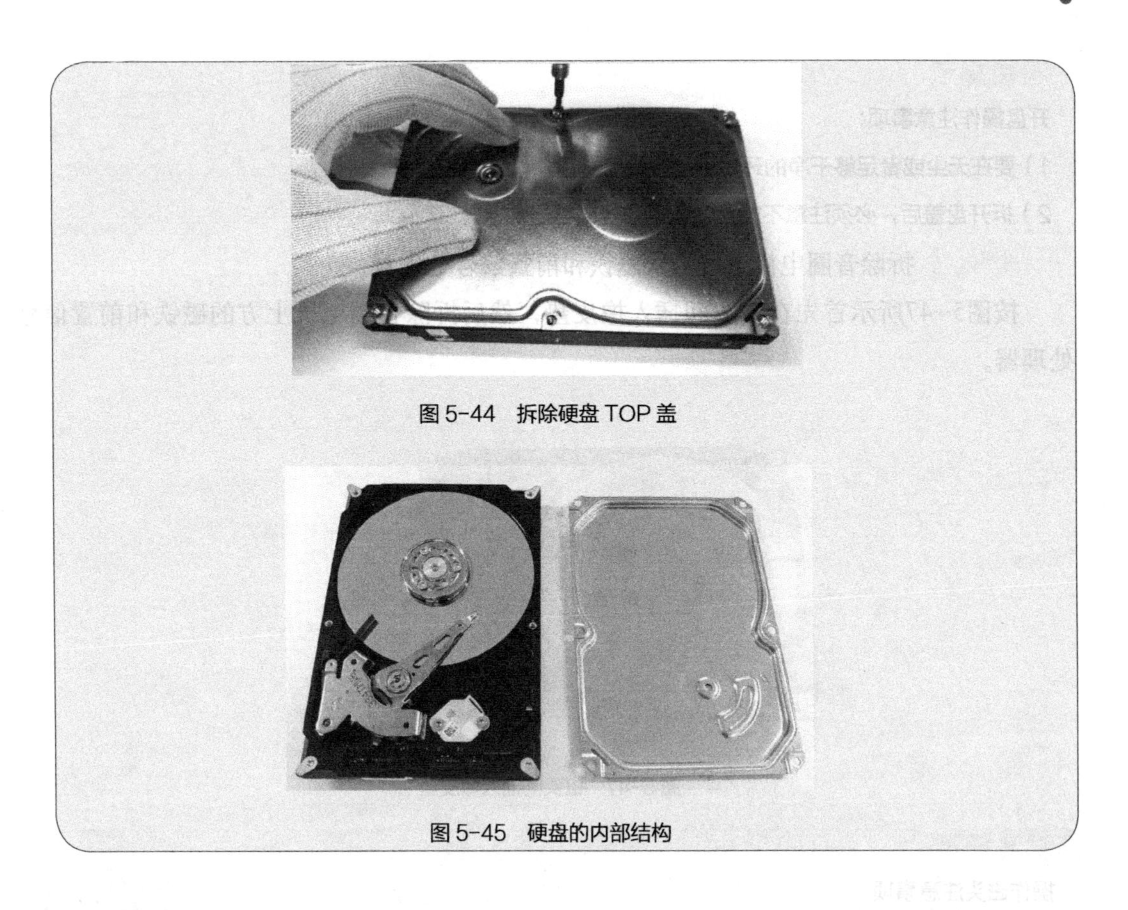

图5-44 拆除硬盘TOP盖

图5-45 硬盘的内部结构

任务实施

根据分析为硬盘主轴电机故障，按照如下修复步骤进行故障硬盘的维修。

步骤一：寻找适合的备件盘。

更换主轴电机与更换磁头组件一样，第一步是寻找一块同型号、同属系最好是同一产地的备件盘。图5-46所示为备件盘。

图5-46 备件盘

温馨提示

开盘操作注意事项：

1）要在无尘或者足够干净的环境下才能进行开盘操作。

2）拆开盘盖后，必须注意不能让任何东西触碰到盘片。

步骤二：拆除音圈电机上方的永磁铁和前置信号处理器。

按图5-47所示首先在磁头间插入橡皮垫，然后拆除音圈电机上方的磁铁和前置信号处理器。

图5-47　磁头间插入橡皮垫

温馨提示

操作磁头注意事项

在拆卸磁头时，首先要将永久磁铁掀开，此时一定注意掀开力度不宜过大，因为力度过大容易弄伤盘片，因此要使用专业工具十分小心地进行操作。

步骤三：取出磁头组件。

将磁头组件移出磁头起落架，拆下起落架，然后松动磁臂中轴，取出磁头组件，如图5-48所示。

图5-48　取出磁头组件

步骤四：拧下电机中心的螺钉并取下法兰盘。

拆卸盘片，如图5-49所示。用弯口钳将主轴电机固定不动，使用T-5螺钉旋具将电机中心的螺钉拧下，然后用弯钳小心取下主轴上的法兰盘，如图5-50所示。

图 5-49 用弯口钳固定主轴电机

图 5-50 取法兰盘

温馨提示

拧下的螺钉和法兰盘要用镊子夹出，千万不可碰触盘片，更不可掉到盘片上。

步骤五：拆出盘片。

将皮老虎插在主轴中心的螺钉孔中，然后轻轻拿起盘体，慢慢将盘片滑动到皮老虎上，如图5-51所示，至此盘片被拆出露出盘腔（见图5-52）。

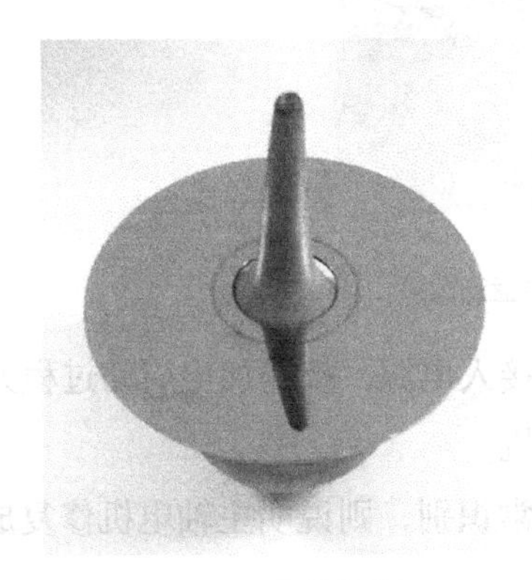

图 5-51 盘片的放置

图 5-52 故障盘盘腔

步骤六：将故障盘拆出的盘片安装到备件盘的盘腔中。

按上述步骤及要求拆除备件盘的磁头组件及盘片，并将故障盘片固定在备件盘的主轴电机上，如图5−53所示。

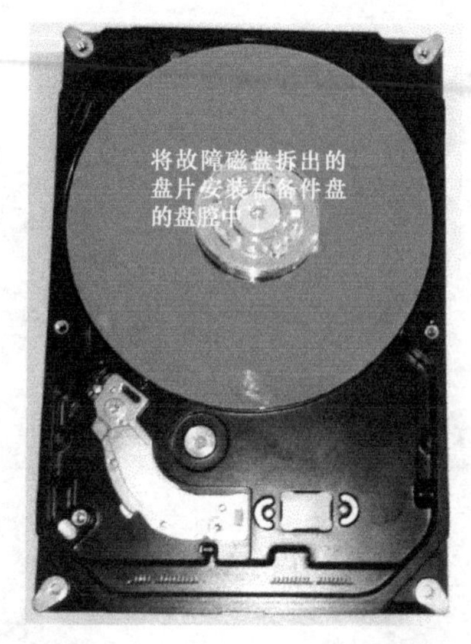

图5−53　将盘片装在备件盘盘腔中

步骤七：安装备件盘的磁头起落架、磁头、电机磁铁、前置信号处理器。

将磁头起落架、磁头、电机磁铁、前置信号处理器分别装入备件盘腔指定的位置，并固定牢固，如图5−54所示。

图5−54　完成备件盘的重装

步骤八：盖上盘盖，拧上盘盖螺钉，将硬盘接入电源，检测加电启动过程无异常。

步骤九：将安装好的备件盘连接到数据恢复机。

将硬盘连接到数据恢复机，如果硬盘能被正常识别，则说明主轴电机修复成功，使用镜像工具将硬盘中的数据做镜像备份，任务完成。

任务2　更换故障磁头

任务描述

客户：你好！这是一个故障硬盘，请你帮我修复一下好吗？

熊熊：您好！能描述一下故障现象吗？

客户：计算机开机时出现“No operating system found”提示信息。

熊熊：根据您的描述，我们先进行检测查找故障的类型，然后电话告知您修复需要的费用及时间，这样行吗？

客户：好的，谢谢！

任务分析

根据客户描述的故障现象“No operating system found”，存在3种故障可能：一是基本输入／输出系统（BIOS）无法检测到硬盘，二是硬盘已损坏，三是物理硬盘驱动器的0扇区存在不正确或者已损坏的主引导记录（MBR）。为了解决硬盘故障，首先需要把有故障的硬盘连接到数据恢复机上，然后根据硬盘故障类型诊断流程—2进行故障诊断。在本任务中，将故障硬盘接入数据恢复机后，发现数据恢复机不能识别该故障硬盘，另外，硬盘在运行过程中发出“咔咔咔”的不正常运作声音，因此可以排除MBR故障，初步诊断为硬盘物理类故障，加电检测后，确认为磁头故障。

任务实施

根据分析确定是硬盘的磁头故障，按照如下修复步骤进行故障硬盘的维修。

步骤一：拆卸盘盖。

使用螺钉旋具拆下盘盖上的6个螺钉（见图5−45），用镊子轻撬盘盖下沿，取下盘盖。

步骤二：拆除磁头组件。

首先拆除强力磁铁（见图5−55），然后把磁头从盘片上轻轻推出取下磁头（见图5−48）。

步骤三：仔细排查拆下的磁头，发现磁头损坏，如图5−56所示。

图 5-55　拆卸强力磁铁

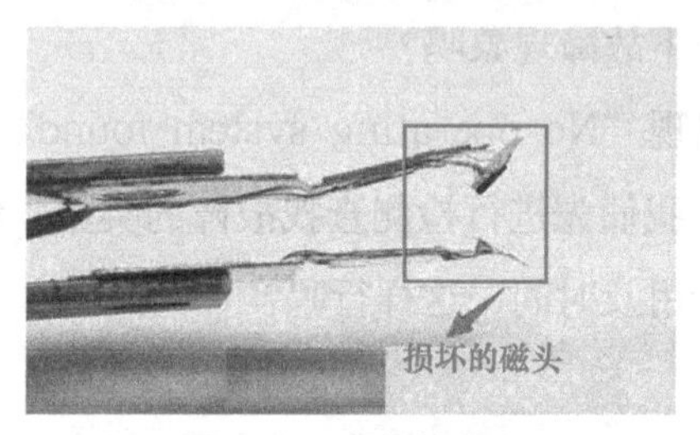

图 5-56　损坏的磁头

步骤四：更换磁头组件。

准备一个与原硬盘型号相同的磁头组件对损坏的磁头组件进行更换，新磁头组件如图5-57所示，更换磁头操作如图5-58所示。

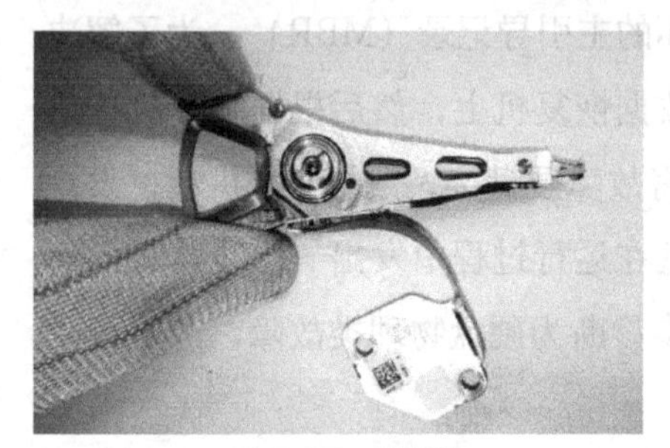

图 5-57　新磁头

图 5-58　更换磁头

温馨提示

由于硬盘内部由多个盘片和磁头组成，留给工程师的操作空间较小，因此要求工程师在更换磁头组件时一定要小心谨慎地、合理地进行操作，一旦操作不当可能会弄伤盘片或者新磁头，造成不必要的损失。此外，不同型号的硬盘在磁头特性方面也不尽相同，这也需要工程师根据个人的经验去调整距离。

步骤五：安装TOP盖。

更换好磁头后，再将强力磁铁安装好，最后盖上TOP盖并锁紧TOP盖上的螺钉。

步骤六：将修复过的硬盘连接到计算机。

将修复过的硬盘连接到计算机，测试其是否可以正常使用。如果修复成功，则计算机就会识别到该硬盘，同时计算机管理器就会出现如图5-59所示的画面。

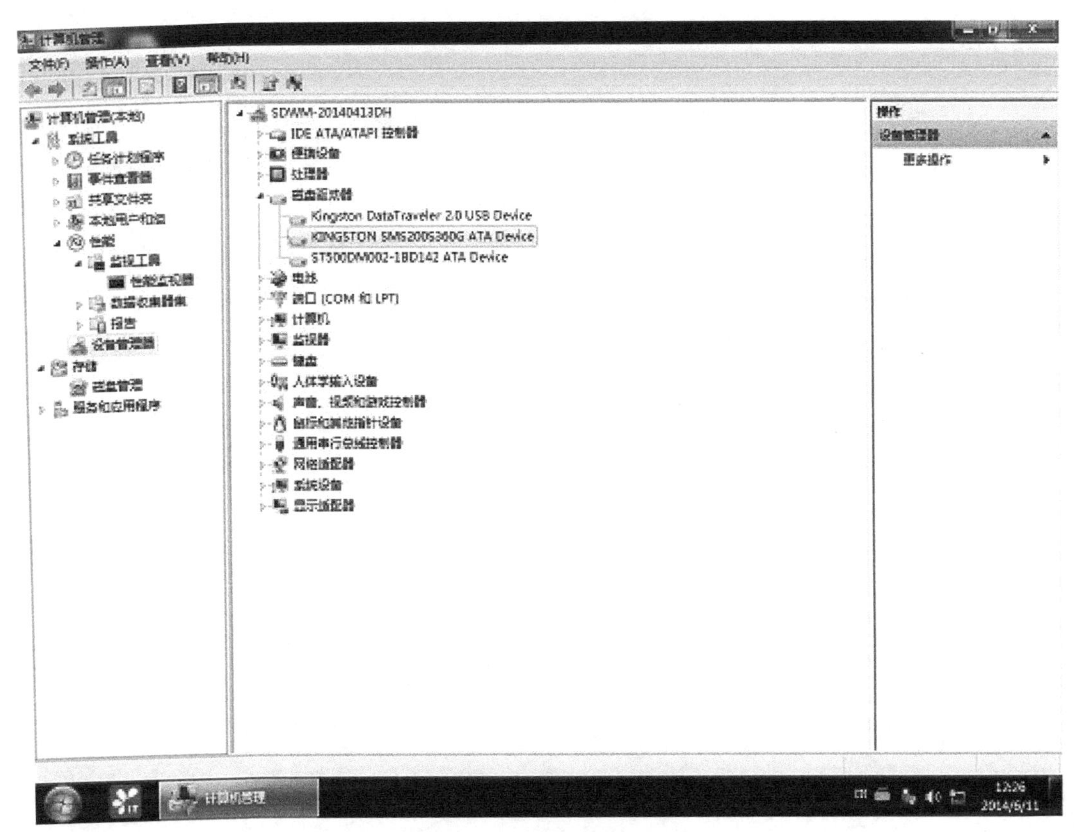

图 5-59 计算机管理器画面

单元评价 UNIT EVALUATION

为了了解学生对本单元学习内容的掌握程度，请教师和学生根据实际情况认真填写表5-1的内容。

表 5-1 单元学习内容掌握程度评价表

评价主体			评分标准	分值	学生自评	教师评价
项目1	任务1	操作评价	熟练进行焊接操作	15		
		成果评价	能够完成电路板接口电路修复	10		
	任务2	操作评价	熟练拆装硬盘换电路板	15		
		成果评价	独立完成电路板更换任务	10		
项目2	任务1	操作评价	熟练拆装硬盘换电机组件	15		
		成果评价	独立完成电机更换任务	10		
	任务2	操作评价	熟练拆装硬盘换磁头组件	15		
		成果评价	独立完成磁头更换任务	10		

单元总结 UNIT SUMMARY

通过本单元的实际操作练习，学生能够熟练使用万用表、热风枪、数据恢复机等工具、设备，并根据硬盘故障类型诊断流程图检测、诊断及确认故障点，制订出合理、有效的修复方案，快速、安全地进行修复。